Successful

4

サクセスフル
食物と栄養学
基礎
シリーズ

食品学 Ⅰ

吉川 豊・木村万里子 編著

石井　剛志	井ノ内 直良
大串　美沙	河野　勇人
木村　吉伸	楠田　瑞穂
仙田あゆ美	外城　寿哉
中村智英子	檜垣　俊介
藤田　裕之	宮田　富弘
望月　美佳	

JN239548

学文社

編者のことば

近年，食品科学に関する研究開発の進展には目を見張るものがある。食品成分・機能性解析技術の向上，食材のグローバル化などがその要因である。そのような食品を取り巻く状況の変化に対応するため，栄養士・管理栄養士に必要とされる食品学の知識も増え続けている。食品学や生化学などについての幅広く確かな専門基礎知識なくして，栄養学を深く理解することはあり得ず，適切な栄養管理を実践することもできないのである。

本書『食品学Ⅰ』(食品学総論)は，『食品学Ⅱ』(食品学各論)と姉妹本であり，これら2冊で，管理栄養士国家試験出題基準(ガイドライン)「食べ物と健康」の中核となる食品学の内容が網羅できるように配慮している。どちらも食品学を体系的かつ効率的に学ぶことができるように，ガイドラインに沿った章立てを行い，日本食品標準成分表(八訂)増補2023年，日本人の食事摂取基準(2025年版)策定検討会報告書，食品表示基準の改正にも留意し，内容は最新情報にアップデートするように努めた。

当書は，1. 人と食べ物，2. 食品の一次機能(栄養)，3. 食品の二次機能(味覚・嗜好)，4. 食品の三次機能(生体調節)，5. 食品成分の変化，6. 食品の物性，7. 食品の表示と規格基準から構成される。それぞれの専門分野(栄養学，農学，薬学，生化学など)に根差した，栄養士・管理栄養士課程で教鞭をとっておられる気鋭の先生方，食品企業で機能性食品開発などに携わった経験のある先生方に，わかりやすくかつ丁寧なご執筆をいただいた。図表と側注(本文の補足説明)を充実させ，機能性と化学構造の理解を深めるため，できる限り化学構造式を挿入していただいた。

これから栄養士・管理栄養士を目指す学生や，食品学を学ぶ人たちにとって，本書が座右におかれて活用されることを願っている。是非とも隅々まで読んで，理解を深めていただければ幸いである。

本書を上梓するにあたり，貴重なご助言をいただいた神戸女子大学学長の栗原伸公先生に感謝申し上げる。また，お忙しい中，編集方針をご理解くださり，ご協力いただいた執筆者の先生方に，厚く御礼申し上げる。

最後に，出版に際してご尽力いただいた学文社の田中千津子社長および編集部の皆様方にも御礼申し上げる。

2024年12月吉日

編著者　吉川　豊
　　　　木村万里子

目　次

1　人と食べ物

2　食品の一次機能

3　食品の二次機能

4　食品の三次機能

5　食品成分の変化

6 食品の物性

7 食品の表示と規格基準

1 人と食べ物

1.1 食文化と生活

1.1.1 食品の歴史的変遷と環境変化

　人間が生きるためには食べ物が必須である。約700万年前とも500万年前ともいわれる人類の起源の頃は，自然に存在する農産物・畜産物・水産物の摂取や狩猟によって生命の維持を行っていた。その後人類の進化とともに得られた多くの経験から，数ある資源の中から自分の身体維持に適する食物を選択するようになり，農業，畜産，水産が発展してきた。これらの発展は1万年以上も前の新石器時代と考えられている。この過程で森林や草原を耕し，海や湖を埋め立てて耕地を増やし，作物生産に力を注いできた。本格的な水田稲作が始まったのは弥生時代であるといわれている。江戸時代になると，中期以降ではそば屋，すし屋，天ぷら屋といった外食店が現れ，外食産業も盛んになってきた。本国ではさらに1955年頃から始まる高度経済成長が，全国の食生活を一気に変えるきっかけとなった。1960年代から1970年代にかけて主に途上国で行われた，大規模な農業技術革新（「緑の革命」）で，穀物類の多収量品種が数多く開発され，穀物収量が劇的に増加した。この増加には作物の品種改良によるところが大きく貢献しているが，化学肥料の増加量も大きな要因となっている。

　食物資源を維持していくためには，同時に環境問題も考えていく必要がある。近年ではフロンガスに由来する塩素原子によるオゾン層の破壊（**図1.1**），化石燃料の燃焼（人為起源）や火山活動（自然起源）さらには工場からの排煙などから放出される二酸化硫黄や窒素酸化物由来の酸性雨（**図1.2**），森林伐採による砂

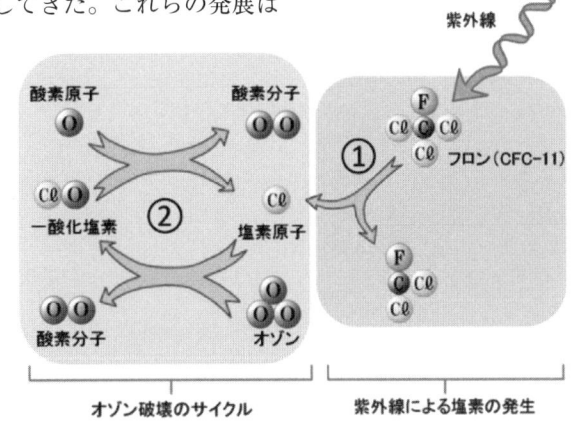

図 1.1　オゾン層破壊のメカニズム

出所）気象庁：オゾン層破壊のメカニズム

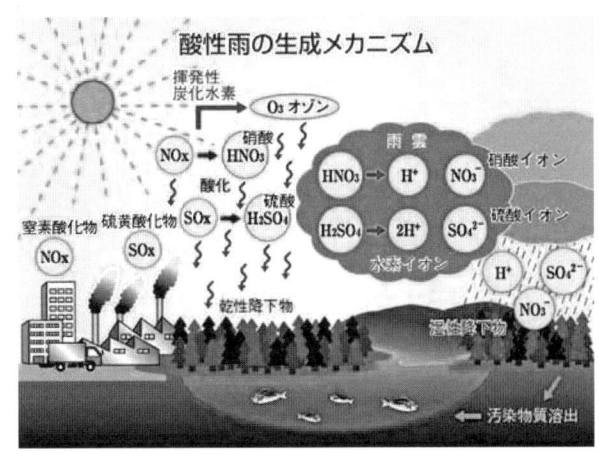

図 1.2　酸性雨の生成メカニズム

出所）国立環境研究所：東アジアの広域大気汚染　国境を越える酸性雨，環境儀，12(2004)

漠化などは特に食糧問題と直結した問題である。古くは恐竜が巨大隕石の衝突によって，酸性雨や地球的規模の気候変動が生じ，絶滅したという仮説があるように，人間が地球環境のバランスを破壊していくことが続けば，人類の存続さえも危うくなると考えられている。

また，世界人口に着目すると，2022年に80億人を突破し，2060年頃には100億人を突破すると予想されている。この人口増加はアジアやアフリカなどの途上国が大部分であり，2060年には途上国の人口比率は約90％に達すると推測されている。この人口増加に比例するかのように，穀物収量も増加しており，この増加には，前述のような化学肥料の大量使用，有機合成農薬の使用，機械化，灌漑の拡大等が寄与している。これらの農業技術の進歩は，森林の消失，地下水の汚染，水資源の枯渇，化石エネルギー使用による温暖化，土壌の劣化ももたらしており，今後も同じ方法を進めていくことには限界があり，効率的で持続可能な食糧生産方式についての検討が必要である。

1.1.2　食物連鎖

自然界においては，いろいろな生物の集団が複雑に絡み合って生活しており，全体として1つの安定した集団をつくっている。この自然界においては生物と生物の間に，また，生物と無機的環境との間に密接な相互関係があり，そこでは物質がさまざまな形態をとりながら循環し，エネルギーの受け渡しが起こっている。さらに，この生物が互いに関係をもちながら生活しているなかの，ある一定の地域に生息するいくつもの種の個体群の集まりを生物群集という。自然界のエネルギーの流れが生息している生物を維持し，安定した状況を作っており，この大きな自然界のかたまりは生態系とよばれている。

生態系を構成する生物群集は，独立栄養生物である生産者，従属栄養生物である消費者の2つに分けられる。消費者には生産者を直接捕食する一次消費者，一次消費者を捕食する二次消費者，さらに高次の消費者もいて，次々に捕食していく関係にある。この食う―食われるの関係が次々とつながっていくことを食物連鎖という（図1.3）。特に生きている植物から始まる食物連鎖のことを生食連鎖とよび，落ち葉や落枝，動物の遺体や糞からも食う―食われるの関係が続いており，このような食物連鎖を腐食連鎖とよび，生態系の物質循環に重要なはたらきを担っている。食物連鎖の過程は，水生生物では，食物プランクトン→動物プランクトン→小型魚→大型魚（→人間）の順番であり，陸生生物は，植物→草食動

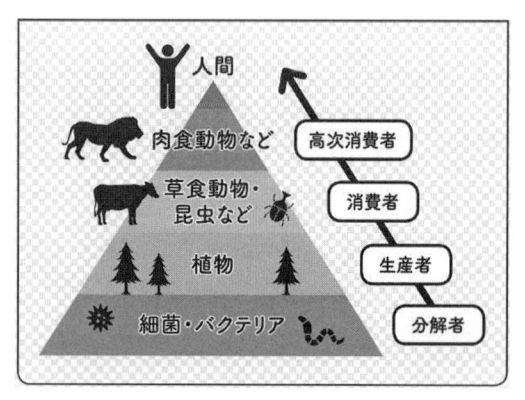

図1.3　食物連鎖と生態ピラミッド

出所）環境再生保全機構：地球環境基金だより，49（2020）

物→肉食動物(→人間)である。生態系における個体数，生物体量(バイオマス)，生産力は一般に食物連鎖の順序で表わされる生態ピラミッドの上位段階に進むほど減少する。

　生産者である植物は，光合成によって二酸化炭素と水から有機物を生産している。このように生産者が無機物から有機物を生産することを物質生産という。一方消費者には，生産者の死体や落葉，消費者の遺体や排出物などに含まれる有機物を利用する生物もいる。その中の菌類や細菌は有機物を生産者が再び利用できる無機物にまで分解するなど，物質循環の重要な役割を担う。なお，有機物を無機物まで分解する過程にかかわる生物を分解者という。

1.1.3　生物濃縮

　食物連鎖によって生物濃縮が行われる。生物は捕食あるいは環境中の水，空気，土壌などとの相互作用により，栄養素を含めさまざまな化学物質を体内に取り込んでいる。物質の生体内濃度が生息環境中の濃度より高くなることを生物濃縮という。現在の世の中では人間が環境に排出する有害物質が最初は極少量の蓄積から始まるものの，食物連鎖を通じて次第に濃縮され，高次消費者の段階では生命に影響を及ぼすほどの濃度にまで蓄積し，健康被害をもたらすことがわかっている。

　生物濃縮には直接濃縮と間接濃縮があり，前者は呼吸(エラ呼吸)や経皮的経路などにより環境中の化学物質を取り込み蓄積することである。後者は食物連鎖により消化管から取り込み蓄積する。各種動植物の濃縮経路は，陸上動物は間接濃縮，水生動物は直接濃縮と間接濃縮，植物は直接濃縮である。生物濃縮の指標としては，濃縮係数が用いられており，濃縮係数は「物質の生体内濃度」を「物質の環境中濃度」で除したものである。この濃縮係数が1より大きい場合は生物濃縮が起こっており，値が大きいほど濃縮が進んでいることになる。1より小さければ生物希釈が起こっている。

　生物濃縮を受けやすい物質の特徴として ① 脂溶性が高い，② **メタロチオネイン***などと結合しやすい，③ 栄養物質と化学的性質が似ている，などがある。① は脂溶性化合物が容易に細胞膜を通過し，脂質が多い組織に蓄積しやすいためであり，ポリ塩化ビフェニル(PCB)・ジクロロジフェニルトリクロロエタン(DDT)などの有機塩素化合物やメチル水銀などが代表例である。DDT は海水中では 0.00005 ppm 程度の存在量であっても生物濃縮により最終的な鳥類では 53 万倍近い 26 ppm 程度にまで高濃度に濃縮されることが報告されている(世界大百科事典，1988，427)。② は重金属がメタロチオネインの誘導能がありメタロチオネインと結合して蓄積されるためであり，無機水銀・カドミウム・亜鉛などが代表例である。③ は生体成分である元素と化学的性質が似ていることで，生体成分元素と交換利用されることで生体内に蓄

＊メタロチオネイン　システインに富んだ金属結合性のたんぱく質。

積されるため，放射性同位元素で特に問題となる。セシウムやラジウムがその代表例である。

1.1.4　環境内動態

多くの物質は生態系において物理的・化学的・生物的作用により化学形態が変化している。この変化による物質の分布量と化学形態の変動は**環境内動態**とよばれる。非生物的環境における物質の変化は物理的作用と化学的作用によるものであり，生物的環境においては酵素による生物的作用の寄与が大きい。

物質が人の健康に与える影響は物質の化学形態により異なる。生物はさまざまな物質を代謝・分解する酵素をもち，自然界にもともと存在する無機物質や有機物質を摂取した場合，消化・吸収・代謝・排泄の過程で，それら物質の化学形態を変化させる。人工有機物には酵素により分解を受けにくいものが多く，生体から排泄されにくいものや生態系において分解されにくいものが存在する。化学物質のリスクを把握するために，当該化学物質の環境内動態を知る必要がある。微生物のはたらきを利用して汚染物質を分解などすることにより，土壌，地下水，などの環境汚染の浄化(環境修復)を図る技術を**バイオレメディエーション**という。化学物質の環境内動態は**表 1.1** のように種々の物質で報告されている。

1.1.5　食嗜好の形成

食嗜好は，人が食品から感覚刺激を受けることによって，成長とともに発達させていくものと考えられている。つまり，幼児期から児童期，思春期と経るにつれて嗜好評価に生活や経験の影響が大きく関与する。最近の研究では，遺伝的要因も食嗜好の形成には強く関与していることも報告されている。

表 1.1　化学物質の環境内動態

化学物質	環境内動態
カドミウム	汚染水田の稲によりイタイイタイ病が発生した。生体内では SH 基をもつたんぱく質と結合しやすく，腎障害を引き起こす。無機水銀などの他の重金属と同様，腎臓や肝臓においてメタロチオネインと結合し無毒化される。水質汚濁に係る環境基準が設定されている。
水銀	環境中において金属水銀，無機水銀塩，メチル水銀の各形態の間を相互に移行する。メチルコバラミンを基質として微生物により無機水銀からメチル水銀が生成される。メチル水銀は食物連鎖によって魚介類に高濃度に蓄積され，水俣病の原因となった。メチル水銀は経口で吸収されやすく中枢神経障害を起こす。
スズ	有機スズはアルキル基やアリール基が 1 ～ 4 個結合したスズ化合物が塩化ビニル安定化剤などとして使用されている。ビス(トリブチル)スズオキシド(TBTO)は船底や漁網への貝類の付着防止のためなどに使用されていたが，海水→プランクトン→魚介類へと食物連鎖をおこし，雄巻貝を雌化させる内分泌かく乱作用を示す。
ポリ塩化ビフェニル	耐熱性，不燃性，電気絶縁性，親油性など優れた物性をもつため，絶縁油，熱媒体，潤滑油，塗料などとして多方面で使用された。食物連鎖により生物濃縮が起こり，野生生物およびヒトに蓄積している。この化合物は第一種特定化学物質に指定されている。
DDT	日本において殺虫剤として使用されてきたが，難分解性，高蓄積性，慢性毒性があるため，第一種特定化学物質に指定され，1981 年までに使用されなくなった。しかし，現在も DDT の分解産物である DDE が土壌や食品，人体中から検出されている。食物連鎖による生物濃縮が野生生物に起こっていることが報告されている。

出所) 薬学ゼミナール：薬剤師国家試験対策参考書　4 衛生(2021)

これらの嗜好を経験する場としては，各自の成長してきた家庭環境の影響が大きいと考えられるが，地域性や文化性も関与している。このような人がもつ食嗜好は，先天的なものと，後天的なものに分けられる。前者は，生理的な欲求の嗜好・高栄養を求める嗜好であり，後者は，繰り返しによる嗜好・脱味覚的な嗜好のことである。特に食の嗜好を考えるうえで大きな影響を及ぼす繰り返しによる嗜好は，特定の食材や料理を反復して摂取することで形成され，その摂取により味わいや安全が予測できるようになり，その安心感が嗜好性を生むと考えられている。また，幼児期の繰り返しにより，嗜好の定着は早く強固になるとも考えられている。脱味覚的な嗜好は，味覚や嗅覚を介さず，情報で価値を判断する嗜好のことで，インターネットやマスメディアの評判がおいしさの判断に大きな影響を与えるものと考えられている（真部，2007）。

これらの嗜好が形成されるうえでは，5つ（五感：視覚，嗅覚，触覚，聴覚，味覚）の感覚も重要となってくる。味覚は特に食品との関係性が深い感覚で，**基本味**（甘味・うま味・苦味・酸味・塩味）を感じる，舌や軟口蓋，咽頭の上皮に数多くある味蕾に関する研究が進んでいる（**図1.4**）。味蕾は乳幼児で多く，舌だけでなく唇，口蓋，食道，あるいは内臓の一部まで広がっており，成人では舌以外の味蕾は減っていく。また，加齢とともに減少していくため，味に対する感度も低下する。そのうえに，宗教的な禁忌や国家による政策的な制約なども含め，民族的な嗜好が形成されてきた歴史的な背景もある。

***無形文化遺産**　形のない文化のことであり，慣習，表現，知識および技術などのことで，日本では「歌舞伎」「能楽」が登録されている。

2013年12月4日，「**和食**」が，ユネスコの人類の**無形文化遺産***に登録された。「和食」という一汁三菜の食事の形，季節感を大切にした料理や伝統行事などの和食の特徴などの文化が認められたものである。日本人は和食文化を守っていく必要があるが，食事も洋食などが増えてきて，鰹節や昆布でだしを取る機会も減り，家族で食卓を囲むことも減っている現在の日本の状況を考えると，食嗜好が変わっていく可能性は否定できない。

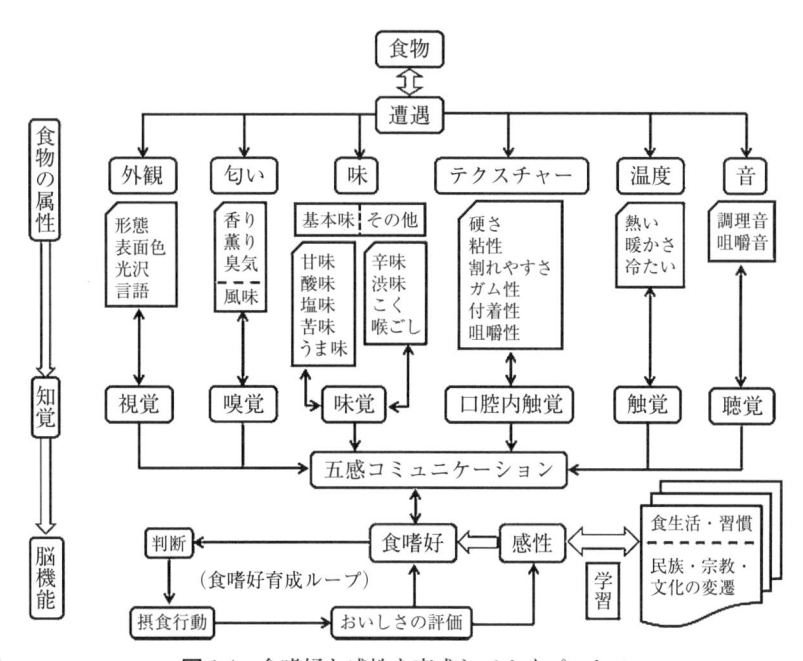

図1.4　食嗜好と感性を育成してゆくプロセス

出所）相良泰行，粉川美踏：月刊フードケミカル，34(11)，食品化学新聞社(2018)

1.2 食料と環境問題

世界の人口増加は著しく，特に第二次世界大戦後の1950年に25億人だった人口は2000年には2.4倍の61億人となり，現在も1.2％の割合で増加し続けており，2050年には97億人に達すると推測されている(総務省統計局, 2023)。増加する人口に対応するためには，効率的で持続可能な食料生産が必要である。食料生産の増大は，**温室効果ガス**[*1]の排出，森林破壊，水資源の枯渇，水質汚染など地球環境に大きな影響を及ぼす。人口増大に伴う食料需要の増大と環境問題に対応するためには，持続可能な食料生産システムへ多角的に取組み，脱炭素社会の実現に向け環境への負荷を最小限に抑えることが大切である。

1.2.1 フード・マイレージの低減

日本は世界最大の食料輸入国であり，食料供給を海外からの輸入に依存している。食料の輸入に際し，海外の遠隔地から大量の食料が輸入される輸送の過程で地球環境にどの程度の負担を与えているかを推定する指標として，**フード・マイレージ**[*2]の考え方がある(中田, 2023)。フード・マイレージとは，輸入相手国別の食料輸入量(t)に当該国から日本までの輸送距離(km)を掛け合わせて，その国別の数値を累積して求められる。単位はt・km(トン・キロメートル)で表し，食料輸入の際に排出されるCO_2の量が環境に与える負荷の指標となる。

$$フード・マイレージ＝輸出国からの食料輸入量(t) × 輸出国から輸入国までの輸送距離(km)$$

この値が大きいほど，食料輸送に伴うCO_2排出量が多く環境に与える負荷が大きいことを意味するが，日本は大量の食料を海外に依存し，特に特定の国(アメリカやカナダ等)から長距離輸送により輸入していることからいまだに数値の低下には至っていない(表1.2)。

また，日本の輸入品目別の構成は，穀物が51％，油糧種子が21％と，こ

*1 温室効果ガス 地面から放射された赤外線の一部を吸収・放射することにより地表を暖める働きがあるとされるもの。京都議定書では，二酸化炭素(CO_2)，メタン(CH_4，水田や廃棄物最終処分場等から発生)，一酸化二窒素(N_2O，一部の化学製品原料製造の過程や家畜排せつ物等から発生)，ハイドロフルオロカーボン類(HFCs, 空調機器の冷媒等に使用)等を温室効果ガスとして削減の対象としている。

*2 フード・マイレージ 1990年代にイギリスのTim Langにより提唱されたFood miles運動に端を発している。これは，地域内で生産された食料を消費することを通じて環境負荷を低減させていこうとする運動である。これを参考に農林水産省農林水産政策研究所が提唱した考え方がフード・マイレージである。

表1.2 各国のフード・マイレージの概要

	単位	日本	韓国	アメリカ	イギリス	フランス	ドイツ
食料輸入量 [日本＝1]	千t	58,469 [1.00]	24,847 [0.42]	45,979 [0.79]	42,734 [0.73]	29,004 [0.50]	45,289 [0.77]
平均輸送距離 [日本＝1]	km	15,396 [1.00]	12,765 [0.83]	6,434 [0.42]	4,399 [0.29]	3,600 [0.23]	3,792 [0.25]
フード・マイレージ [日本＝1]	百万t・km	900,208 [1.00]	317,169 [0.35]	295,821 [0.33]	187,986 [0.21]	104,407 [0.12]	171,751 [0.19]

出所) 中田哲也：食料の総輸入量・距離(フード・マイレージ)とその環境に及ぼす負荷に関する考察，農林水産政策研究, 5, 45-59(2003)

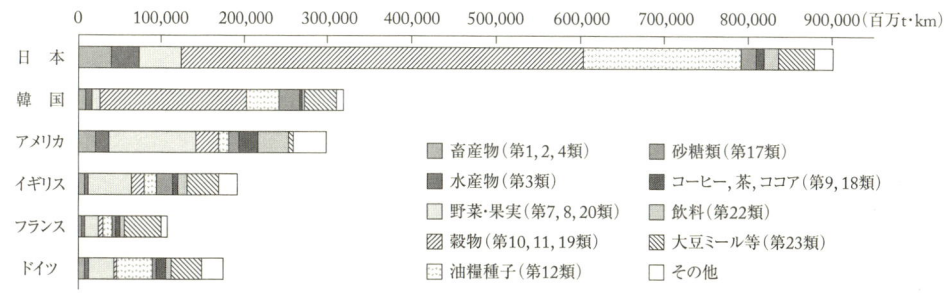

図1.5　各国のフード・マイレージの比較(品目別)

出所）表 1.2 に同じ

の 2 品目で全体の 7 割強を占めている(**図1.5**)。この状況は，飼料穀物や大豆といった原料を輸入し，国内で畜産や搾油を行うという日本の食料供給構造の特徴を反映している。つまり，日本は，フード・マイレージの値が他国に比べて突出し，また特定の品目や輸入国に偏り，長距離輸送による大量の輸入食料に依存しているという食料供給構造になっている。

　一方，輸入された食料は日本国内に輸送されるが，国内における食料輸送に伴う CO_2 排出量は日本への食料輸入に伴う排出量の約 50 ％に及ぶ(中田，2023)。また輸送手段としての船舶による CO_2 排出量は，航空や貨物車輸送による排出量に比べて極めて少ない。このような日本国内での食料輸送や，輸出国内での輸送経路や輸送手段，また食料の生産段階や消費段階での環境負荷が考慮されていないなど，フード・マイレージのみで環境への負荷を判断するには限界がある。そのため近年では，食料のライフサイクル全体での CO_2 排出量を表す**カーボン・フットプリント**[*1]という指標が用いられることも多い。

1.2.2　食料生産と食料自給率

食料自給率[*2]とは，国内の食料全体の供給に対する国内生産の割合を示す指標で，品目別自給率と総合食料自給率の 2 種類がある。

　昭和 40(1965)年以降の食料自給率の推移を**図1.6**に示す。カロリーベースの総合食料自給率は，昭和 40 年度の 73 ％から低下傾向にあり，平成 10(1998)年度に 40 ％まで低下して以降，概ね 40 ％で推移している。生産額ベースでも，昭和 40 年度の 86 ％から令和 4(2022)年度には 58 ％と低下傾向にある。

　諸外国の食料自給率の比較(**図1.7**)においても，日本の食料自給率はカロリーベース，生産額ベースともに，最低の水準となっている。

　食料自給率が低い理由としては，近年の食生活の多様化により，国産で需要量を満たすことのできる米の消費が減少したこと，飼料や原料の

*1　カーボンフットプリント　CO_2 の見える化のため，製品のライフサイクル全体で排出される温室効果ガス排出量を CO_2 量に換算して表示する。

*2　**食料自給率**　わが国の食料全体の供給に対する国内生産の割合を示す指標
○品目別自給率：以下の算定式により，各品目における自給率を重量ベースで算出
〈食料自給率の算定式〉
品目別自給率＝国内生産量÷国内消費仕向量
＝国内生産量÷(国内生産量＋輸入量−輸出量±在庫増減)

○総合食料自給率：食料全体における自給率を示す指標として，供給熱量(カロリー)ベース，生産額ベースの 2 通りの方法で算出。畜産物については，輸入した飼料を使って国内で生産した分は，国産には算入していない。なお，平成 30(2018)年度以降の食料自給率は，イン(アウト)バウンドによる食料消費増減分を補正した数値としている。

・供給熱量(カロリー)ベースの総合食料自給率：分子を 1 人・1 日当たり国産供給熱量，分母を 1 人・1 日当たり供給熱量として計算。供給熱量の算出に当たっては，「日本食品標準成分表」に基づき，品目ごとに重量を供給熱量に換算した上で，各品目の供給熱量を合計する。
(例)令和 4 年度のカロリーベースは，供給熱量が 2,260 kcal/人・日に対して，国産供給熱量が 850 kcal/人・日であるので，38 ％である。

・生産額ベースの総合食料自給率：分子を食料の国内生産額，分母を食料の国内消費仕向額として計算。金額の算出に当たっては，生産農業所得統計の農家庭先価格等に基づき，重量を金額に換算した上で，各品目の金額を合計
(例)令和 4 年度の生産額ベースは，国内消費仕向額合計が 17 兆 7,300 億円であるのに対して，国内生産額合計が 10 兆 2,728 億円であるので，58 ％である。

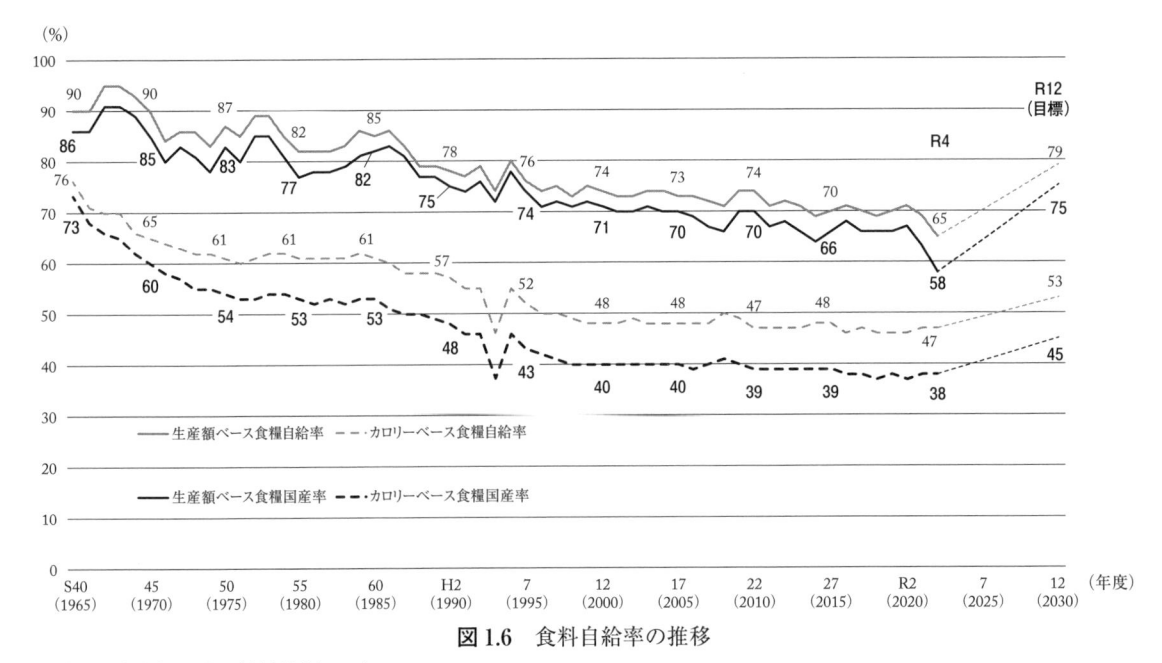

図1.6 食料自給率の推移

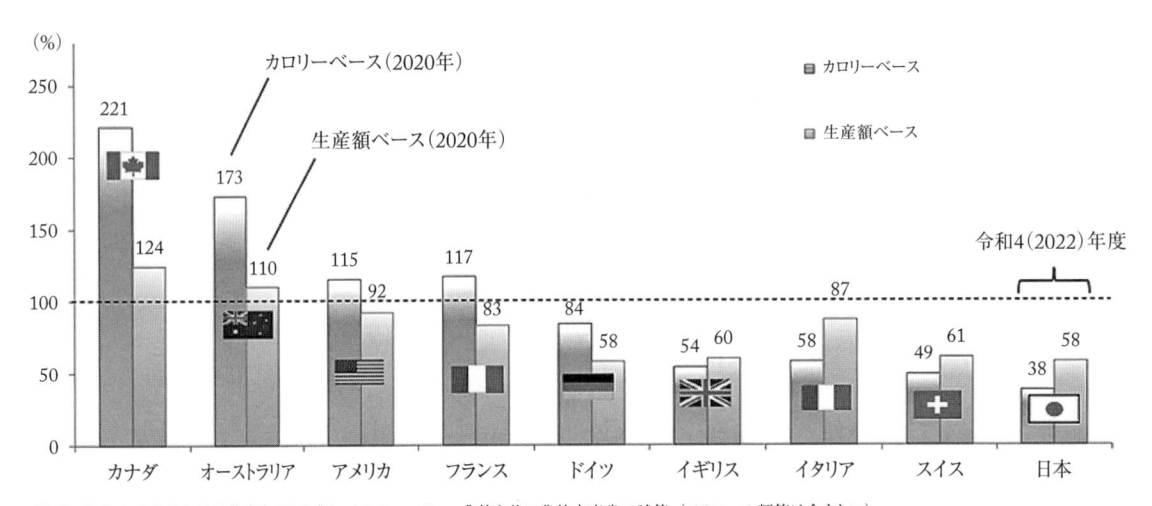

資料：農林水産省「食料需給表」，FAO "Food Balance Sheets" 等を基に農林水産省で試算。（アルコール類等は含まない）
注1：数値は暦年（日本のみ年度）。スイス（カロリーベース）及びイギリス（生産額ベース）については，各政府の公表値を掲載。
注2：畜産物及び加工品については，輸入飼料及び輸入原料を考慮して計算。

図1.7 日本と諸外国の食料自給率

出所）農林水産省：令和4年度 食料自給率・食料自給力指標について（2023b）

多くを海外に依存している肉類等の畜産物や油脂類等の消費が増加したこと，また農地面積の減少による国内供給量の減少等が挙げられる。

食料自給率における各品目の寄与度を**図1.8**に示した。令和4(2022)年度のカロリーベースの食料自給率は38％であり，1人1日当りの総供給熱量は2,260 kcal である。供給熱量を品目別にみると，米，畜産物，油脂類，小麦，砂糖類，魚介類および大豆が大きく，全体の約8割を占めている。品目別供

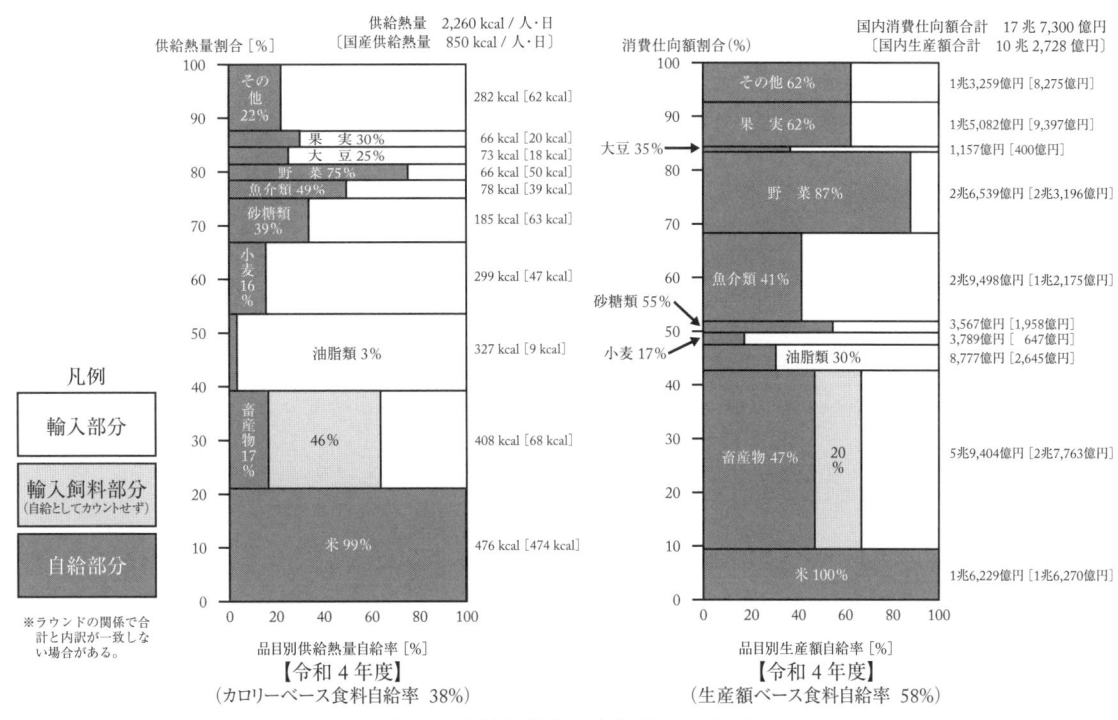

図の左側：
供給熱量割合 [%]

供給熱量　2,260 kcal / 人・日
〔国産供給熱量　850 kcal / 人・日〕

- その他 22% ── 282 kcal [62 kcal]
- 果実 30% ── 66 kcal [20 kcal]
- 大豆 25% ── 73 kcal [18 kcal]
- 野菜 75% ── 66 kcal [50 kcal]
- 魚介類 49% ── 78 kcal [39 kcal]
- 砂糖類 39% ── 185 kcal [63 kcal]
- 小麦 16% ── 299 kcal [47 kcal]
- 油脂類 3% ── 327 kcal [9 kcal]
- 畜産物 17%（46%）── 408 kcal [68 kcal]
- 米 99% ── 476 kcal [474 kcal]

凡例
- 輸入部分
- 輸入飼料部分（自給としてカウントせず）
- 自給部分

※ラウンドの関係で合計と内訳が一致しない場合がある。

品目別供給熱量自給率 [%]
【令和 4 年度】
（カロリーベース食料自給率 38%）

図の右側：
消費仕向額割合（%）

国内消費仕向額合計　17 兆 7,300 億円
〔国内生産額合計　10 兆 2,728 億円〕

- その他 62% ── 1兆3,259億円 [8,275億円]
- 果実 62% ── 1兆5,082億円 [9,397億円]
- 大豆 35% ── 1,157億円 [400億円]
- 野菜 87% ── 2兆6,539億円 [2兆3,196億円]
- 魚介類 41% ── 2兆9,498億円 [1兆2,175億円]
- 砂糖類 55% ── 3,567億円 [1,958億円]
- 小麦 17% ── 3,789億円 [647億円]
- 油脂類 30% ── 8,777億円 [2,645億円]
- 畜産物 47%（20%）── 5兆9,404億円 [2兆7,763億円]
- 米 100% ── 1兆6,229億円 [1兆6,270億円]

品目別生産額自給率 [%]
【令和 4 年度】
（生産額ベース食料自給率 58%）

図 1.8　食料自給率の内訳（令和 4 年度）

出所）図 1.6 と同じ

給熱量自給率についてみると，畜産物，油脂類，小麦および大豆は海外依存度が比較的高い品目となっている。畜産物については，品目別供給熱量自給率が 17 % と低くなっているが，輸入飼料により生産された分を加えて計算すると 63 % となることから，畜産物の品目別供給熱量自給率が低い要因は**飼料自給率***が低いことによる（会計検査院，2022）。

　近年，日本では米のような自給率の高い食品の消費が減少し，畜産物などの自給率の低い食品の消費が増加しそれに伴う飼料等の必要量も増加した。これらの増加した食料はエネルギー量が高いことから，カロリーベースでの食料自給率の低下への寄与が大きくなっている。食料の安定供給のためには，国内での食料の潜在生産能力である食料自給力を高めて国内生産量の向上を図るとともに，安定的な輸入と適切な備蓄を組合せることが求められる。

　日本の農業を取り巻く環境については，農業者や農村人口の著しい高齢化・減少という事態に直面している（農林水産省，2022）。農業従事者については，令和 2（2020）年度が 136 万 3 千人であり，平成 27（2015）年度の 175 万 7 千人と比べて 5 年間で 22 % 減少している。また，そのうち 65 歳以上の階層が全体の 70 %（94 万 9 千人）を占める一方，49 歳以下の若年層は 11 %（14 万 7 千人）となっている（**図 1.9**）。

　農地面積も年々減少しており，令和 3（2021）年は 435 万 ha であり，これは

***飼料自給率**　畜産物を生産する際に家畜に給与される飼料のうち，国産（輸入原料を利用して生産された分は除く。）でどの程度賄われているかを示す指標。「日本標準飼料成分表（2009 年版）」等に基づき，TDN（可消化養分総量）に換算し算出。

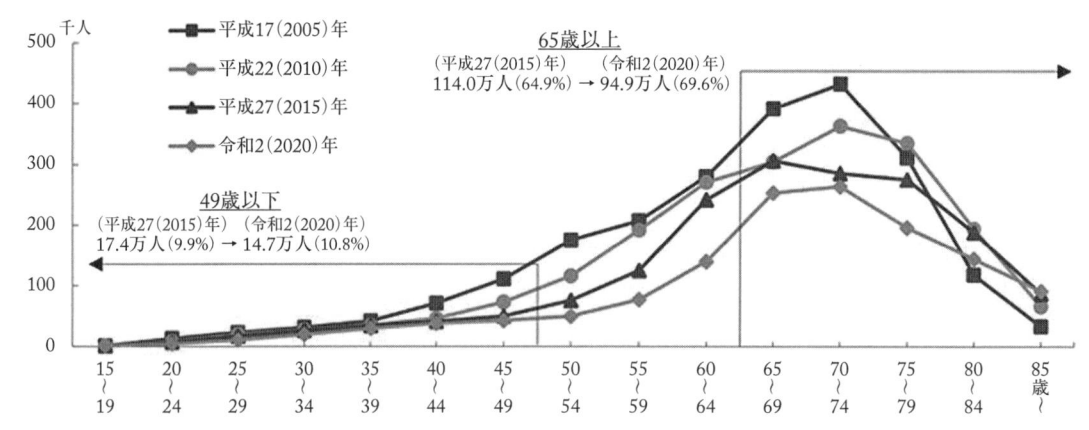

資料：農林水産省「農林業センサス」，「2010年世界農林業センサス」（組替集計）
注：1）各年2月1日時点の数値
　　2）平成17（2005）年の基幹的農業従事者数は販売農家の数値

図 1.9　年齢階層別基幹的農業従事者数の推移

出所）農林水産省：変化（シフト）する我が国の農業構造，令和3年度　食料・農業・農村白書（2022）

日本の総面積の 11.5 ％に過ぎない。またこの面積は，昭和 35（1960）年の 607 万 ha と比べて 28 ％，平成 17（2005）年の 469 万 ha に比べて 7 ％減少している。特に，首都圏から西日本にかけて減少率が大きくなっている。

　上述のとおり，日本は食料の安定供給を，海外からの輸入に依存している。したがって，近年の地球規模での異常気象による農作物の不作，また政治経済の不安定化は，食料の安定供給に影響を及ぼす。食料自給率については，令和 2（2020）年 3 月に策定された食料・農業・農村基本計画において，令和 12（2030）年度の食料自給率の目標がカロリーベースで 45 ％，生産額ベースで 75 ％と設定されている。日本の食料自給率の向上には，若年層等の農業従事者の確保・定着，国産飼料の生産拡大，農地の集約化や機械化の導入，農業経営の合理化等，農業基盤の強化を図ることによる農業構造の改善が望まれる。

1.2.3　地産地消

　フード・マイレージの低減や食料自給率の向上を図る方策として地産地消の考え方がある。地産地消とは，地域生産・地域消費の略であり，地元で生産された食料をその地域内で消費することで，生産者と消費者を結びつける取組みである。この取組みを通じて結びつきを強め，地域の食料を提供する機会を身近にして消費を拡大し，地域の農業や産業の活性化を図っている。

*六次産業化　農林水産業（一次産業）者が食品加工（二次産業）や流通・販売（三次産業）にも取組み，地域産業の活性化や所得の向上を図る取組みのこと。

　この地産地消の取組みに関しては，平成 22（2010）年に**六次産業化***・地産地消法が公布され，生産者による加工・販売への進出等と地域の農林水産物の利用を促進する施策が行われている。具体的には，農産物直売所における新鮮な農産物や生産者による加工品の販売，食育活動との連携，給食施設（学

校給食，病院や高齢者施設，企業等）における地域食料の利用などが取り組まれている。

　地産地消の取組みにより，食料の輸送時間と距離の短縮，流通経費の削減，環境負荷の低減，地域の活性化等を図ることができる。また食品の安心・安全の観点からトレーサビリティーも容易となる。

　またこれの包括的な考え方として，1986年にイタリアで始まったスローフード運動がある。この国際的な社会運動は，その土地の風土に合った伝統的な食文化，食材，料理を見直し，生活の質向上を目指している。

1.2.4　食べ残し・食品廃棄の低減

　日本は多くの食料を海外からの輸入に依存していることから，食料自給率を上げるために地産地消運動等の取組みを推進している。その一方で，食べられる食料を大量に廃棄しているという現状がある。

　食べ残しや売れ残り，消費・賞味期限切れなど，本来まだ食べられるのに捨てられる食品のことを**食品ロス**という。これは，世界的にも問題となっており，世界で生産された全食品の約40％に相当する25億トンの食品が廃棄されている（農林水産省，2021）。これらの食品ロスが焼却されて排出される温室効果ガスの量は世界の年間排出量の約10％であり，これは米国とヨーロッパでの自動車による排出量の2倍に相当する（WWF-UK, 2021）。平成27（2015）年には国際連合で採択された「持続可能な開発のための2030アジェンダ」で定められている「持続可能な開発目標」（SDGs）のターゲットの1つに，2030年までに小売・消費レベルにおける世界全体の一人当たりの食品廃棄物を半減させることが盛り込まれている。

　日本では，令和3（2021）年度の**食品ロス量**[*]は523万トンであり，このうち食品関連事業者から発生する事業系食品ロス量は279万トン，家庭から発生する家庭系食品ロス量は244万トンである（図1.10）。事業系食品ロスの業種別内訳は，食品製造業が45％，次に外食産業が29％，さらに食品小売業が22％，食品卸売業が5％となっている。これらの事業系では，規格外品（重量，容量，形状等が標準品と異なったり包材不良の商品），返品，売れ残り，また作り過ぎや食べ残し等が食品ロスになる。また家庭系食品ロスの内訳は，直接廃棄と食べ残しが各43％，過剰除去が14％である。

　食品ロスの削減のため，事業系と家庭系の両面からの取組みが必要である。事業系食品ロスの削減については，「食品リサイクル法」（平成13（2001）年施行）と「食品ロス削減推進法」（令和元（2019）年施行）の2つの法律が設けられている。食品リサイクル法では，食品の売れ残りや食べ残し，製造・加工・調理の過程で生じた食品廃棄物について再利用化の促進を図っている。また食品ロス削減推進法では，食べ物を無駄にしない意識の醸（じょう）成が図られている。これ

*食品ロス量　直接廃棄，食べ残し，過剰除去の3項目の合計量。
直接廃棄：賞味期限切れ等により料理の食材またはそのまま食べられる食品として使用・提供されずにそのまま廃棄したもの。
過剰除去：調理時に大根の皮の厚むき等，不可食部分を除去する際に過剰に除去した可食部分。腐敗等により食べられないことから除去した可食部分も含まれる。

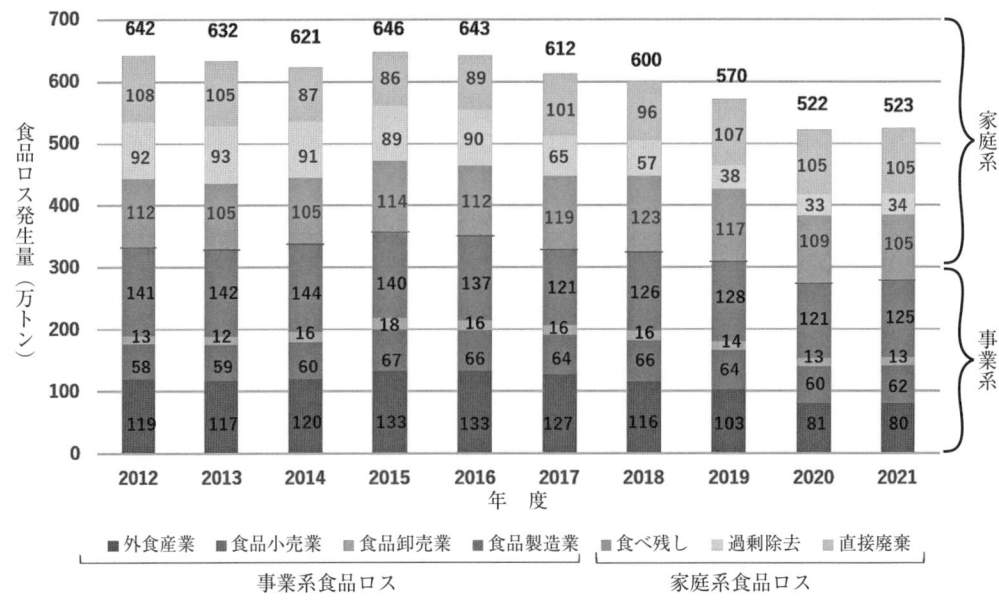

図 1.10 日本における食品ロス量の推移

出所）農林水産省：食品ロス量（令和 3 年度推計値）を公表(2021)

らの法律により，**商習慣**[*1]の見直し，賞味期限の延長，食べきり運動，**ドギーバッグ**[*2]の導入，食品ロス削減の普及啓発等が求められている。また，地方自治体や地域の団体等では**フードドライブ**[*3]を実施し，**フードバンク**[*4]等の団体に未利用食品が寄付され，食品を必要としている子ども食堂や福祉施設等へ無償で提供する活動も行われている。家庭系食品ロスの削減についても，個人単位での食品ロス削減を意識した取組みが求められる。

【演習問題】

問1 食料と環境に関する記述である。最も適当なのはどれか。1つ選べ。

(2020 年国家試験)

(1) 食物連鎖の過程で，生物濃縮される栄養素がある。

(2) 食品ロスの増加は，環境負荷を軽減させる。

(3) 地産地消の推進によって，フードマイレージが増加する。

(4) 食料の輸入拡大によって，トレーサビリティが向上する。

(5) フードバンク活動とは，自然災害に備えて食品を備蓄することである。

解答 (1)

*1 **商習慣** 3分の1ルールなどがある。これは，食品小売業において「賞味期限の3分の1を超えたものは入荷しない」，「3分の2を超えたものは販売しない」という慣例のこと。

*2 **ドギーバッグ** 飲食店などで外食した時に，食べきれず残した料理を，廃棄せず持ち帰るための容器や袋のことを指す。SDGs の観点から食品ロスが削除でき，廃棄食品の処分に伴う環境負荷の軽減ができる。食品の衛生管理を理解して，自己責任で持ち帰る必要がある。

*3 **フードドライブ** 家庭で余っている食品を集めて，食品を必要としている地域のフードバンク等の生活困窮者支援団体，子ども食堂，福祉施設等に寄付する活動。

*4 **フードバンク** 食品関連事業者等から未利用食品等の寄附を受けて貧困，災害等により必要な食べ物を十分に入手することができない者にこれを無償で提供するための活動を行う団体。

問2 食嗜好に関する記述である。誤っているのはどれか。1つ選べ。

（2018年国家試験）

(1) 個人の一生で変化する。
(2) 服用している医薬品の影響を受ける。
(3) 分析型の官能評価(3点識別法)で調べる。
(4) 環境要因による影響を受ける。
(5) 栄養状態による影響を受ける。

解答 （3）

問3 わが国の食料需給・食糧問題に関する記述である。最も適当なのはどれか。1つ選べ。（2024年国家試験改変）

(1) フードバランスシート(食料需給表)には，国民が実際に摂取した食料の栄養量が示されている。
(2) 品目別自給率は，重量ベースで算出されている。
(3) 最近10年間のカロリーベースの総合食料自給率は，生産額ベースより高い。
(4) 輸入食品を含めた潜在的供給能力を，食料自給力という。
(5) 家庭系食料ロスで1番多い量は，過剰除去である。

解答 （2）

📖 引用参考文献・参考資料

青柳康夫，津田孝範編著：カレント改訂食べ物と健康1食品の化学と機能，建帛社（2021）

荒川義人編著：食べ物と健康I　食品と成分（第3版），三共出版（2021）

江口文洋陽，尾形幸子，須藤賢一編：生活環境論，南江堂（2003）

太田英明，白土秀樹，古庄律編：食べ物と健康　食品の科学（改訂第3版），健康・栄養科学シリーズ，南江堂（2022）

会計検査院：食料の安定供給に向けた取組について（2022）
https://www.jbaudit.go.jp/report/new/all/pdf/fy04_09_02.pdf （2024.02.28）

環境再生保全機構：地球環境基金だより，49（2020）
https://www.erca.go.jp/jfge/info/publicity/tayori/49/feature/interview01.html （2024.01.25）

気象庁：オゾン層破壊のメカニズム
https://www.data.jma.go.jp/env/ozonehp/3-25ozone_depletion.html （2024.01.25）

国立環境研究所：東アジアの広域大気汚染　国境を越える酸性雨，環境儀，12（2004）
https://www.nies.go.jp/kanko/kankyogi/12/05.html （2024.01.25）

小関正道，鍋谷浩志編著：三訂マスター食品学I（第2版），食べ物と健康，建帛社（2023）

相良泰行，粉川美踏：食嗜好と感性を育成してゆくプロセス，月刊フードケミカル，34(11)，食品化学新聞社（2018）

佐藤薫，中島肇編：食品学I　食品成分とその機能を正しく理解するために（第1版），ステップアップ栄養・健康科学シリーズ4，化学同人（2017）

世界大百科事典，8，427（1988）

総務省統計局：世界の統計 2023（2023）

　https://www.stat.go.jp/data/sekai/pdf/2023al.pdf（2024.02.28）

辻英明，海老原清，渡邉浩幸，竹内弘幸編：食べ物と健康，食品と衛生　食品学総論（第 4 版），栄養科学シリーズ NEXT，講談社サイエンティフィク（2021）

中田哲也：食料の総輸入量・距離（フード・マイレージ）とその環境に及ぼす負荷に関する考察，農林水産政策研究，5，45-59（2003）

農林水産省：食品ロス量（令和 3 年度推計値）を公表（2021）

　https://www.maff.go.jp/j/press/shokuhin/recycle/230609.html（2024.02.28）

農林水産省：変化（シフト）する我が国の農業構造，令和 3 年度　食料・農業・農村白書（2022）

　https://www.maff.go.jp/j/wpaper/w_maff/r3/r3_h/trend/part1/chap1/c1_1_00.html（2024.02.28）

農林水産省：日本の食料自給率（2023a）

　https://www.maff.go.jp/j/zyukyu/zikyu_ritu/012.html（2024.02.28）

農林水産省：令和 4 年度 食料自給率・食料自給力指標について（2023b）

　https://www.maff.go.jp/j/press/kanbo/anpo/attach/pdf/230807-6.pdf（2024.02.28）

農林水産省：令和 4 年度　食料・農業・農村の動向（2023c）

　https://www.maff.go.jp/j/wpaper/w_maff/r4/r4_h/trend/index.html（2024.02.28）

真部真里子：食経験が嗜好に及ぼす影響―味噌の嗜好調査から―，日本家政学会誌，58(2)，81-89（2007）

森田潤司，成田宏史編：食べ物と健康 I　食品学総論（第 3 版），新食品・栄養科学シリーズ，化学同人（2016）

薬学ゼミナール：薬剤師国家試験対策参考書　衛生（2021）

WWF-UK：DRIVEN TO WASTE: GLOBAL FOOD LOSS ON FARMS, REPORT SUMMARY（JULY 2021）

　https://updates.panda.org/driven-to-waste-report（2024.02.28）

2 食品の一次機能

2.1 食品の一次機能

食品のもつ特性としては，生命の維持や健康増進のために必要不可欠な栄養素を供給する栄養に関する機能と，香味・匂い・色・テクスチャーなどのおいしさに関係する感

表 2.1 一次機能と食品成分

食品成分の機能	主な食品成分	具体例
1. エネルギー源 糖質性エネルギー 脂肪性エネルギー	糖質 脂質	穀類，いも類，砂糖，菓子類 油脂類，多脂肪性食品
2. 体成分 血液や筋肉の成分 骨や歯の成分	たんぱく質，Fe Ca，P，Mg	肉，魚，卵，大豆 牛乳，乳製品，海藻，小魚
3. 体の調子を整える	ビタミン，無機質(ミネラル)	野菜，果物，海藻

覚や嗜好に関する機能，ならびに，食品の中に含まれる生理活性物質が，体内の免疫系，分泌系，神経系，循環系，消化器系などを調整することによって健康の維持や回復・身体の生理機能を調整する機能がある。これらの栄養素としての役割を一次機能，嗜好に影響を与える役割を二次機能，生体調整機能としての役割を三次機能と定義するようになった。

特に一次機能に影響を及ぼすものは，栄養の元となる栄養素であり(**表 2.1**)，炭水化物，たんぱく質，脂質，ビタミン，ミネラルの 5 大栄養素が挙げられる。炭水化物は生命活動のエネルギー源であり，脂質はエネルギー貯蔵の役割を担い，たんぱく質は人体の大部分を占める臓器や筋肉を構成し，ビタミンやミネラルは酵素の活性化，栄養素の代謝にかかわっている。飽食の時代といわれている昨今においても，あらゆる栄養素を過不足なく摂取することは容易ではない。たとえば，ミネラルのカルシウムや鉄は摂取不足が危惧されている栄養素であり，各種栄養素の不足は多くの疾病の引き金となる。本章では，これらの一次機能について概説する。

2.2 たんぱく質

2.2.1 たんぱく質はアミノ酸から構成される

たんぱく質は約 20 種類のアミノ酸がペプチド結合で多数結合した生体高分子であり，生命活動のほとんどはたんぱく質のはたらきによって支えられているといってよい。たんぱく質を構成するアミノ酸は**α-アミノ酸**とよばれ，α-炭素(カルボキシ基の隣の炭素)にアミノ基($-NH_2$)とカルボキシ基($-COOH$)が結合しており，それぞれをαアミノ基，αカルボキシ基とよぶ。α-アミノ酸のα炭素は**不斉炭素(キラル炭素)**である場合がほとんどなので，α-アミノ

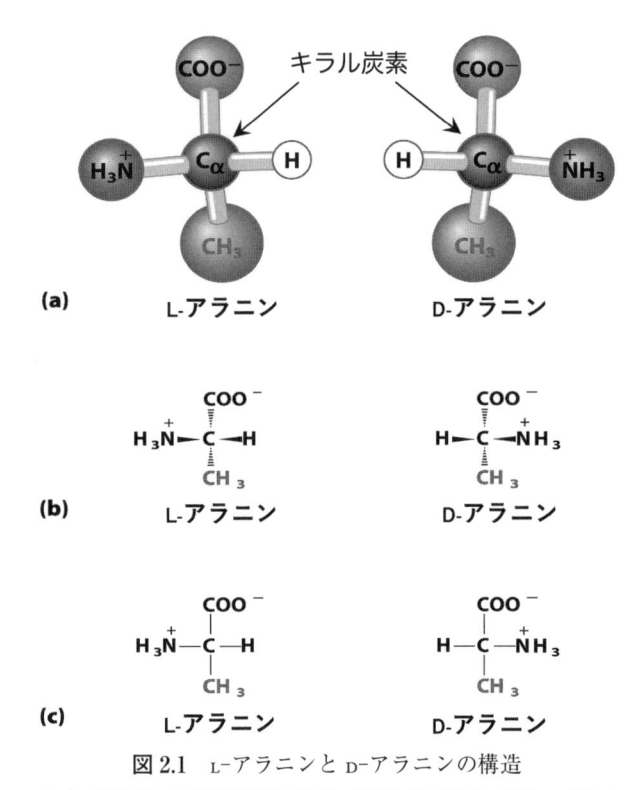

酸には**鏡像異性体**（**L型**と**D型**）が存在する（図2.1）。そして，その理由は明らかにされていないが，天然に存在するたんぱく質を構成するアミノ酸はすべてL型構造である。ただし後述のように，グリシンのα炭素はキラル炭素ではないので，たんぱく質を構成するα-アミノ酸のうち，グリシンにはD，L異性体は存在しない。

たんぱく質は20種類のα-アミノ酸がペプチド結合により直鎖状につながったきわめて分子量の大きな生体分子（生体高分子）であるため，含まれるアミノ酸の数や種類も異なることから膨大な種類（20,000種程度）（文部科学省，2020）のたんぱく質が存在する。そして大切なことは，それら膨大な種類のたんぱく質はそれぞれ特徴的な立体構造（かたち）を構築することで，特有の働きを担うことができるようになるということである。たとえば，さまざまな臓器，筋肉，皮膚，毛髪，爪などの主成分はたんぱく質であり，血液中では酸素や栄養成分の輸送や免疫にもかかわっている。

図2.1 L-アラニンとD-アラニンの構造

Cα（α炭素）がキラル（不斉）炭素であり，結合しているアミノ基をα-アミノ基，カルボキシ基をα-カルボキシ基とよぶ。(a)，(b)，(c) の3種類の表記があるが，α-アミノ基と水素は紙面から手前に出ており，カルボキシ基と側鎖(R)は紙面の後方にでていることに注意。
アミノ基を $-NH_3^+$，カルボキシ基を $-COO^-$ と表しているのは，生化学や食品科学では中性pH領域に存在するアミノ酸を想定しているからである。

さらに生体内で起こっているさまざまな化学反応を触媒する酵素もほとんどすべてがたんぱく質であり（RNAが触媒機能をもつ例外がある），食の基本となる味や匂いの知覚は味や匂い成分とたんぱく質の結合から始まる。本章では，食品学の観点から重要と考えられるアミノ酸，ペプチド，そしてたんぱく質の構造や機能について述べる。

2.2.2 食品成分としてのアミノ酸

(1) アミノ酸の分類

アミノ酸はアミノ基とカルボキシ基をもつ化合物の総称であるが，たんぱく質を構成するアミノ酸はα-アミノ酸であり，DNAの遺伝情報がRNAを経てたんぱく質に翻訳される際に使われる20種類が存在する。特殊な例としてセレノシステインが知られており，セレノシステインを含めると21種類となるが，一般的には20種類のアミノ酸がたんぱく質を構築すると考えていい。アミノ酸はカルボキシ基とアミノ基をもつことから，中性pH（ヒト血液や細胞質ではおよそpH7.4））では，負電荷($-COO^-$)と正電荷($-NH_3^+$)の両方の電荷を帯びる**両性電解質**としてふるまう（図2.2）。食品化学や生化学では，中

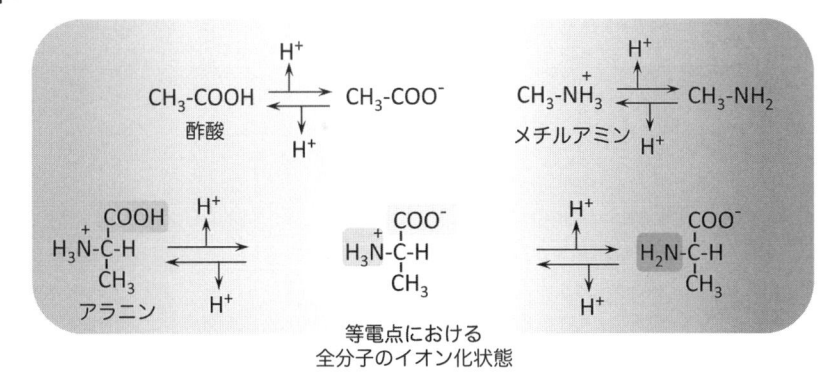

図2.2　アミノ酸はアミノ基とカルボキシ基をもつので両電解質

アミノ酸(ここではアラニン)は水環境のpHによりアミノ基とカルボキシ基の電離状態が変化する。
酢酸やメチルアミンはカルボキシ基あるいはアミノ基しかもたないので両電解質ではない。

性pH領域での化学を考える場合が多いので，アミノ酸の構造を描く場合にはアミノ基は $-NH_3^+$，カルボキシ基は $-COO^-$ として表記される。特に側鎖($-R$)に解離基(H^+ を放出したり，受け取ったりする官能基)が存在すると，環境のpHによって電荷状態がそれぞれに異なってくる。

　後述するようにこの性質がたんぱく質の構造や機能に重要な影響を与える。ある pH においてアミノ酸は分子内の正電荷と負電荷が等しくなる(プラスとマイナスの和がゼロになる。正味の電荷がゼロと表現される)。この時の pH を**等電点**とよび，それぞれのアミノ酸の等電点は側鎖の影響を受けるため，固有の値をもつことになる。

　たんぱく質を構成する 20 種類のアミノ酸は，それぞれの側鎖の化学的性質に基づいて分類される。教科書によって分類方法が若干異なる場合があるが，本章では食品学の視点から，**表2.2** に示すように(1)**親水性(極性)アミノ酸**，(2)**疎水性(非極性)アミノ酸**に大きく分けた後，それぞれ側鎖の水溶液中での物理化学特性に着目して，中性領域 pH (体液や細胞質 pH)で電荷をもつアミノ酸(負電荷をもつ酸性アミノ酸，正電荷をもつ塩基性アミノ酸)と中性領域 pH で電荷はもたないが親水性(極性)のアミノ酸に分類している。その他，分岐構造をもつアミノ酸としてロイシン，イソロイシン，バリン，芳香環をもつアミノ酸としてチロシン，トリプトファン，フェニルアラニン，そして，含硫アミノ酸としてシステイン，メチオニンなどを別途分類した(図2.3)。なお，疎水性アミノ酸に分類されるプロリンは有機化学的観点からはアミノ酸ではなくイミノ酸(イミノ基 $-NH-$ をもつ)に分類される。

(2) 不可欠アミノ酸 (必須アミノ酸)*

　上記 20 種類のアミノ酸には，**不可欠アミノ酸(必須アミノ酸)**とよばれるアミノ酸がヒトでは 9 種類(リジン，ヒスチジン，トレオニン(スレオニン)，バリン，ロ

***必須アミノ酸**　必須アミノ酸の憶え方にはいろいろな語呂合わせがあるが，「風呂場イスひとりじめ」もその1つである。フロバイスヒトリジメ；フェニルアラニン，ロイシン，バリン，イソロイシン，スレオニン(トレオニン)，ヒスチジン，トリプトファン，リジン，メチオニン

表2.2 側鎖の極性に基づくアミノ酸の分類（親水性アミノ酸と疎水性アミノ酸）

極性（親水性）アミノ酸			非極性（疎水性）アミノ酸		
アミノ酸		側鎖	アミノ酸		側鎖
アスパラギン酸	Asp (D)	負電荷をもつ（中性 pH 領域）	アラニン	Ala (A)	非極性
グルタミン酸	Glu (E)	負電荷をもつ（中性 pH 領域）	グリシン	Gly (G)	非極性
アルギニン	Arg (R)	正電荷をもつ（中性 pH 領域）	バリン*	Val (V)	非極性
リジン（リシン）*	Lys (K)	正電荷をもつ（中性 pH 領域）	ロイシン*	Leu (L)	非極性
ヒスチジン*	His (H)	正電荷をもつ（中性 pH 領域）	イソロイシン*	Ile (I)	非極性
アスパラギン	Asn (N)	電荷をもたず極性	プロリン	Pro (P)	非極性
グルタミン	Gln (Q)	電荷をもたず極性	フェニルアラニン*	Phe (F)	非極性
セリン	Ser (S)	電荷をもたず極性	メチオニン*	Met (M)	非極性
トレオニン*（スレオニン）	Thr (T)	電荷をもたず極性	トリプトファン*	Trp (W)	非極性
チロシン	Tyr (Y)	電荷をもたず極性（中性 pH 領域）	※セレノシステイン（Sec）は，セレノール基（-SeH）のpKa 値が弱酸性領域に存在するため，中性 pH 領域ではAsp や Glu と同様に負電荷を有する。		
システイン	Cys (C)	電荷をもたず極性（中性 pH 領域）			

*必須アミノ酸（9 種類）

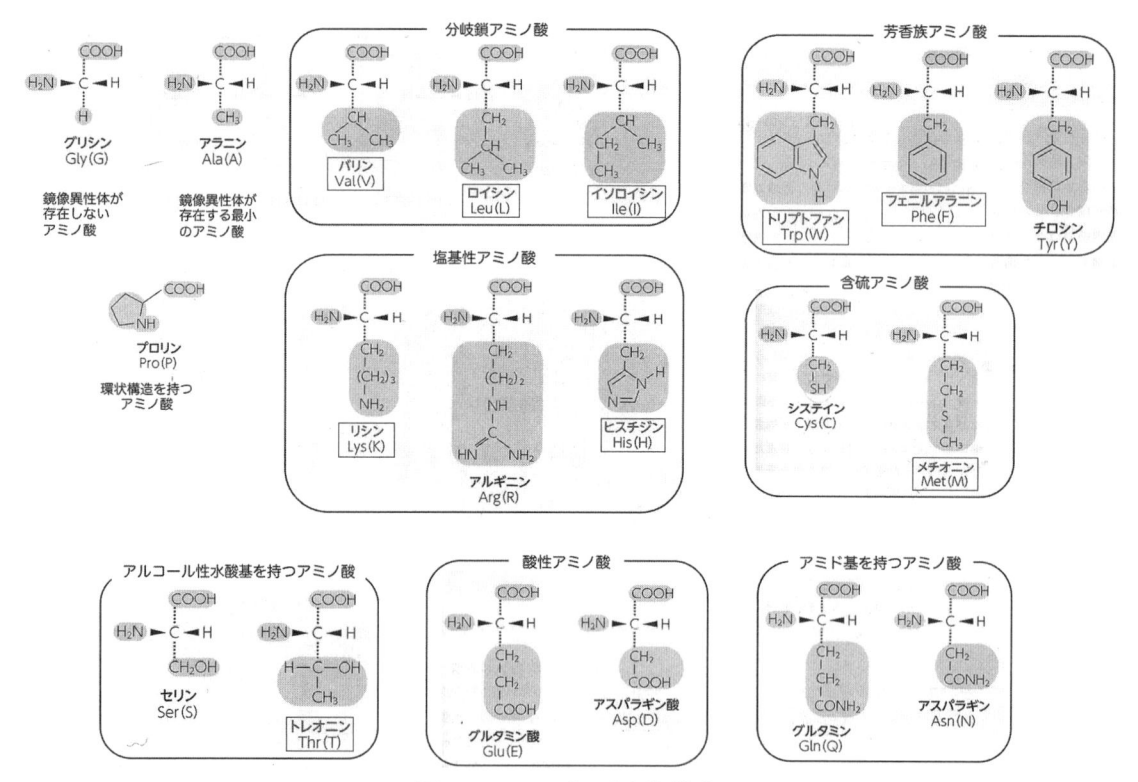

図2.3 アミノ酸の分類と構造

側鎖の化学的特性で分類している。アミノ酸名を囲んでいるものは必須アミノ酸（9 種類）を示す。

イシン，イソロイシン，メチオニン，フェニルアラニン，トリプトファン）存在する。これらのアミノ酸はヒトの生体内で生合成されないため，食品から摂取しなければならない。これらのアミノ酸は進化過程で食事から比較的容易に摂取

できるようになったため，ヒトは生合成能力，つまりこれらのアミノ酸の生合成に関わる酵素遺伝子の発現を失ったと考えられている。

(3) D型アミノ酸

たんぱく質を構成するアミノ酸は，キラル炭素をもたないグリシン以外はすべてL型である。しかしながら自然界には20種類以上のD型アミノ酸も存在しており，微生物からヒトを含めた哺乳類にまで広く見いだされている。これらのD型アミノ酸は，遊離型アミノ酸（たんぱく質やペプチド構成成分としてではなく，単独のアミノ酸）として存在しており，特に，微生物を利用する発酵食品中には微生物由来のD型アミノ酸が含まれている場合が多い。D型アミノ酸のヒトへの影響については研究が進められているが，現時点では不明な点が多く，D型アミノ酸の多量摂取は避けた方がよいと考えられている。L型アミノ酸は，アラニン，セリンなどは甘みを呈するが，疎水性アミノ酸は苦みを呈するものが多い。それに対して，ほとんどのD型アミノ酸は甘みを呈する。特にD-トリプトファンはショ糖の30倍程度の強い甘みを呈するが，甘味料として使用されていない。

(4) アミノ酸から誘導される情報伝達物質など

グルタミン酸(Na塩)は昆布のうま味成分として知られているが，その一方で，哺乳類の中枢神経系において興奮性の神経伝達物質としてもはたらく。それに対して，グルタミン酸から脱炭酸により生成する**γ-アミノ酪酸**(GABA, **$NH_2-CH_2-CH_2-CH_2-COOH$**)は抑制性（興奮を抑える）神経伝達物質として働く。また，グリシンはGABAと同じく抑制性の神経伝達物質としての機能をもつ。これらの機能に着目してGABAやグリシンは機能性表示食品に利用されている。

その他にもα-アミノ酸から生成される重要な情報伝達物質が知られている。**セロトニン**（精神を安定させる）はトリプトファンから，**ドーパミン**（喜びや快楽等を引き起こす）や**ノルアドレナリン**（集中力や積極性を引き起こす），**アドレナリン**（血圧，血糖値を上昇させる）はチロシンから，**ヒスタミン**（アレルギー症状に関係する）はヒスチジンから酵素的に生成する。

(5) アミノ酸価（アミノ酸スコア）

食品に含まれるたんぱく質の栄養価については，それらのたんぱく質を構成するアミノ酸の種類と量によって評価される。たんぱく質の栄養価にはいくつかの指標があるが，**アミノ酸価**は必須アミノ酸含量を基にして算出される。FAO（国連食糧農業機関）/WHO（世界保健機関）/UNU（国際連合大学）が示した**アミノ酸評点パターン**(1985年，2007年など)に対する必須アミノ酸含量の相対値として表される。具体的には，アミノ酸価はそれぞれの食品の総窒素含量（たんぱく質に含まれる窒素と考える）1g当たりの必須アミノ酸含有量(mg)を測定し，それぞれのアミノ酸評定パターンの数値（総窒素量1g当たりのmg）で割ってパ

ーセント（%）で表示したものである。この値が 100 ％より小さいアミノ酸を**制限アミノ酸**と規定する。それらの中で最も小さい値をもつアミノ酸を**第一制限アミノ酸**とし，その値をその食品のアミノ酸価とする。制限アミノ酸が存在しない場合，言い換えると 9 種の必須アミノ酸含量がアミノ酸評点パターンを超えている場合はアミノ酸スコア 100 と規定する。植物性食品と動物性食品を比較すると，前者のアミノ酸スコアは小さくなる傾向が高く，動物性食品はおおむね 100 となる。

2.2.3　ペプチドの構造と機能

(1)　ペプチド結合

　たんぱく質は，前述の 20 種の α-アミノ酸が mRNA 上で**脱水縮合**（水分子が形成と除去により共有結合が形成される）を繰り返すことで形成される。この場合，縮合とは水分子が除かれることで生成する分子の長さが短くなることを意味している。たとえば，グリシンと L-アラニンがこの順番で結合する場合（図2.4），グリシンの α カルボキシ基（-COOH）の -OH と L-アラニンの α アミノ基の水素（-H）から水分子（H_2O）が形成されて除かれることで**共有結合**[*1]が形成される。この結合は有機化学的には**アミド結合**とよばれるが，アミノ酸同士のカルボキシ基とアミノ基との反応で生じるアミド結合を特に**ペプチド結合**[*2]とよぶ。そして，複数のアミノ酸がペプチド結合で連結（重合）したものをペプチドとよび，**図 2.4** の例ではグリシンと L-アラニンの 2 個のアミノ酸が縮合重合しているのでジペプチドとよばれる。3 個のアミノ酸が重合するとトリペプチド，4 個であればテトラペプチド，5 個ならペンタペプチドとなり，アミノ酸の数を示す接頭辞（ギリシャ語）を付けて分類される。2 ～数十個程度のアミノ酸によって構成されるペプチドはオリゴペプチド，それ以上のアミノ酸から構成されるものはポリペプチドとよばれる。ポリペプチドとたんぱく質の違いは構成されるアミノ酸の個数によるが，個数による定義はなされていないものの，おおよその目安として 100 個以上のアミノ酸から構成されるポリペプチドをたんぱく質ととらえる場合が多い。

　ポリペプチドやたんぱく質にはデンプンやグリコーゲンのような枝分かれ構造は存在

*1　共有結合　2 つの原子が互いの不対電子を共有して形成する化学結合（配位結合は例外）

*2　ペプチド結合

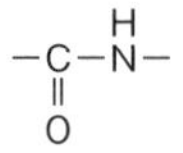

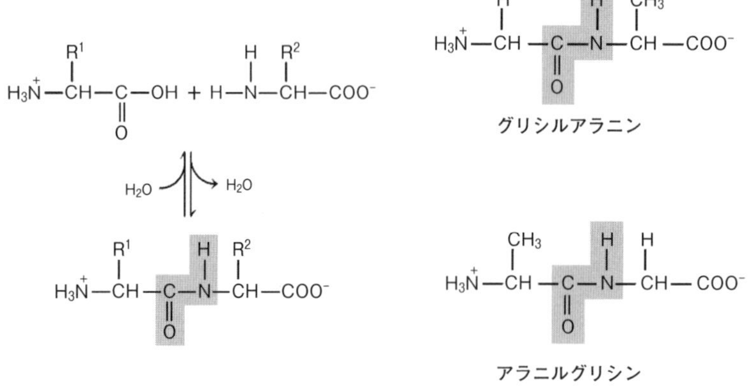

a）ペプチド結合の形成と分解　　b）グリシンとアラニンからなるジペプチド

図 2.4　ペプチド結合とジペプチドの例

グリシルアラニン

アラニルグリシン

せず一本鎖である。したがっ
て，ペプチドやたんぱく質に
はペプチド結合の形成に関与
していない末端が存在するこ
とになる。アミノ基(-NH$_2$)が
存在する末端を**アミノ末端(N
末端)**，カルボキシ基(-COOH)
が存在する末端を**カルボキシ
末端(C末端)**とよぶ(図2.5)。ペ
プチドやたんぱく質に組み込

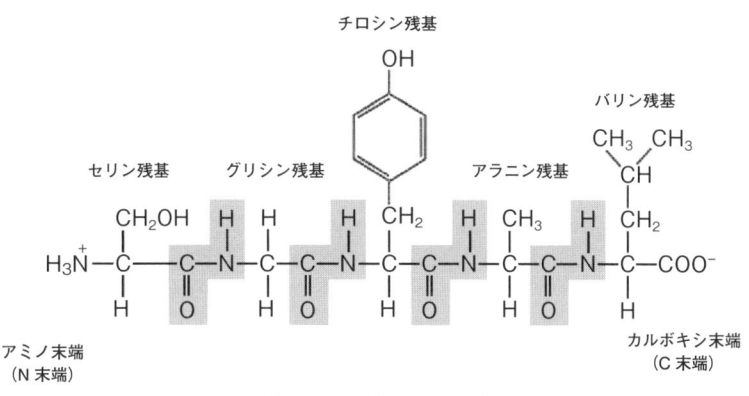

図2.5 ペプチドの一例

まれたアミノ酸は，遊離型アミノ酸とは区別されてアミノ酸残基とよばれる。
図2.5に示すペンタペプチドの場合，セリン残基，グリシン残基，チロシン
残基などとよばれる。

　また，自然界にはαアミノ基やαカルボキシ基以外のアミノ基やカルボキ
シ基がペプチド結合を形成しているペプチドも存在する。たとえば納豆の粘
性成分である**γ-ポリグルタミン酸**は，多数のグルタミン酸残基が，α-カル
ボキシ基ではなく，γ-カルボキシ基とα-アミノ基がペプチド結合を形成し
ているポリペプチドである。

(2) ペプチドやたんぱく質の機能とアミノ酸の配列順序

　ペプチドやたんぱく質は20種類のα-アミノ酸がペプチド結合して生成す
るが，仮にアミノ酸の数や種類が同じであってもそれぞれのアミノ酸の結合
順序(アミノ酸配列)が異なれば，たんぱく質としての性質(立体構造や生理活性)
は全く異なってしまう。グリシン，L-アラニンの順番で結合したジペプチド
(グリシル-L-アラニン)とL-アラニン，グリシンの順番で結合したジペプチド(L-
アラニル-グリシン)は異なる化合物としてあつかわれる。ポリペプチドやたん
ぱく質のさまざまな性質は，それらを構成するアミノ酸の種類と数だけでな
く，どのようなアミノ酸がどのような順番(配列)で結合しているかによって
決まってしまう。

(3) 生理機能あるいは生理活性をもつペプチド

　食品中には多様なたんぱく質，ペプチド，遊離型アミノ酸が含まれており，
特にペプチドや遊離型アミノ酸は食品の味に大きな影響を与える。発酵食品
では，微生物による発酵過程で素材に含まれるたんぱく質が分解され，オリ
ゴペプチドや遊離型アミノ酸が生成し，それらの発酵食品の味形成に影響を
与えている。また，人工甘味料として知られている**アスパルテーム**は，L-ア
スパラギン酸とL-フェニルアラニンからなるジペプチドであり，L-フェニ
ルアラニンのカルボキシ基がメチル化(メチルエステル)されている。

食品科学の観点から興味深いのは，いろいろな種類の食品たんぱく質をたんぱく質分解酵素(ペプチド結合を加水分解する酵素)で処理することで生じるペプチドがさまざまな生理活性(生理現象に影響を与える)をもつことが明らかになっていることである。たとえば，魚肉やミルクたんぱく質から多様なペプチドが得られており，それらのいくつかは血圧上昇を抑制することが知られており，機能性表示食品として販売されているものもある。たとえば，ミルク由来ラクトトリペプチド(Val-Pro-Pro，Ile-Pro-Pro)，魚肉(イワシ)由来ジペプチド(Val-Tyr)，ゴマ由来トリペプチド(Leu-Val-Tyr)，大豆由来ジペプチド(Gly-Tyr，Ser-Tyr)等が知られている。これらのペプチドは，血圧上昇に関与する**アンジオテンシン変換酵素(ACE)**の作用を阻害することでその機能を発揮すると考えられている(消費者庁，2024更新)。

　その他，細胞内へのグルコース取り込みを促進させて血糖値を下げるインスリン，胃酸分泌を促すガストリン，内因性オピオイド(生体内で合成され鎮痛効果をもつ化合物)であるエンケファリンやエンドルフィン，子宮収縮や乳汁分泌を促すホルモンであるオキシトシン，抗利尿ホルモン(腎臓で水の再吸収を促進する)であるバソプレッシンも生理活性をもつペプチドである。

2.2.4　たんぱく質の分類

(1) たんぱく質の分類

　たんぱく質は一本あるいは複数のポリペプチド鎖から構成される。ポリペプチドを構成するアミノ酸の種類や数，そしてアミノ酸配列の多様性を考慮すれば，たんぱく質の構造や機能に極めて多様性が生じることは当然であり，それらを統一的に分類することは難しい。そこで，ここではおおまかな構造(かたち)や物性の観点から分類する。

1)　球状たんぱく質と繊維状たんぱく質

　たんぱく質はそれらの形状から，球状に近い形(もちろん，地球の様に丸くはない)をもつ**球状たんぱく質**と繊維状の形をもつ**繊維状たんぱく質**の大きく2種類に分類される。ミルク，卵，血液あるいは細胞内に存在する多くの水溶性たんぱく質が球状たんぱく質(たとえば血清アルブミンや卵白アルブミン)であり，内部(水分子が少ない環境)に疎水性アミノ酸が多く，外側(水分子が回りを取り巻く環境)には親水性アミノ酸が多い特徴がある。一方，毛髪，爪，皮膚，腱に存在する繊維状に伸びた形をもつたんぱく質(たとえばコラーゲン，ケラチン，ミオシン，エラスチン)が繊維状たんぱく質にあたる。**図2.6**に食肉に含まれる典型的な球状たんぱく質であるミオグロビンと繊維状たんぱく質であるコラーゲンの構造をしめす。

2)　単純たんぱく質と複合たんぱく質

　たんぱく質の構成成分(組成)から**単純たんぱく質**と**複合たんぱく質**に大別す

る分類である(**表2.3**, **2.4**)。単純たんぱく
質とはα-アミノ酸からのみ構成されるた
んぱく質であり，複合たんぱく質とは構成
アミノ酸に糖，脂肪酸，リン酸などの補欠
分子族が共有結合したたんぱく質である。
真核生物で細胞外に分泌されさまざまな機
能を有するたんぱく質は複合たんぱく質で
ある場合が多い。ほとんどの分泌型たんぱ
く質には糖鎖が結合しており，それら糖鎖
は生体内でのたんぱく質機能に大きな影響
を与えている。またセリン，トレオニン，
チロシンの水酸基のリン酸化はたんぱく質
機能のスイッチオン・オフに関係する極め
て重要な化学修飾である。

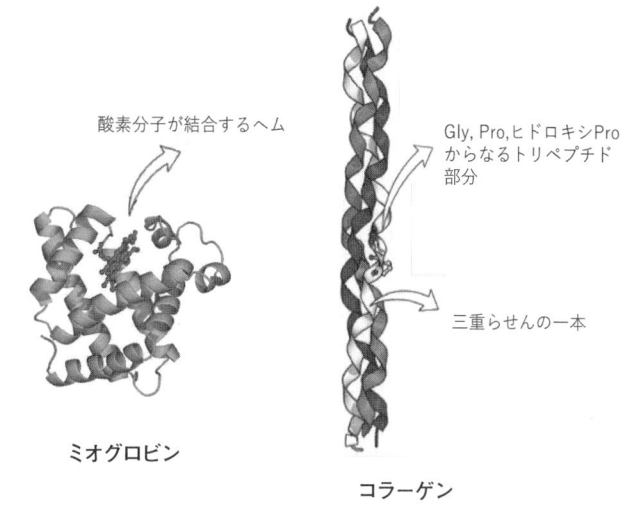

酸素分子が結合するヘム

ミオグロビン

Gly, Pro,ヒドロキシPro
からなるトリペプチド
部分

三重らせんの一本

コラーゲン

図2.6　球状たんぱく質(ミオグロビン)と線維状たんぱく
質(コラーゲン)

出所) 川嵜敏祐監修，中山和久編：レーニンジャーの新生化学　生化学と分子生
物の基本原理(第7版)，178，190，廣川書店(2019)をもとに筆者作成

3)　水溶液に対する溶解性での分類 (表2.3)

　たんぱく質を水溶液への溶解性の側面から分類する場合もある。**アルブミ
ン**は純水に容易に溶解するたんぱく質の総称であり，**グロブリン**は純水には
溶解せず，塩溶液(生理食塩水程度)に溶解するたんぱく質の総称である。代表
的なアルブミンは血液中に存在する血清アルブミンや卵白の主成分である卵
白アルブミンであり，グロブリンは血中に存在する抗体(血清グロブリン)がそ
れにあたる。

　グルテリンは小麦やイネ等の穀物に含まれる植物性たんぱく質で，純水や
中性塩溶液(NaCl溶液など)には不溶で，希酸や希アルカリ溶液(0.1 M濃度程度
の酸やアルカリ)に溶解する。製パンに必要とされるグルテニンは小麦，オリ
ゼリンは米に含まれるグリテリンである。**プロラミン**もグルテリンと同様に
穀物種子に含まれる貯蔵たんぱく質であり，純水や中性塩溶液には不溶で希
酸や希アルカリ溶液，そして高濃度エタノール(50～80%)に溶解する。**グリ
アジン**は小麦，ゼインはトウモロコシに含まれるプロラミンである。グルテ
リンは消化を受けやすく栄養価も高いが，プロラミンは難消化性である。こ
れらの穀類貯蔵たんぱく質はアレルギーやセリアック病を引き起こす原因た
んぱく質になる場合がある。

4)　畜肉や魚肉に含まれるたんぱく質の分類

　畜肉や魚肉に含まれるたんぱく質は，(1)**筋漿(筋形質)たんぱく質**，(2)**筋原
線維たんぱく質**，(3)**肉基質(筋基質)たんぱく質**に大別される(**表2.4**, **2.5**)。筋漿
(筋形質)たんぱく質は，筋細胞間や筋原線維間に存在しているさまざまな水
溶性の球状たんぱく質であり，代表的なたんぱく質としてミオグロビンがあ

表 2.3　単純たんぱく質の分類と特性

総称名	溶媒に対する溶解性					たんぱく質名称 (存在場所)	その他の特性
	純水	塩溶液	希酸	希アルカリ	アルコール水溶液		
アルブミン	○	○	○	○	×	オボアルブミン(卵) ラクトアルブミン(ミルク) ロイコシン(小麦) レグメリン(豆類)	熱凝固性 アルコール(>70 %)に不溶 70～80 % 飽和**硫安**[*1]で沈殿
グロブリン	×	○	○	○	×	ラクトグロブリン(ミルク) ミオシン(筋肉) アクチン(筋肉) グリシニン(大豆) ファゼオリン(インゲン豆)	熱凝固性 アルコール(>70 %)に不溶 50 % 飽和硫安で沈殿
グルテリン	×	○	○	○	×	オリゼニン(米) グルテニン(小麦) ホルデニン(大麦)	熱凝固性 アルコール(>70 %)に不溶 50 % 飽和硫安で沈殿 穀類(米,麦)に存在
プロラミン	×	○	○	○	○	グリアジン(小麦) ホルデイン(大麦) ゼイン(トウモロコシ)	熱凝固性 アルコール(>70 %)で可溶化 イネ科(禾本科)植物に存在
アルブミノイド	×	×	×	×	×	コラーゲン(軟骨・皮膚) ケラチン(表皮,毛,爪) エラスチン(腱,じん帯)	熱変性 一般的な水溶性溶媒には不溶
ヒストン	○	○	○	○	×	ヌクレオヒストン(細胞核)	熱凝固性のない塩基性たんぱく質 濃アルカリ溶液で可溶化
プロタミン	○	○	○	○	×	サルミン(サケ白子) チニン(ニシン白子) クルペイン(マグロ白子)	熱凝固性のない塩基性たんぱく質 魚類精子に存在

出所)中河原俊治編著:食品の機能(第 3 版),食べ物と健康Ⅱ,三共出版(2023)をもとに筆者作成

*1　硫安　→29 ページ参照

る。筋原線維たんぱく質は筋原線維を構成するミオシンやアクチンがそれにあたり,純水には不溶で比較的高濃度(0.5 MNaCl)の塩溶液に溶解し,かまぼこ製造で重要な役割を担うたんぱく質である。筋基質たんぱく質は塩溶液にも不溶であり,結合組織などを構成するコラーゲンがそれにあたる。この筋基質たんぱく質の存在割合は食感に影響する。魚肉のコラーゲン含有量は畜肉のそれよりも少ないことが知られており,魚肉は畜肉よりも柔らかくほぐれやすい理由は,コラーゲン量の差によるところが大きい。

2.2.5　たんぱく質の構造

(1) たんぱく質構造は 4 つの階層がある。

たんぱく質の構造は以下の 4 つの階層から理解されている(図 2.7)。二次構造以上の構造が立体構造(高次構造)とよばれる。

1)　一次構造

たんぱく質を構成するアミノ酸が,N 末端から C 末端までどの様な順番でペプチド結合しているか,つまりアミノ酸配列のことである。このアミノ酸配列は DNA に含まれる遺伝子(**エクソン**[*2]部分)の塩基配列で規定されている。(図 2.7-a)

*2　エクソン　たんぱく質に翻訳される部分

24

表 2.4 複合たんぱく質の分類と特性

複合たんぱく質名	補欠分子属（非たんぱく質要素）	特性	主なたんぱく質
糖たんぱく質	単糖，オリゴ糖	・アスパラギン結合型糖鎖(N 型糖鎖) ・セリン，トレオニン，ヒドロキシプロリン結合型糖鎖(O 型糖鎖) ・細胞外に分泌される糖たんぱく質は水溶性が高い	・オボアルブミン(卵白) ・オボムコイド(卵白) ・免疫グロブリン(抗体) ・細胞膜たんぱく質 　(受容体たんぱく質)
リン酸化たんぱく質	リン酸	・リン酸基がセリン，トレオニンの水酸基に結合しているものが多いが，チロシンの水酸基にも結合する	・カゼイン(ミルク) ・ビテリン(卵黄) ・ホスビチン(卵黄)
リポたんぱく質	トリグリセリド リン脂質 コレステロール	・血中で脂質の肝臓からの配送や肝臓への回収にはたらく	・VLD (超低密度リポたんぱく質) ・LDL (低密度リポたんぱく質) ・HDL (高密度リポたんぱく質)
色素たんぱく質	ポルフィリン クロロフィル リボフラビン	・ヘム，ヘモシアニン，クロロフィルは鉄，銅，マグネシウムなどの金属を含む ・リボフラビンは金属を含まず補酵素としてはたらく	・ヘモグロビン(血液) ・ミオグロビン(筋肉) ・ヘモシアニン(無脊椎動物血清) ・フィコシアニン(海藻類)

出所）表 2.3 に同じ

表 2.5 食肉を構成するたんぱく質の分類

分類名	溶解性	たんぱく質名	食品への利用
筋漿(筋形質)たんぱく質	水に可溶	ミオグロビン	取り出して特定の料理に使うことはない かまぼこ製造時には取り除かれる場合が多い
筋原繊維たんぱく質	塩溶液に可溶	アクチン ミオシン	カマボコ製造に利用
内規質(筋基質)たんぱく質	水不溶性	コラーゲン	ゼラチン(煮こごり)，軟骨料理

出所）表 2.3 に同じ

2) 二次構造

　たんぱく質のペプチド主鎖（骨格）のアミド基水素(-N-H)とカルボニル酸素(-C=O)間の水素結合により形成される局所的な立体構造を意味する。一次構造上，比較的近傍のアミノ酸残基が形成する立体構造であり，規則的な構造とランダムな構造がある。規則的な二次構造には，**αヘリックス構造**（**αらせん構造**）と**βシート構造**（**βプリーツシート構造**）(図2.7-b，図 2.8)があり，それらの構造をつなぐターン構造も2 次構造に含まれる。2 つの

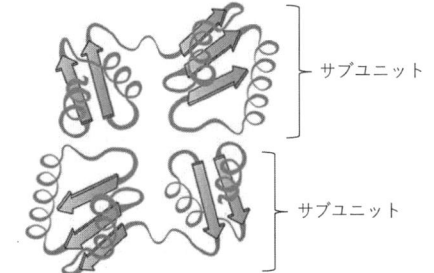

a) 一次構造
（アミノ酸の結合順序）

-Ala-Glu-Val-Thr-Asp-Pro-Gly-

b) 二次構造
（αヘリックスとβシート）

αヘリックス　　βシート

c) 三次構造

ドメイン
（構造単位）

d) 四次構造

サブユニット
サブユニット

図 2.7　たんぱく質構造の階層性

出所）鈴木紘一，笠井献一，宗川吉汪監訳：ホートン生化学(第 5 版)，東京化学同人(2013)をもとに筆者作成

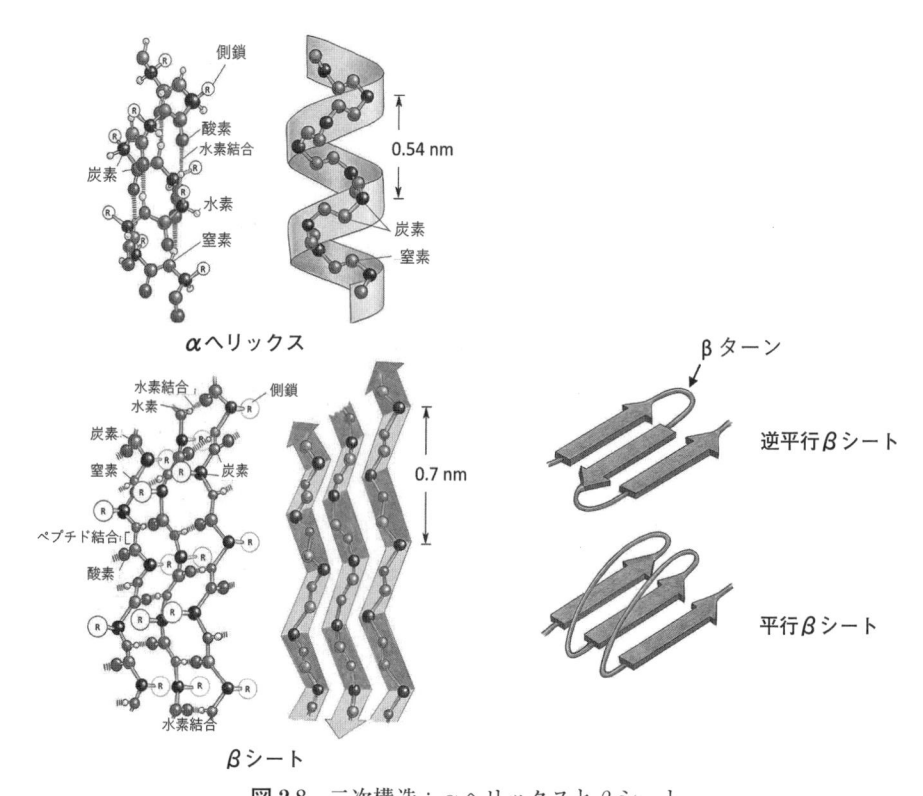

図 2.8　二次構造：αヘリックスと β シート

出所) 中村桂子, 松原謙一監訳：細胞の分子生物学(第 6 版), 第 3 章, ニュートンプレス(2017)をもとに筆者作成

βシートを連結するターン構造は**βターン**とよばれ, 多くのたんぱく質にみられる。

αヘリックスは平均してアミノ酸 3.6 残基で一回転するらせん構造であり, ペプチド結合のカルボニル基の酸素が 4 残基離れたアミノ酸残基のアミド基水素と水素結合することで形成される(図 2.8)。αヘリックスを取り囲む環境によって, 親水性環境では親水性側鎖がヘリックス表面に露出する場合が多く, 疎水性環境(細胞膜内)では疎水性側鎖が表面に配置し, らせん構造内に親水性側鎖が配向する場合が多い。

一方, βシート構造は隣接するポリペプチド鎖のカルボニル炭素とアミド結合水素が多数の水素結合を形成することで安定化している。βシート構造には隣り合ったペプチド鎖の向き(N 末端→C 末端)により, N 末端から C 末端への方向が同じ**平行βシート**と方向が反対になる**逆平行βシート**の 2 種類がある。(図 2.8)

αヘリックス構造も β シート構造も水素結合を多数形成することで安定化した結果生じる構造であり, ほとんどの球状たんぱく質はこれら 2 種の規則的な二次構造を含む場合が多いが, たんぱく質によってはどちらか一方の二次構造のみを有する場合もある。水溶性たんぱく質の場合, αヘリックスや

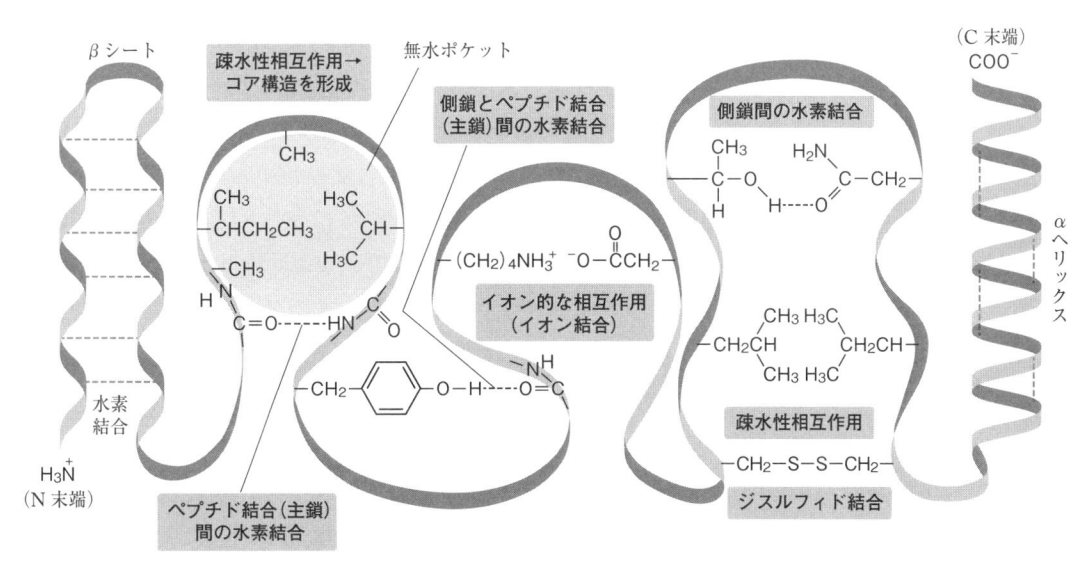

図 2.9　たんぱく質の形を決める相互作用

たんぱく質の立体構造には，配列の離れた原子間に働く相互作用が大きくかかわっています。たんぱく質中では，水素結合，疎水性相互作用，イオン結合，ファンデルワールス力などがみられます。
出所）白戸亮吉，小川由香里，鈴木研太：生理学・生化学につながる　ていねいな化学，172，羊土社(2019)より転載，原図をもとに筆者作成

βシート構造以外の二次構造として**ループ構造**，**コイル構造**が存在する。

3)　三次構造

　二次構造が組み合わさってポリペプチドが複雑に折りたたまれる(フォールドする)ことで，球状や繊維状構造を有する三次構造が形成される(図 2.7-c)。ポリペプチド鎖全体が形成する立体構造であり，三次構造をとるポリペプチド鎖は，(1)**水素結合**，(2)**疎水性相互作用**，(3)**イオン結合**，(4)**ファンデルワールス力**，(5)分子内に存在する 2 つのシステイン残基のチオール基(-SH)が酸化されて生じる**ジスルフィド結合(S-S 結合)**，によって安定に保たれる(図2.9)。水溶性の球状たんぱく質を例に取ると，生体内ではたんぱく質分子表面を水分が取り囲んでいるので，親水性アミノ酸側鎖が分子表面に存在する一方で，疎水性アミノ酸(アラニン，バリン，ロイシン，イソロイシン，トリプトファン等)残基の側鎖は水分子から排除されるため，分子の内部に埋まり込み互いに寄り集まりコア構造を形成する(図 2.10)。たんぱく質内部の疎水性環境における疎水性アミノ酸側鎖の相互作用は**疎水性相互作用**(結合ではない)とよばれ，ポリペプチド鎖の内部の芯(コア)構造を形成する極めて重要な因子である。

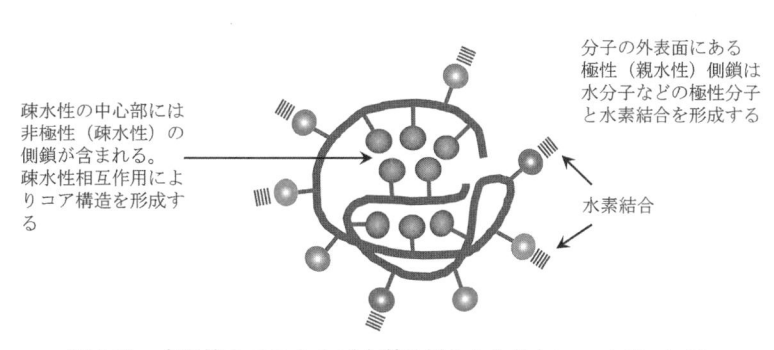

図 2.10　水環境中でのたんぱく質の折りたたみ(フォールディング)
出所）図 2.8 に同じ

たんぱく質の構造を堅固にする結合としてジスルフィド結合が重要な役割を担っている。たんぱく質の立体構造の構築にかかわる5つの結合のうち，このジスルフィド結合(S-S 結合)が唯一共有結合である。立体構造を形成しつつあるポリペプチド中の2つのシステイン残基が近くに位置すると，小胞体中のような酸化的環境ではチオール基同士が酸化されジスルフィド結合が形成されてシスチンになる(図 2.9)。この結合は共有結合なので，いったん違った位置でジスルフィド結合が形成されてしまうと，たんぱく質の機能が獲得できなかったり失われたりする。そのため，生体内には正しいジスルフィド結合の形成を助ける酵素(**プロテインジスルフィドイソメラーゼ**，**PDI**)が存在する。

多くのたんぱく質の三次構造中には，その三次構造を形成するための独立した構造単位がみられることがあり，その構造単位は**ドメイン**[*1]とよばれる(図 2.7-c)。

4)　四次構造

三次構造を形成しているポリペプチド鎖がさまざまな生理機能を有する場合も多いが，生体内では複数のポリペプチド鎖が寄り集まって(会合して)大きな構造を形成することでより巧妙な機能を発揮する場合が多い。このように複数のポリペプチド鎖で構成されるたんぱく質構造を四次構造とよぶ(図 2.7-d, 図 2.10)。構成ポリペプチド鎖は同じたんぱく質である場合もあれば，異なるたんぱく質が会合する場合もある。そして，それぞれのポリペプチドを**サブユニット**[*2]といい，その個数によって**二量体(ダイマー)**，**三量体(トリマー)**，**四量体(テトラマー)**などとよぶ。例えば，酸素の運搬に関わるたんぱく質のうち，赤血球に含まれるヘモグロビンは4つのポリペプチド鎖(二つの α 鎖と二つの β 鎖)から構成される四量体構造であり，筋肉中に存在するミオグロビンは1つのポリペプチド鎖からなる単量体(モノマー)である(図 2.11)。また，種々の情報伝達物質(シグナル分子)を受け取るたんぱく質(**受容体**)にも高次構造に多様性がある。それらのうち，アドレナリン受容体や網膜に存在する光受容体(ロドプシン)は単量体(モノマー)である一方，インスリンやインターフェロンの受容体は四次構造を有している。情

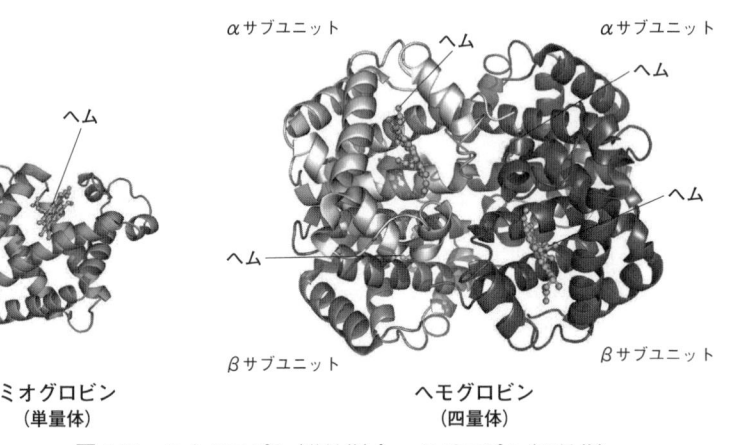

ミオグロビン
(単量体)

ヘモグロビン
(四量体)

図 2.11　ミオグロビン(単量体)とヘモグロビン(四量体)

出所) 図 2.6 に同じ，190，198

報伝達物質が受容体に結合することで高次構造にわずかな変化が生じ，その微細な変化がさまざまな生体反応を惹起していく。

2.2.6　たんぱく質の物性

（1）たんぱく質の等電点

それぞれのアミノ酸には特有の等電点があるように，アミノ酸から構成されるたんぱく質にもそれぞれ固有の等電点（たんぱく質の正味の電荷がゼロになるときの pH）がある。たんぱく質全体の電荷がゼロ（正味の電荷がゼロ）となるため水和性が低くなり，溶解度が最小となってたんぱく質は沈殿する（**等電点沈殿**）。グルタミン酸やアスパラギン酸のような酸性アミノ酸を多く含む酸性たんぱく質（たとえばグルテニン）の等電点は低い値（pH4.5 付近）であり，アルギニンやリジンのような塩基性アミノ酸を多く含む塩基性たんぱく質（たとえば魚類精巣に存在するプロタミン）の等電点は高くなる（pH12 付近）。

（2）たんぱく質の溶解性（表 2.3）

たんぱく質の表面に親水性アミノ酸残基が多いと，水分子がたんぱく質分子表面を取り囲む（水和する）ことで水溶性が高くなる。それに対して，疎水性アミノ酸がたんぱく質表面を占める領域が多い膜たんぱく質（細胞膜内在性たんぱく質）は水には溶けない。水溶性たんぱく質についても，pH 変化による溶解性の違いに加えて，塩濃度がたんぱく質の溶解性に大きな影響を与える。低濃度の塩（0.2 M 程度）はたんぱく質の溶解度を上げる（**塩溶効果**）が，高濃度（数モル濃度以上）になるとたんぱく質表面の親水性アミノ酸残基と結合していた水和水が加えた塩との結合に奪われてたんぱく質表面が疎水環境に傾く。そうなると，それまでたんぱく質内部に埋もれていた疎水性アミノ酸残基がたんぱく質表面に露出し始め，表面に露出した疎水性アミノ酸残基の疎水性相互作用が強くなりたんぱく質分子が会合する。その結果，たんぱく質の溶解度は減少し沈殿し始める。これを**塩析**といい，たんぱく質の分離，精製，濃縮に利用される。一般的に用いられる塩は硫酸アンモニウム（硫安）である。塩化ナトリウムに比べて硫安が汎用される理由は，二価イオンの塩析効果が高いことと温度による溶解度変化が小さいことによる。多くのたんぱく質は 30 〜 70 %飽和硫安濃度で沈殿する。

一方，有機溶媒（エタノールやアセトン）の添加によっても水溶液中のたんぱく質は沈殿する（有機溶媒沈殿法）。特に，冷アセトン（10 ℃程度以下）を用いるとたんぱく質の機能を保ったまま沈殿させることができ，血液からの血漿たんぱく質精製などに利用される。

2.2.7　たんぱく質の検出と含量測定

食品あるいは食材に含まれるたんぱく質含量の測定（定量）は食品学の観点からは重要であるが，正確な含量測定は困難である。したがって，現在汎用

されているたんぱく質検出法や定量方法はある程度の誤差を含むと考えておく方がよい。以下に紹介する検出方法や定量方法はいずれも，食品や食材に含まれるたんぱく質(ペプチド，遊離アミノ酸も含む)以外の成分による影響をある程度受ける。

(1) ビゥレット反応

アミノ酸残基を複数(3個以上)含むペプチドやたんぱく質の呈色反応である。たんぱく質をアルカリ性溶液に変性溶解させた後，硫酸銅溶液を加えることでペプチド結合に2価の銅イオン(Cu^{2+})が配位結合して赤紫色〜青紫色に呈色する。標準たんぱく質(たとえば血清アルブミンなど)を基準にした検量線を作成することで，標準たんぱく質に換算してたんぱく質含量を算出する。ビゥレット法を発展させたローリー法とよばれる定量法もよく使用される。この方法は，アルカリ性条件でCu^{2+}をたんぱく質に加えることでCu^+が生成し，これがFolin-Ciocalteu試薬中のモリブデン-タングステンを還元して青く発色する。トリプトファンやチロシンによる発色も加わる。

(2) キサントプロテイン反応

たんぱく質を濃硝酸と加熱すると，たんぱく質中のトリプトファン，フェニルアラニン，チロシンなどの芳香環をもつアミノ酸側鎖がニトロ化されて黄色を呈する。

(3) ニンヒドリン反応

たんぱく質溶液にニンヒドリン試薬を加えて加熱すると青紫色を呈する。強力な酸化剤であるニンヒドリンによってアミノ酸が脱アミノ化され，生じたアンモニアが2分子のニンヒドリン試薬を架橋することで青紫色の色素(ルーエマン紫)が生成する。従って，アミノ酸以外にもアミノ基をもつアミノ糖(グルコサミン，ガラクトサミンなど)やアンモニアも反応する。

(4) ケルダール法とデュマ法

たんぱく質はアミノ酸から構成されているため必ず窒素を含んでいる。この窒素を定量することで食材等に含まれるたんぱく質量を分析する2つの方法(ケルダール法とデュマ法)がある。

ケルダール法はたんぱく質を濃硫酸中(触媒として硫酸銅などを加える)で加熱分解することで含まれる窒素を硫酸アンモニウムに変換したあと，強アルカリ条件下で水蒸気蒸留することでアンモニア態窒素とする。そのアンモニアを逆滴定で定量して，その値をたんぱく質量に換算する。この方法では試料に含まれる窒素量を測定することになるが，多くのたんぱく質に含まれる窒素量が平均すると100 gあたり約16 gであることを利用する。つまりたんぱく質の量は窒素量の6.25(=100÷16)倍となる。求められた窒素量をたんぱく質量に換算する数値(この場合は6.25)を**窒素-たんぱく質換算係数**という。た

表2.6 窒素−たんぱく質換算係数

食品群	食品名		換算係数
1　穀類	えんばく		
		オートミール	5.83
	おおむぎ		5.83
	こむぎ		
		玄穀	5.83
		小麦粉，フランスパン，うどん・そうめん類，中華めん類，マカロニ・スパゲッティ類，ふ類，小麦たんぱく	5.70
		小麦はいが	5.80
	こめ，こめ製品		5.95
	ライ麦		5.83
4　豆類	だいず，だいず製品		5.71
5　種実類	アーモンド		5.18
	らっかせい		5.46
	その他のナッツ類		5.30
	ごま，ひまわり		5.30
6　野菜類	えだまめ，だいずもやし		5.71
11　肉類	ゼラチン		5.55
13　乳類	乳，チーズを含む乳製品，その他		6.38
17　調味料及び香辛料類	しょうゆ類，みそ類		5.71
上記以外の食品			6.25

出所）文部科学省：食品成分データベース，基準窒素—たんぱく質係数，2023年増補(2023.08.16公表)

だし，穀類，豆類，野菜類，みそ，しょうゆ，乳製品類では，それぞれの食材，食品の特性に合わせた係数が算出されているので，それらの値が用いられる(**表2.6**)。野菜類の場合は硝酸塩，茶葉やコーヒー豆などではカフェイン由来の窒素含量を考慮する必要があり，それらの窒素量を別の分析法で定量した後，その量をケルダール法で測定した窒素量から差し引いた値から算出される。

　一方，デュマ法は，試料を二酸化炭素気流中で酸化銅と一緒に燃焼させ，生じる窒素を銅還元により窒素ガスに変換して分析機器で定量する。ケルダール法と同様に窒素量に変換係数を乗じてたんぱく質量とする。ケルダール法は極めて精巧な化学分析法であるが，(1)強酸，強アルカリ，有害金属触媒などを用いること，(2)分析に時間がかかることなどから，最近では手軽で迅速なデュマ法が汎用されている。

2.3　炭水化物；糖質，食物繊維

　炭水化物は地球上で最も多量に存在する有機化合物であり，動物，植物および微生物中に幅広く分布している。特に高等植物および海藻では，その乾燥量の大部分が炭水化物によって占められている。植物組織内では，でんぷ

んや食物繊維など，動物体内ではグリコーゲンやグルコースなどの形態で含まれている。食品としての炭水化物は，栄養素の中でも最も重要なエネルギー源である。高分子のでんぷんは食品に粘性などの特徴的な物性を，低分子の炭水化物は食品に甘味などの味覚を賦与している。一方，食物繊維のように，腸内細菌叢の改善作用や食後の血糖上昇抑制作用などの機能性をもつものもある。さらに難消化性のでんぷんやオリゴ糖なども食物繊維のような機能性をもつことから，近年注目されている。

2.3.1　定義と分類

炭水化物は基本的には炭素(C)，水素(H)，酸素(O)によって構成されており，$C_m(H_2O)_n$ という分子式で表され，炭素の水和物ということから炭水化物と命名された。しかしながら，乳酸($C_3H_6O_3$)，酢酸($C_2H_4O_2$)，フロログルシン($C_6H_6O_3$)などのように，炭水化物の分子式に当てはまるが炭水化物ではないもの，炭水化物であっても窒素(N)，硫黄(S)などを含むもの，デオキシ糖やウロン酸などの分子式に当てはまらないものなども存在する。このようなことから，炭水化物という用語は広く用いられているが，脂質，たんぱく質と同じように**糖質**という名称が一般的である。ただし，糖質と炭水化物の区別は曖昧であり，一般にはほぼ同義語として使われることが多い。食品学，栄養学，調理学などの分野では，ヒトが消化吸収して，栄養素として利用できる炭水化物を糖質，非消化性の炭水化物を食物繊維と称し，炭水化物は糖質と食物繊維を合わせた総称と定義している。そこで以後は，炭水化物を糖質と食物繊維に分けて扱う。

2.3.2　糖　　質

糖質は構造からみて，「1分子中にアルデヒド基(-CHO)またはケトン基($>C=O$)と2個以上のヒドロキシ基(-OH)をもつ化合物およびその誘導体と縮合体」と定義される，ポリヒドロキシカルボニル類の総称である。アルデヒド基，ケトン基をもつ糖質を，それぞれ**アルドース**，**ケトース**といい，一般式を図2.12に示した。糖質はさまざまな方法で分類されるが，重合度は最もよく使われる分類法であり，構成単位の**単糖**，単糖が数個結合した**オリゴ糖**，多数つながった**多糖**に分類される。単糖とオリゴ糖は一般に甘味をもつことから，しばしば糖類とよばれることがある。glucose, sucrose などのように語尾に"ose"を付ける。多糖は無味で一般に無定形の高分子化合物である。

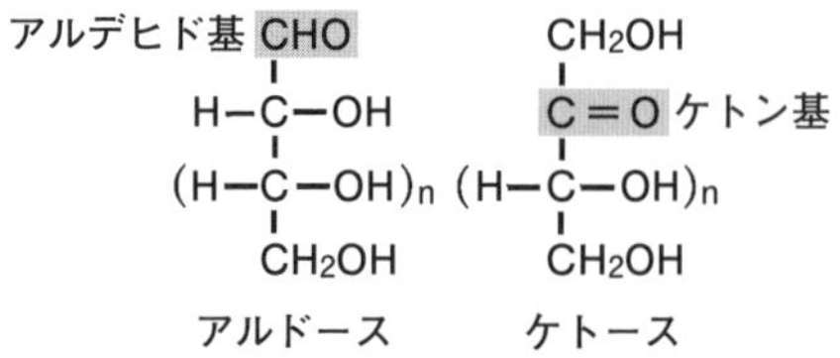

(1)　単　　糖

単糖は糖質の最小単位であり，通常の条件下ではこれ以上小さな単位に加水分解されないものをいう。食品中の糖質が消化酵素により単糖にまで分解されると，小腸微絨膜

アルデヒド基 CHO　　　　CH2OH
　　　H−C−OH　　　　C=O ケトン基
　　(H−C−OH)n (H−C−OH)n
　　　　CH2OH　　　　CH2OH
　　　　アルドース　　　　ケトース

図2.12　アルドースとケトースの一般式

から吸収される。単糖は親水性のヒドロキシ基を多くもつためよく水に溶け，多くの場合甘味を呈する結晶性の無色の固体である。

　単糖の一般の分子式は $C_nH_{2n}O_n$ で表され，n=3〜7のものが通常知られており，含まれる炭素原子数から，三炭糖(**トリオース**)，四炭糖(**テトラオース**)，五炭糖(**ペントース**)，六炭糖(**ヘキソース**)，七炭糖(**ヘプトース**)のように分類されるが，食品学で重要なのは，自然界に最も多く存在する六炭糖，次いで多い五炭糖であり，それ以外の単糖は少ない。

1) 単糖の基本構造

　図2.13に三炭糖アルドースであるグリセルアルデヒドの光学異性体のD型とL型をフィッシャー投影式で示した。アルデヒド基の炭素の1位を上に示すと，2位の炭素が光学異性体を生じる**不斉炭素**(キラル炭素)であり，その炭素に結合したヒドロキシ基が右側に位置していれば**D型**，左側に位置していれば**L型**と定義されている。自然界に存在する単糖のほとんどはD型である。単糖類ではn個の不斉炭素が存在すると，2n個の**光学異性体**が存在する。[*1]

2) 単糖の環状構造

　五炭糖以上の炭素数の単糖では，水溶液中でほとんどカルボニル基が4位または5位の炭素のヒドロキシ基と分子内で**ヘミアセタール結合**をして，糖質の環の員数によってそれぞれ五員環(**フラノース**)あるいは六員環(**ピラノース**)の環状構造を形成している。グルコースではほとんどがピラノース型である。三炭糖と四炭糖は，環状構造では水溶液中で立体的なひずみが大きく不安定なため，鎖状構造である。環状構造が形成される際には，**ヘミアセタール性**[*2]のヒドロキシ基は環の上側と下側のいずれにも配向し得るため，1位の炭素が新たに不斉炭素となり，2種類の構造異性体(**アノマー**)[*3]ができる。グリコシド性水酸基が下にある場合が α 型，上にある場合が β 型となる。図2.14に D-グルコースを例として示した。

3) 単糖の種類と性質

　食品中の五炭糖としては，キシロースやアラビノースが多糖の構成成分として存在しており，キシロースはキシランの

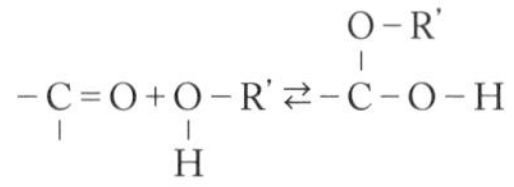

CHO ─ H─C*─OH ─ CH2OH
CHO ─ HO─C*─H ─ CH2OH

D-グリセルアルデヒド　　L-グリセルアルデヒド
*不斉炭素原子

図2.13　グリセルアルデヒドの立体構造

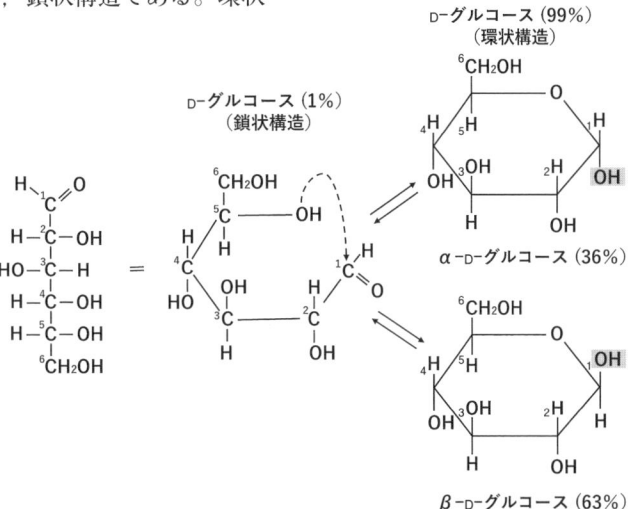

図2.14　D-グルコースの水溶液中の化学構造の変化

構成成分として樹木などに含まれ，アラビノースは大豆多糖の構成成分である。

　食品中の六炭糖としては，グルコース，フルクトース，ガラクトース，マンノースなどがある。**グルコース**はアルデヒド基をもつ代表的なアルドヘキソースである。水溶液中ではほとんどが環状構造で存在し，α型約 36 %，β型約 63 %で，鎖状構造約 1 %を介して平衡状態を保っている（図 2.14）。でんぷん，セルロース，グリコーゲン，麦芽糖などの唯一の構成糖であり，果実類やハチミツ中にはフルクトースなどとともに単糖として存在している。そのフ**ルクトース**はケトン基をもつ代表的なケトヘキソースであり，五員環（フルクトフラノース）または六員環（フルクトピラノース）として存在する。果実中に単糖として広く含まれ，低温で甘味が**α型**より 3 倍ほど強い**β型**に移行するため，フルクトースを多く含むスイカやメロンなどは冷やして食べることが多い。フルクトースはスクロースやイヌリンの構成成分でもある。ガラクトースは単糖の状態ではほとんど存在しないが，牛乳中のラクトースや大豆のラフィノース，スタキオースなどのオリゴ糖，寒天などの多糖の構成成分として重要である。マンノースも単糖としてはほとんど存在せず，コンニャクに含まれる多糖のマンナンなどの構成成分として食品中に含まれる（図 2.15）。

　単糖の環状構造の分子内ヘミアセタール結合は，水溶液中で解離して直鎖状構造となり，アルデヒド基やケトン基となる（図 2.14）。これらのカルボニル基は還元性があるため，通常の単糖は還元性を示す。単糖だけではなく，遊離のアルデヒド基や，マルトースやラクトースのようにヘミアセタール構造が残っているオリゴ糖なども還元性がある。これらの還元性をもつ糖を還元糖，還元性をもたない糖を非還元糖という。還元糖の還元性を利用して，フェーリング反応や銀鏡反応などの還元糖の定性や，ソモギ・ネルソン法などの定量分析が行われている。

*フルクトース
α型

↓↑

β型

糖のグリコシド性ヒドロキシ基は反応性に富み，糖だけでなく，糖以外の有機化合物とも脱水縮合してグリコシド結合を形成する。この生成物を**配糖体（グリコシド）**といい，結合している非糖成分を**アグリコン**という。配糖体は植物界に広く分布し，リナマリンやアミグダリ

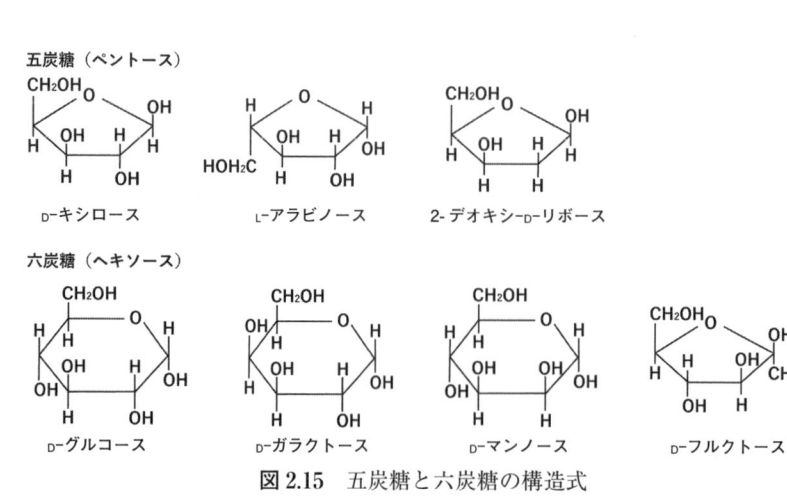

五炭糖（ペントース）

D-キシロース　　　L-アラビノース　　　2-デオキシ-D-リボース

六炭糖（ヘキソース）

D-グルコース　　　D-ガラクトース　　　D-マンノース　　　D-フルクトース

図 2.15　五炭糖と六炭糖の構造式

ンなどの青酸配糖体，ルチン，ナリンギン，ヘスペリジンなどのフラボノイド配糖体，ソラニンなどのアルカロイド配糖体，サポニンなどのトリテルペン配糖体など，例が多い。

4) 誘導糖

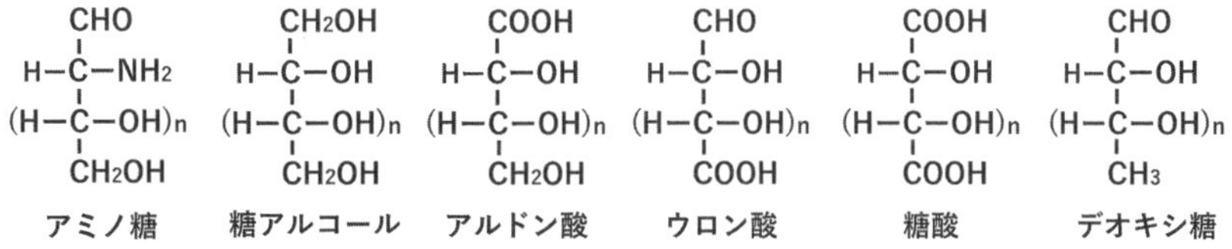

糖誘導体ともいい，単糖を構成する官能基の一部が変化して単糖から誘導され，単独の遊離状態

図 2.16 誘導体の一般式

や，オリゴ糖，多糖の構成成分として食品中に存在する。誘導糖とは，単糖のヒドロキシ基がアミノ基で置換された**アミノ糖**などの C，H，O の 3 元素以外に他の元素を含むもの，また，**糖アルコール，アルドン酸，ウロン酸，糖酸，デオキシ糖**など，C，H，O の 3 元素からできているが，分子式が $C_m(H_2O)_n$ とならないものをいう(図2.16)。

糖アルコールは，アルドースまたはケトースのカルボニル基の還元による鎖状の多価アルコールである。一般に甘味度はスクロースに比べると低いが，さわやかな甘味をもつものが多い。ただし，**キシリトール**[*1]はスクロースに匹敵する甘味をもつ。カルボニル基をもたないため，糖質ではなくアルコールの一種であり，安定性が高く，褐変が起こりにくい。また，低カロリーや抗う蝕性の甘味料のものが多く，無糖(シュガーレス)のガムやキャンデーなどに用いられている。また**エリスリトール**[*2]のように溶解による吸熱量の大きいものは，冷たい食感をもつ菓子(冷菓)などに利用される。

デオキシ糖とは，単糖のヒドロキシ基が還元されて水素原子に変わったものである。2-デオキシ-D-リボースは DNA を構成するデオキシ糖で，**L-ラムノース**[*3](6-デオキシ-L-マンノース)は，ソバや茶に含まれるルチンや柑橘類に含まれるナリンギンの構成糖である。

ウロン酸はアルドースの第一アルコール基の代わりにカルボキシ基が導入されたもので，酸としての性質とアルドースの性質もあわせもつ。

グルコースを例にあげると，グルコースの 1 位のアルデヒド基がヒドロキシメチル基に還元された糖アルコールのソルビトール，逆に 1 位のアルデヒド基が酸化されてカルボキシ基となったアルドン酸のグルコン酸，6 位のヒドロキシメチル基が酸化されてカルボキシ基となったウロン酸のグルクロン酸，2 位がアミノ化されたアミノ糖のグルコサミンなどがある。ウロン酸には，グルコースからのグルクロン酸以外に，ガラクトースからはガラクツロン酸，マンノースからはマンヌロン酸が生成する。

*1 キシリトール

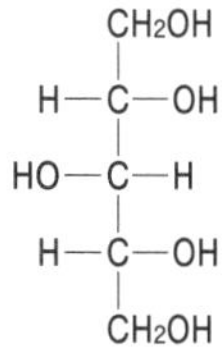

*2 エリスリトール

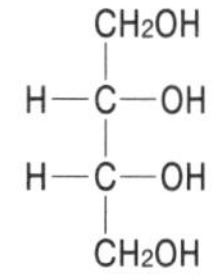

*3 L-ラムノース

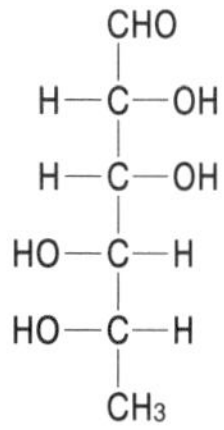

ギリシャ語で"少ない"を意味する"オリゴ"に由来するオリゴ糖は，単糖の反応性の高いヘミアセタール性ヒドロキシ基が他の単糖のヒドロキシ基とさまざまな**グリコシド結合**(アノマーや結合の位置によってα-1,4，α-1,6，β-1,4など)によって単糖が2個から10個程度結合したオリゴマーである。単糖の数によって二糖類，三糖類，四糖類のようによぶ。オリゴ糖の中には良質な甘味をもつもののほか，低カロリー，抗う蝕性，腸内細菌叢の改善効果，保水作用，糖質吸収抑制作用などの機能性をもつものがあり，酵素合成などにより，多数のオリゴ糖が合成されている。これらのオリゴ糖は菓子，ガムや飲料などの食品に広く利用され，特定保健用食品として認可されているものもある。

1) スクロース

スクロースは砂糖の主成分であり，**ショ糖**ともよばれる。テンサイやサトウキビより生産される。水溶性が高く，25℃において1gの水に2.1g溶ける。グルコースとフルクトースからなる二糖類で，グルコースの1位の炭素のグリコシド性ヒドロキシ基とフルクトースの2位の炭素のグリコシド性ヒドロキシ基が結合し，アノマー炭素同士が結合に関与しているため，構造中に還元末端をもたない非還元性二糖である。しかし，加水分解をすると，**転化糖**とよばれるグルコースとフルクトースの等量混合物が得られる。転化糖は単糖のため還元性を示す。

2) マルトース

マルトースは麦芽などに多く含まれ，**麦芽糖**ともよばれる。α-D-グルコースの1位の炭素のグリコシド性ヒドロキシ基と他のD-グルコースの4位の炭素のヒドロキシ基が脱水縮合したもので，この結合をα-1,4結合という。結合していないグリコシド性ヒドロキシ基は還元性をもつため，マルトースは還元性二糖である。糊化でんぷんにβ-アミラーゼを作用させるとマルトースが大量に生成される。マルトースはスクロースの50%程度の甘味をもち，水アメの主成分であるほか，こうじ，サツマイモの焼イモなどにも存在し，和菓子やつくだ煮などの甘味料としても用いられる。

3) ラクトース

ラクトースは，哺乳類の乳中にしか存在せず，しかも乳中の糖質の大部分を占めているため**乳糖**ともよばれており，β-D-ガラクトースがD-グルコースの4位のヒドロキシ基とグリコシド結合によるβ-1,4結合した還元性二糖である。人乳に最も多く約7%，牛乳には平均4.8%含まれている。甘味がスクロースの30%程度であるため，牛乳を毎日摂取しても飽きにくい。ラクトースは乳児の重要なエネルギー源であると同時に，腸内細菌叢の改善

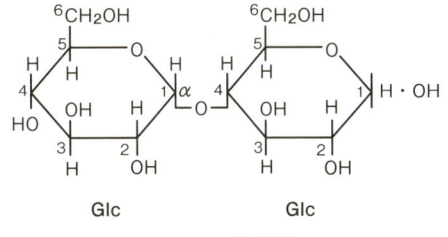

マルトース（麦芽糖）

グルコース 2 分子が結合，還元糖，
麦芽に含まれ，水あめなどに利用される

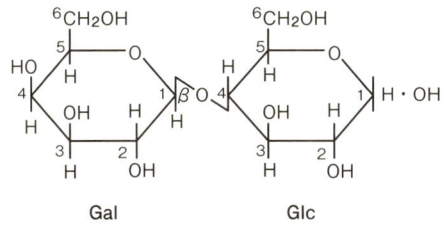

ラクトース（乳糖）

ガラクトースとグルコースが結合，還元糖，
乳中に含まれる

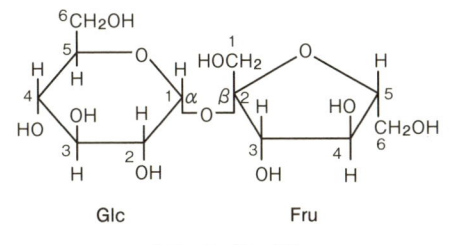

スクロース（ショ糖）

グルコースとフルクトースが結合，非還元糖，
サトウキビやテンサイなどに含まれる

トレハロース

グルコース 2 分子が α−1.1 結合，アノマー炭素
どうしで結合しており，非還元糖，
工業生産品がでんぷんの老化防止に利用されている

H・OH：α型とβ型の両方があることを示す．マルトースとラクトースではグリコシド性ヒドロキシ基（OH）がグリコシド
結合を形成していないため，還元糖である（開環して還元性を示すことができる）．
Glc：グルコース，Gal：ガラクトース，Fru：フルクトース．

図 2.17　主な二糖の化学構造と所在・性質

出所）津田謹輔，伏木亨，本田佳子監修，寺尾純二，村上明編：食べ物と健康Ⅰ　食品学総論，Visual 栄養学テキストシリーズ，
　　　38，図 13，中山書店（2017）

やカルシウム，マグネシウム，鉄の吸収促進などの作用が報告されている．
小腸粘膜のラクトース分解酵素（ラクターゼ，β−ガラクトシダーゼ）活性は乳幼児
では高いが，成人になると低下する．ラクターゼ活性が低い人はラクトース
の消化吸収が悪く，牛乳を飲むと腹痛や下痢などを起こす場合がある．これ
を**乳糖不耐症**という．日本人の成人 4 〜 5 人にひとりは乳糖不耐症といわれ
ている．

4）　トレハロース

　トレハロースは天然ではシイタケやシメジなどのきのこ類やエビ，昆虫な
どに存在しているグルコース 2 分子が α-1,1-α 結合した**非還元性二糖**である．
ヒトはトレハロースを消化・吸収できるが，昆虫の体内などでは不凍剤とし
て機能している．近年では，でんぷんを原料に酵素法による工業生産がなさ
れている．トレハロースは強い水和力をもつため，高い保水性が特徴で，食
品の保湿剤，でんぷんの老化抑制，匂いのマスキング効果などの機能性を持
つ．そのため，菓子類，冷凍食品，パン，ごはん，肉類など，さまざまな食

品に利用されている。また，保湿成分として化粧品にも使われている。

5）　ラフィノースとスタキオース

ラフィノースは大豆やテンサイなどに含まれ，スクロースのグルコース成分にガラクトース α1,6 が結合した**非還元性三糖**である。α-ガラクトシダーゼによってガラクトースとスクロースに加水分解されるが，この酵素はヒトには見られないので，難消化性オリゴ糖である。吸湿性が低く，低カロリーであり，甘味はスクロースの 20 ％程度である。

スタキオースはラフィノースのガラクトース成分にさらにガラクトースが 1 分子 α1,6 結合した構造の**非還元性四糖**であり，ラフィノースとともに難消化性の大豆オリゴ糖の主成分である。そのため，これらの糖には腸内細菌叢の改善効果が知られている。

6）　フラクトオリゴ糖

フラクトオリゴ糖は，スクロースのフルクトース部分にフルクトース 1 ～ 3 分子を酵素的に結合させた難消化性オリゴ糖である。低カロリー，低う蝕性であり，腸内環境を整える効果が知られている。1 日 1 g 以上摂取すると腸内フローラの改善，3 ～ 5 g を摂取すると，便通の改善が報告されており，特定保健用食品としての表示が許可されている。

7）　ガラクトオリゴ糖

ガラクトオリゴ糖は，ラクトースに複数のガラクトースが結合したオリゴ糖である。工業的にはラクトースに β-ガラクトシダーゼを作用させ，ガラクトースを結合させることで製造される。フラクトオリゴ糖と同様に低カロリー，低う蝕性であり，腸内環境を整える効果が知られている。熱や酸に強く，調理や保存中に安定なため，さまざまな食品，特に菓子類，乳酸菌飲料や育児粉乳などに用いられている。

8）　カップリングシュガー

カップリングシュガーは，スクロースのグルコース部分にグルコースを結合させたオリゴ糖である。スクロースとでんぷんの混合液にシクロデキストリン合成酵素（CDT-ase）を作用させ，スクロースにグルコースを結合させて製造する（岡田，1980）。

甘味度はスクロースの 42 ％であり，消化吸収されるため，カロリーは通常

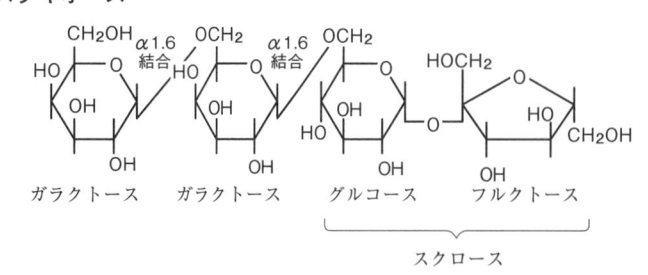

図 2.18　豆類に含まれるラフィノース系オリゴ糖

の糖質と同等である。低う蝕性であるので，菓子類などに利用されている。

9) シクロデキストリン

シクロデキストリン(CD)は6〜8分子のグルコースがα-1,4結合で環状につながったオリゴ糖であり，でんぷんを原料として酵素的に合成される。酸，アルカリ，熱，アミラーゼなどに対してかなり安定な機能性糖質である。ドーナツ状環状構造の内側は疎水的，外側は親水性であり，内部の空洞に分子を取り込み，包摂化合物を形成することができる。グルコース6分子，7分子，8分子から形成されるものをそれぞれα-CD，β-CD，γ-CDと呼ぶ。これらのCDは包摂できる分子の大きさが異なり，用途も使い分けられている。CDは苦味物質を包摂する苦味マスキング剤や，乳化剤，香り成分の保護などに用いられている。

(3) 多　　糖

単糖またはその誘導体がグリコシド結合で数百から数千個つながった高分子化合物を多糖と呼ぶ。自然界では大部分の糖質は多糖として存在している。一般に多糖中には還元末端が少ないため，還元性はほとんどなく，また甘味などの味もない。固体で水を吸着しやすいが，物性はさまざまであり，水に不溶性のセルロースやキチン，水とともに加熱すると溶けたりゲルを形成するでんぷん，グリコーゲン，寒天，ペクチンなどがある。栄養成分としてのみならず，食品の物性に関与する成分としても重要である。

1種類の単糖が結合したものを**単純多糖(ホモ多糖)**といい，でんぷん，セルロース，グリコーゲン，プルラン，イヌリンなどがある。複数種の単糖や単糖以外の成分が結合した多糖は**複合多糖(ヘテロ多糖)**とよび，寒天，グルコマンナン，ペクチン，アルギン酸，キチン，ヒアルロン酸などがある。栄養学的，生化学的に重要な多糖に，でんぷん，グリコーゲンなどがあり，食品にはその他の多糖として，主に食物繊維として機能するセルロースなどがある。

1) 単純多糖

① でんぷん

でんぷんは穀物，イモ類，豆類などの高等植物に貯蔵されているエネルギー源の多糖であり，世界のほとんどの主食に含まれる重要な食品成分である。冷水中で沈殿することから澱粉(でんぷん)と名づけられた。

でんぷんは**アミロース**と**アミロペクチン**から構成され，食品ごとにそれらの構成比や重合度(でんぷんの場合，グルコースがつながる個数)は異なる。一般的なでんぷんは，アミロースが20％程度，アミロペクチンが80％程度の割合で存在するが，**モチ性***のでんぷんはほとんど100％がアミロペクチンである。この構成比やアミロペクチン構造は，でんぷんおよびでんぷんを多く含む食品にさまざまな物性を与え，たとえばモチ米の粘りは，高いアミロペクチン

*モチ性　イネ科穀類の中でモチ性の品種があるものは，イネ，大麦，アワ，キビ，モロコシ，ハトムギ，トウモロコシ，イネ科穀類以外の擬穀類でもモチ性が見られるのはヒユ科のアマランサスである。

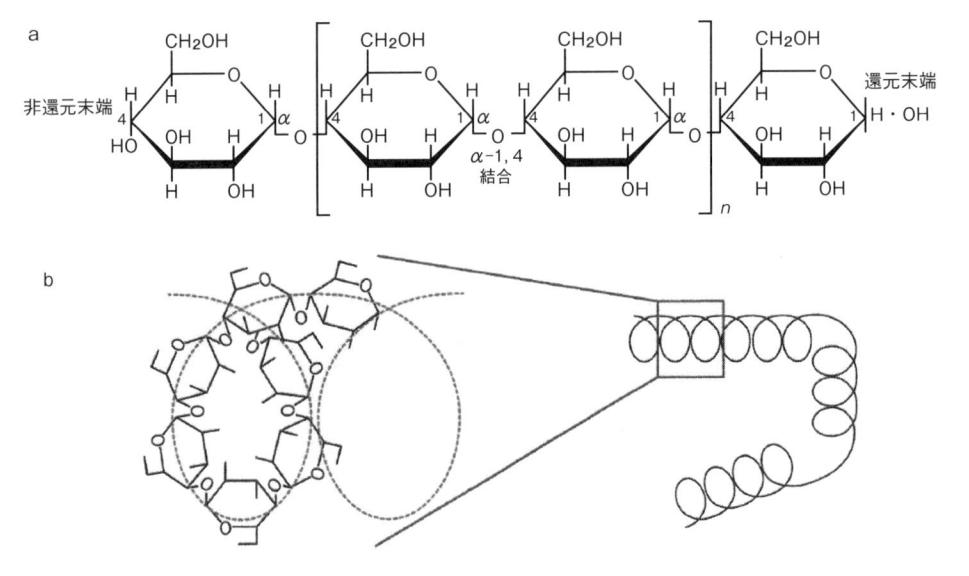

a：グルコースが α-1, 4 結合で直鎖状に連結，n：1,000 〜 10,000。
b：アミロースのらせん構造，6 個のグルコース残基で 1 周。

図 2.19　アミロースの化学構造

出所）図 2.17 に同じ，39，図 15

含量によるものである。

　アミロースはグルコースがほぼ直鎖状に α-1,4 結合でつながった構造であるのに対して，アミロペクチンはグルコースが直鎖状に α-1,4 結合でつながったところどころのグルコースが α-1,6 結合により枝分れした房状構造である。アミロースの分子量は数万〜数十万程度(重合度が数百〜数千程度)であり，ヨウ素がでんぷんに取り込まれると，ヨウ素とアミロースの包摂化合物が形成され，青色を呈する(ヨウ素-でんぷん反応)。アミロペクチンは分子量が数百万〜数千万程度(重合度が数万〜数十万程度)と高分子であるが，分岐鎖の直鎖の重合度は 6 〜数十と短いため，ヨウ素-でんぷん反応では赤紫色を呈する。ヨウ素-でんぷん反応による呈色は，溶液を加熱またはアルカリ性にすると，複合体の包摂状態が保てなくなり，呈色は消失する。

　近年，**レジスタントスターチ**(難消化性でんぷん，resistant starch；RS)が食物繊維と同様に，健康に寄与する機能性成分として注目されている。RS は細胞壁などで物理的に消化されないでんぷん(RS1)，でんぷん粒自体に耐消化性のあるでんぷん(RS2)，老化でんぷん(RS3)，化工でんぷん(RS4)，アミロース-脂質複合体でんぷん(RS5)に分類されている。

　② **グリコーゲン**

　グリコーゲンは動物のもつ貯蔵多糖であり，植物のでんぷんに相当する。動物は摂取した過剰の糖質を肝臓や筋肉にグリコーゲンとして一時的に貯蔵し，必要に応じてグルコースに分解し，エネルギー源として利用する。この

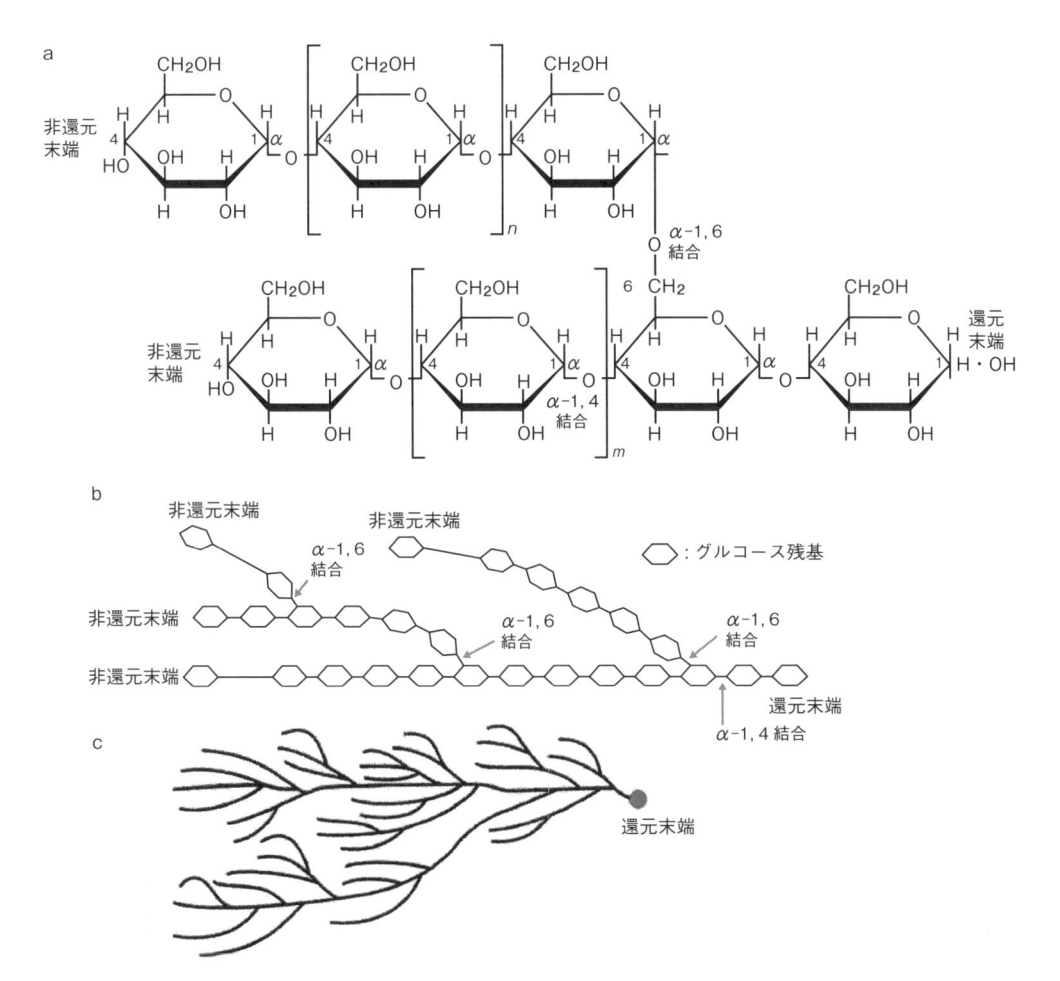

a：アミロペクチンはアミロース構造のところどころに分岐がある。また還元末端は1つしかない。
b，c：アミロペクチンの房状構造，分岐の様子や非還元末端が多数あることがわかる。

図2.20　アミロペクチンの化学構造

出所）図 2.17 に同じ，40，図 16

　ように，体内でグリコーゲンは脂肪やアミノ酸などとは異なり，直接グルコースに分解して利用できるという利点がある。

　グリコーゲンはでんぷんのアミロペクチンと同様にグルコースがα-1,4 結合でつながった直鎖構造からα-1,6 結合により多数枝分れした構造である。アミロペクチンよりも枝分れの頻度が高いため，アミロペクチンの枝を構成するグルコース数が15 〜 20 個程度なのに対して，グリコーゲンは10 個程度である。そのような構造の違いにより，おもにアミロペクチンにより構成されるでんぷんは冷水不溶なのに対して，グリコーゲンは冷水可溶である。ヨウ素反応では褐色を呈し，牡蠣などの貝類や馬肉などに多く含まれている。

③　セルロース

　セルロースは植物の細胞壁を構成する多糖であり，野菜などに多く含まれ

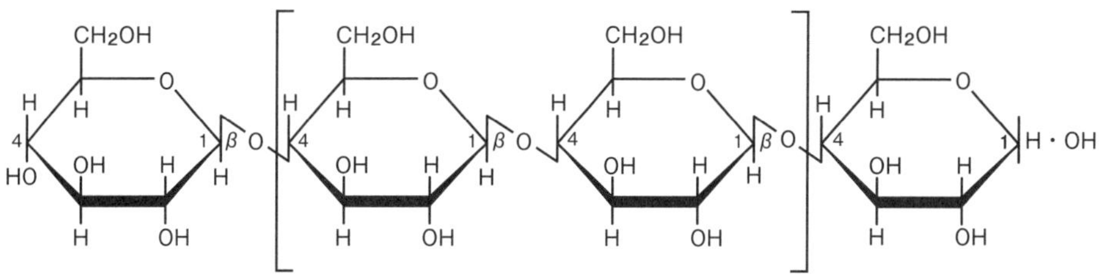

グルコースがβ-1, 4 結合で直鎖状に重合。

図 2.21　セルロースの化学構造

る。グルコースがβ-1,4 結合で直鎖状につながった巨大分子のホモ多糖で，β-グルカンに分類される。でんぷんのアミロースのようならせん構造をとらないため，ヨウ素によって呈色しない。また直鎖状分子どうしが水素結合によって強く結合しているため，水に不溶で，強固な繊維を形成する。ヒトは食物繊維の中でもセルロースを一番多く摂取するが，セルロースの消化酵素を持たないため消化吸収できない。**反すう動物***の場合，第一胃に寄生する微生物が分泌するセルロースを分解する酵素セルラーゼによりグルコースが生成される。

＊**反すう動物**　第一胃（ルーメン：多様な共生微生物が多く生息している）から，第四胃まで分かれた胃をもつ牛，鹿，羊，ヤギなどの動物。一度飲み込んだ植物を再び口の中に戻して再そしゃく（反すう）することで植物を効率よく消化している。

セルロースを水酸化ナトリウムなどで処理することにより，**カルボキシメチルセルロース**（CMC）が製造される。CMC は水溶性の増粘剤として，アイスクリームやソース類などに利用されている。

④ **イヌリン**

イヌリンは自然界で，ゴボウ，キクイモ，ニンニク，タマネギなど，さまざまな植物によって作られる貯蔵多糖で，フルクトースがβ-2,1 結合で 20 ～ 30 個つながった構造の**フルクタン**である。ヒトの消化器では消化できない水溶性食物繊維であり，腸内細菌によって分解され，フラクトオリゴ糖を生成するため，腸内細菌叢の改善効果が期待できる。

⑤ **プルラン**

プルランは黒酵母によって，でんぷんを原料にして発酵生産したグルコースのみからなる多糖で，α-1,4 結合した 3 個のグルコースからなるマルトトリオースがα-1,6 結合で規則正しく直鎖状につながっている。動物の消化酵素では分解されず，腸内細菌で分解される水溶性食物繊維である。水溶性で粘着力，保水性，造膜性などが強いので，増粘剤，結着剤，可食性フィルムとして，食品，化粧品，医薬品などに用いられる。

⑥ **キチンとキトサン**

キチンは，エビやカニなどの甲殻類の殻に含まれるアミノ多糖で，*N*-アセチルグルコサミンがβ-1,4 結合で直鎖状につながった構造で，分子内で形

成される強固な水素結合により，ほとんどの溶液に不溶性である。生物資源由来のため，枯渇する恐れがなく，安全性が高い。

キチンを強アルカリ溶液中で煮沸処理などを行い脱アセチル化処理することで**キトサン**が得られる。キチンが大半の溶液に不溶性であるのに対して，キトサンは希酸に溶解する。キトサンにはコレステロールの吸収阻害作用や抗菌作用などの機能性が知られている。また，増粘効果があるため，食品添加物として用いられている。

2) 複合多糖

複合多糖には中性多糖と酸性多糖とがある。中性多糖にはグルコマンナンなど，酸性多糖にはペクチン，植物ガム，海藻多糖などがある。

① グルコマンナン

グルコマンナンは，コンニャクイモの塊茎に約 10 %含まれる水溶性の中性多糖である。そのグルコースとマンノースの構成比は約 2：3 の割合で β-1,4 結合によりつながった主鎖にわずかに 1,3 結合の枝分れのある構造の食物繊維である。コンニャクイモから抽出したグルコマンナンに水を加えて加熱すると著しく膨潤する。これに消石灰などのアルカリ性物質を加えて固めたものがコンニャクである。

② ペクチン

ペクチンは果物や野菜類など非常に多くの植物中に存在する複合多糖で，植物の組織や細胞間に接着力と安定化をもたらしている。アルドースの 6 位の炭素のヒドロキシメチル基が酸化されてカルボキシ基に変化したものをウ

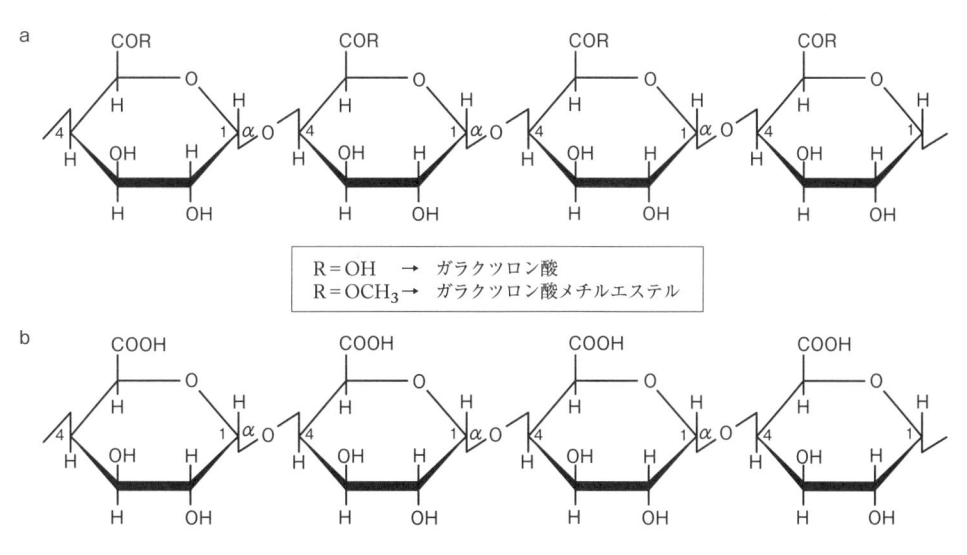

a：ペクチン，高メトキシペクチンは 50%以上の R＝OCH₃
b：ペクチン酸

図 2.22　ペクチンの化学構造

ロン酸，そのウロン酸を構成成分とする多糖を**ポリウロニド**という。ペクチンはその代表である。

　ペクチンはガラクトースのウロン酸の D-ガラクツロン酸がα-1,4 結合でつながった直鎖状分子の水不溶性の**ペクチン酸**と，そのカルボキシ基の一部がメチルエステル化した**メトキシルペクチン（ペクチニン酸）**によって構成されている（川端, 1982）。特にメトキシル基を 7 ％以上含むものを高メトキシルペクチン（**HM ペクチン**），7 ％未満のものは低メトキシルペクチン（**LM ペクチン**）と分類されている。

　ペクチンのガラクツロン酸の重合度とメチルエステル化の頻度により，ペクチンの溶解性，粘性，ゲル化能，酵素に対する分解性などの性質は大きく変化する。HM ペクチンは pH3.5 以下で糖が 50 ％以上あれば水素結合によりゲル化が起こり，粘性を帯びたゼリー状態になるため，ジャムの製造に用いられる。ジャムは果物の組織に含まれるペクチンと有機酸と糖と水の混合物を加熱，濃縮してゼリー化したものである。LM ペクチンやメチルエステル化のないペクチン酸は Ca^{2+} などの二価金属イオンによって糖がなくてもゲル化するため，低糖ジャムの製造に用いられる[*1]。

③ 海藻多糖

　寒天は江戸時代初期に現在の京都の伏見で冬期にトコロテン（心太）が凍結して乾物化したことにより偶然に発見された（埋橋, 滝, 2005）。寒天はテングサやオゴノリなどの紅藻類の細胞間質を埋めている多糖であり，**アガロース**と**アガロペクチン**という 2 成分によって構成されている。その構成割合はアガロースが約 70 ％，アガロペクチンが約 30 ％である。アガロースは D-ガラクトースとβ-1,4 結合した 3,6-アンヒドロ-L-ガラクトースとが結合した二糖（アガロビオース）がα-1,3 結合で直鎖状に結合した中性ガラクタンである。一方，アガロペクチンはアガロースに硫酸，ウロン酸，ピルビン酸を含む酸性ガラクタンである。寒天は水に不溶であるが，80 ℃以上の熱水でゾル化し，30 〜 40 ℃でゲル化する。このゲルは熱可逆性で，寒天が利用される大きな理由となっている。紅藻類を熱水で抽出することでゾル化した寒天溶液を冷却してゲル化させたものがトコロテンであり，これを乾燥脱水させたものが寒天[*2]で，そのおよそ 50 ％が食物繊維である。

　カラギーナンは寒天に似た紅藻類の細胞間質を占める構成多糖である（渡瀬, 1993）。熱水抽出により硫酸を含む酸性多糖として得られる。カラギーナンは，塩化カルシウムに沈殿するものをκ型，沈殿しないものをλ型と分類される。κ型はβ-D-ガラクトースと 3,6-アンヒドロ-α-D-ガラクトースの重合物で，ガラクトース残基の 2 位と 6 位のヒドロキシ基の一部が硫酸エステルとなった多糖である。カラギーナンは複雑な分岐構造をとる点で寒天の構造とは異

なり，性質も異なっている。カラギーナンは寒天よりも低温で溶解し，冷却すると寒天よりも弾力のあるゲルを形成する。そのゲルは保水性が強く，凍結・解凍しても離水性が低いので，水羊羹，フルーツゼリー，冷凍ゼリーなどに用いられる。

アルギン酸[*1]は，コンブ，ワカメ，ヒジキなどの褐藻類の細胞壁に多く存在し，ペクチンと同じくウロン酸の重合体（ポリウロニド）の酸性多糖で，これを工業的に抽出・精製したものが糊料として利用されている（宮島，2009）。アルギン酸は，D-マンヌロン酸（マンノースのウロン酸）とL-グルロン酸（グロースのウロン酸）がβ-1,4結合でつながった直鎖構造をとっているので，繊維およびフィルムの形成能がある。アルギン酸を分解する酵素のアルギナーゼは，アワビなど海中に棲息する動物には存在するが，ヒトの消化液には含まれていないため，アルギン酸は難消化性の食物繊維である。便秘予防，コレステロールや血圧の上昇抑制作用など多方面な生理作用がある。アルギン酸自体は水に溶けないが，アルカリ処理したアルギン酸ナトリウムは水溶性で，粘稠な溶液となるので，スープやソースの増粘剤として使用される。一方，

フコイダンは，アルギン酸と同じく褐藻に含まれ，水や希塩酸で抽出されるL-フコース（6-デオキシ-L-ガラクトース）を主な構成糖とする硫酸基を含む粘稠性酸性多糖である。

④ **キサンタンガム**

キサンタンガムはグラム陰性細菌によってグルコースを基質として生産される増粘性のヘテロ多糖である。グルコースがβ-1,4結合した主鎖に，マンノース，グルクロン酸からなる側鎖が結合しており，側鎖が非常に多いのが特徴である。冷水でも容易に溶け，粘性，耐酸性，耐塩性，凍結解凍安定性，耐熱性などに富み，高温でも粘度が低下しないという特性がある。また，食物繊維として血清コレステロール低下作用などが知られている。ドレッシング類の安定剤や，ソース類・タレ類の増粘剤として広く利用されている。

⑤ **種子多糖**

種子多糖[*2]として増粘剤，安定剤および保水剤として利用されているものに，グアーガム，タラガム，ローカストビーンガムがある。これらの主成分はガラクトマンナンで，β-1,4結合したマンノースを主鎖に，側鎖としてガラクトースがα-1,6結合した多糖である。

⑥ **ムコ多糖**

ムコ多糖とは，狭義では**グリコサミノグリカン**そのものを指し，動物の結合組織や体液などに広く分布するウロン酸とアミノ糖を構成単位とする長鎖の直鎖状の複合多糖である。広義では，ヘテロ多糖のうち，アミノ糖を含む動物性粘性物質の多糖の総称であり，動物の結合組織を中心にあらゆる組織

*1 アルギン酸の性質と利用 アルギン酸は熱の変化ではなく，二価の金属イオンによりゲル化する性質があり，アルギン酸のカルシウム塩やマグネシウム塩は水に不溶で，褐藻類の細胞間物質として海藻のぬめり成分となっている。この性質を利用して，アルギン酸ナトリウムにカルシウム塩を加えてゲル化し，着色することで人工のイクラやカニ足などのコピー食品が作られている。ほかにも増粘剤，ゲル化剤，安定剤としても広く利用されている。

*2 種子多糖の性質と利用 ローカストビーンガムは，地中海沿岸に生育するマメ科イナゴ豆の種子胚乳中に存在し，紀元前の古くからギリシャ，エジプトで利用されてきた多糖である。日本で広く使用されるようになったのは1950年以降である。**グアーガム**はマメ科のグア樹の種子の胚乳から抽出した多糖である。ローカストビーンガムは，長いマンナンの主鎖にガラクトースの側鎖が結合しており，その構成比は約4：1である。食物繊維として肝臓コレステロールの低下作用などが知られている。親水性が強いので，サラダドレッシング，アイスクリームやパン菓子などに用いられる。

に普遍的に存在する。

　動物の軟骨などに含まれる**ヒアルロン酸**は，N–アセチル–D–グルコサミンと D–グルクロン酸から成り，微生物の侵入防止に役立っている。**コンドロイチン硫酸**は N–アセチル–D–ガラクトサミンと D–グルクロン酸からなるコンドロイチンに硫酸が結合したものであり，動物の軟骨に含まれている。

2.3.3　食物繊維（ダイエタリーファイバー）

　食物繊維は「ヒトの消化酵素で消化されない食品中の難消化性成分の総体」と定義されている。そのおもな成分は，難消化性多糖とリグニンである。食物繊維は水溶性と不溶性に分類されており，**表 2.7** に示すように，多くの食物繊維がさまざまな食品に含まれている。

　不溶性食物繊維が含まれている食物を摂取すると，咀嚼回数が増加する結果，唾液や胃液の分泌が促進され，食塊の容積が増大し，満腹感が得やすくなり，肥満防止となる。また大便量を増大させて排便が促進され，消化管の活性化による整腸作用による便秘の予防や，発がん促進物質などの有害物質の腸内滞留時間を短縮させる。

　一方の**水溶性食物繊維**は，胃で食塊の粘性と容積を増大させる。そのため，食物の胃内滞留時間が増加し，食物の過剰摂取の防止となる。また，食塊の粘性の増大はグルコースの吸収速度を低下させ，コレステロールや胆汁酸などの吸収を抑制する効果がある。その結果，血糖値や血清コレステロール濃度の上昇が抑制され，糖尿病，動脈硬化や血栓の予防につながる。さらに水溶性食物繊維は，腸内細菌によって発酵されやすく，乳酸や酪酸などの低級脂肪酸が生成される。これらは腸内環境を弱酸性に保つことから，有益な腸内細菌の増加による腸内環境の改善，アルカリ性のアミン類などの発がん促進物質の生成の防止により大腸がんの予防につながる。また低級脂肪酸は，体内において，血清コレステロール濃度を低下させる。さらに，水溶性食物繊維のナトリウムとの結合と排出による $NaCl$ 濃度の上昇抑制は高血圧の予防に，大腸内の発がん物質の吸着と排泄は大腸がんの予防につながる。

　このように，食物繊維は生活習慣病予防の観点からも大切な物質であることから，一日の目標量

表 2.7　食物繊維の成分とおもな含有食品

	成　分	主な含有食品
不溶性食物繊維	植物性 　セルロース 　ヘミセルロース 　リグニン 　寒天 　ペクチン（不溶性）	ゴボウ，小麦ふすま 米ぬか，小麦ふすま ココア，豆類，野菜 ゼリー，羊羹，サラダ 未熟果物
	動物性 　キチン 　キトサン	カニ，エビ サプリメント
水溶性食物繊維	植物性 　グルコマンナン 　イヌリン 　ペクチン（水溶性） 海藻類 　寒天 　カラギーナン 　アルギン酸ナトリウム 　フコイダン 植物ガム 　グアーガム 　アラビアガム 難消化性デキストリン 難消化性オリゴ糖 　大豆オリゴ糖 　イソマルトオリゴ糖 　フラクトオリゴ糖 動物性 　コンドロイチン硫酸 化学装飾多糖 　CMC 　ポリデキストロース	コンニャク キクイモ，ゴボウ 野菜，果物 ゼリー，羊羹，牛乳寒 アイスクリーム，飲料，ソース 増粘剤，ゲル化剤，安定剤 コンブ，ワカメ，モズク アイスクリーム，水産練り製品 糖衣コーティング，乳化剤 菓子，飲料，香料 飲料，スープ，ゼリー 大豆 発酵食品，ハチミツ 野菜（ゴボウ，タマネギ） 果物（バナナ，モモ，スイカ） 魚肉 アイスクリーム，ソース類 飲料，キャンディー，ガム

として成人では 25 g 以上とされている（厚生労働省，2025 年版，**巻末付表**）。近年，日本人は食物繊維の摂取量が一日平均約 15 g と減少していることから，より多くの摂取が望まれる。しかし，安易な過剰摂取は下痢症状を引き起こし，その結果，ミネラルなどの有用な成分までも排出させてしまうなどの弊害もあるため，注意を要する。

　糖質には種々の機能性をもったものが存在するため，生活習慣病の予防のために工夫された食品と認められている特定保健用食品には糖質が多く，抗腫瘍作用があるとされている。

2.4　脂　　質
2.4.1　脂質とは

　脂質は，水に難溶で，アルコールやエーテルのような有機溶媒に溶解する性質をもつ物質である。脂質は，生体にとっては，エネルギー源として利用されたり，生体膜を形成するなど非常に重要な物質である。また，食品においては，構造や物性，風味に大きく影響する因子となる。

(1)　脂質の種類

　脂質は，その分子中に脂肪酸をもつものが多い。また，脂質はその構造から**単純脂質**，**複合脂質**および**誘導脂質**に分けることができる。**単純脂質**は，脂肪酸とアルコール類がエステル結合したもの（**図 2.23**）で，食品に含まれている**トリアシルグリセロール**（トリグリセリド）などがこれに含まれる。単純脂質に糖やリン酸など，他の成分が結合しているものが**複合脂質**，主に単純脂質から誘導されてできるものを**誘導脂質**という（**表 2.8**）。

(2)　脂肪酸の構造と性質

　脂肪酸は，脂質を構成する成分でもあり，また性質やはたらきを決定する成分でもある。脂肪酸は炭素が直鎖状に結合した炭化水素鎖にカルボキシ基（-COOH）が結合したもので，長ければ長いほど水に溶けない性質をもつ。

(3)　脂肪酸の分類

　脂肪酸は，その構造や長さから分類することができる。脂肪酸の炭化水素鎖に二重結合がないものを**飽和脂肪酸**（saturated fatty acid），あるものを**不飽和脂肪酸**（unsaturated fatty acid）という。さらに，二重結合が 1 個の脂肪酸を**モノエン酸**（**一価不飽和**

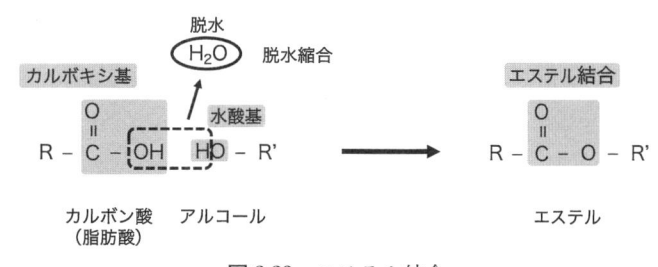

図 2.23　エステル結合

表 2.8　脂質の分類

名　　称	構成成分		
単純脂質	脂肪酸　＋　アルコール（グリセロール，脂肪酸アルコール，ステロール）		
複合脂質	脂肪酸　＋　アルコール　＋　その他（糖，リン酸＋塩基）		
誘導脂質	脂肪酸，脂肪族アルコール，ステロールなど		

<table>
<tr><td colspan="2">数を表わす接頭語
（ギリシャ語）</td></tr>
</table>

1	mono（モノ）
2	di（ジ）
3	tri（トリ）
4	tetra（テトラ）
5	penta（ペンタ）
6	hexa（ヘキサ）
7	hepta（ヘプタ）
8	octa（オクタ）
9	nona（ノナ）
10	deca（デカ）
11	undeca（ウンデカ）
12	dodeca（ドデカ）
13	trideca（トリデカ）
14	tetradeca（テトラデカ）
15	pentadeca（ペンタデカ）
16	hexadeca（ヘキサデカ）
17	heptadeca（ヘプタデカ）
18	octadeca（オクタデカ）
19	nonadeca（ノナデカ）
20	eicosa（エイコサ）
22	docosa（ドコサ）

＊融点　固体が液体に変わる温度のこと。→ 56 ページ (4)参照。

脂肪酸：monounsaturated fatty acid），2 個以上の脂肪酸はそれぞれジエン酸(二価不飽和脂肪酸)やトリエン酸(三価不飽和脂肪酸)などと表されることもあるが，**多価不飽和脂肪酸**(ポリエン酸：polyunsaturated fatty acid)と表す。天然の不飽和脂肪酸の二重結合の多くはシス型立体配置であるため，折れ曲がりの構造をもつ。

　また，脂肪酸の炭素数が，2 ～ 4 個のものを**短鎖脂肪酸**，6 ～ 10 個のものを**中鎖脂肪酸**，12 個以上のものを**長鎖脂肪酸**といい，食品に含まれる脂肪酸は炭素数が 12 ～ 24 個の偶数の長鎖脂肪酸が多い。飽和脂肪酸は炭素が直鎖状に結合しており，炭素数が多くなるほど融点が高くなる。不飽和脂肪酸は，飽和脂肪酸と同じ炭素数であっても，二重結合の折れ曲がり構造(シス型配置)のため，分子が凝集しにくくなり，**融点**＊は低くなる。従って，二重結合の数が多くなるほど，融点は下がり，室温でも液体の状態になる。なお，トランス型の二重結合をもつ脂肪酸(トランス脂肪酸)は，飽和脂肪酸と同じように直鎖状の構造(トランス型配置)になっている(表 2.9，図 2.24)。

(4) 脂肪酸の表記法

　脂肪酸を簡単に表す場合は，C に続けて「炭素数：二重結合数」を下付き文字で表す(慣用記号)。飽和脂肪酸であるステアリン酸は $C_{18:0}$，不飽和脂肪酸であるオレイン酸は $C_{18:1}$ と表される。

　また，不飽和脂肪酸の二重結合の位置は，カルボキシ基側の炭素から順に

表2.9　主な脂肪酸の種類

名称	系統名	構造式	慣用記号	融点（℃）	含有食品など
飽和脂肪酸					
酪酸	ブタン酸	$CH_3(CH_2)_2COOH$	$C_{4:0}$	-7.9	バター，やし油
	ヘキサン酸	$CH_3(CH_2)_4COOH$	$C_{6:0}$	-3.4	バター，やし油
	オクタン酸	$CH_3(CH_2)_6COOH$	$C_{8:0}$	17	バター，やし油
	デカン酸	$CH_3(CH_2)_8COOH$	$C_{10:0}$	32	バター，やし油
ラウリン酸	ドデカン酸	$CH_3(CH_2)_{10}COOH$	$C_{12:0}$	33	バター，やし油
ミリスチン酸	テトラデカン酸	$CH_3(CH_2)_{12}COOH$	$C_{14:0}$	54	バター，やし油，落花生油
パルミチン酸	ヘキサデカン酸	$CH_3(CH_2)_{14}COOH$	$C_{16:0}$	63	一般動植物油
ステアリン酸	オクタデカン酸	$CH_3(CH_2)_{16}COOH$	$C_{18:0}$	70	一般動植物油
アラキジン酸	エイコサン酸	$CH_3(CH_2)_{18}COOH$	$C_{20:0}$	75	落花生油，綿実油
不飽和脂肪酸 **一価（モノエン酸）**					
パルミトオレイン酸	9-ヘキサデセン酸	$CH_3(CH_2)_5CH=CH(CH_2)_7COOH$	$C_{16:1}$	0.5	魚油，鯨油
オレイン酸	9-オクタデセン酸	$CH_3(CH_2)_7CH=CH(CH_2)_7COOH$	$C_{18:1}$	11	動植物油
多価（ポリエン酸）					
リノール酸	9.12-オクタデカジエン酸	$CH_3(CH_2)_3(CH_2CH=CH)_2(CH_2)_7COOH$	$C_{18:2}$	-5	とうもろこし油，大豆油
α-リノレン酸	9.12.15-オクタデカトリエン酸	$CH_3(CH_2CH=CH)_3(CH_2)_7COOH$	$C_{18:3}$	-10	エゴマ油
アラキドン酸	5,8,11,14-エイコサテトラエン酸	$CH_3(CH_2)_3(CH_2CH=CH)_4(CH_2)_3COOH$	$C_{20:4}$	-50	魚油，肝油，卵黄
エイコサペンタエン酸	5,8,11,14,17-エイコサペンタエン酸	$CH_3(CH_2CH=CH)_5(CH_2)_3COOH$	$C_{20:5}$	-54	魚油
ドコサヘキサエン酸	4,7,10,13,16,19-ドコサヘキサエン酸	$CH_3(CH_2CH=CH)_6(CH_2)_2COOH$	$C_{22:6}$	-44	魚油

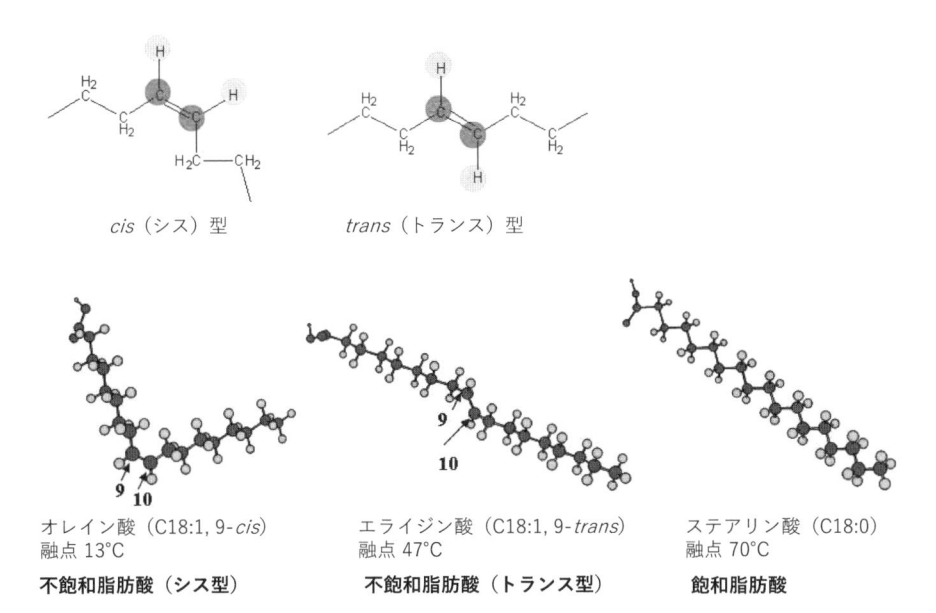

cis（シス）型   trans（トランス）型

オレイン酸（C18:1, 9-cis）
融点 13°C
不飽和脂肪酸（シス型）

エライジン酸（C18:1, 9-trans）
融点 47°C
不飽和脂肪酸（トランス型）

ステアリン酸（C18:0）
融点 70°C
飽和脂肪酸

図 2.24 不飽和脂肪酸（シス，トランス）と飽和脂肪酸の構造

出所）食品総合研究所，トランス脂肪酸（一部改変）

番号をつけて表す（**図 2.25**）。メチル基（-CH₃）側から数える場合は，何番目の炭素の後に二重結合があるのかを示し，n-6 や n-9 のように n-X で表す。n は不飽和脂肪酸の数を，X は二重結合を構成する炭素がメチル基側から数えて何番目にあるのかを表す。また，二重結合の位置を $\omega3$, $\omega6$ と示すこともあるが，これは，メチル基を ω 位とするため，メチル基側から数えて何番目に最初の二重結合があるのかを表している。

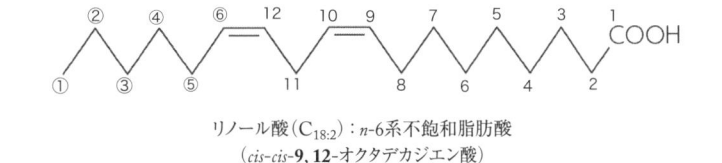

リノール酸（C₁₈:₂）：n-6系不飽和脂肪酸
（*cis-cis*-**9, 12**-オクタデカジエン酸）

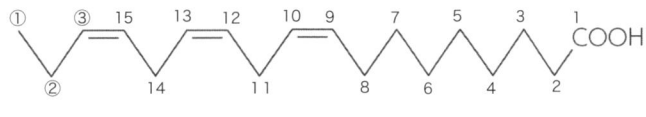

α-リノレン酸（C₁₈:₃）：n-3系不飽和脂肪酸
（*all-cis*-**9, 12, 15**-オクタデカトリエン酸）

図 2.25 代表的な不飽和脂肪酸の構造と不飽和結合位置の表示法

2.4.2 単純脂質

(1) 油脂（アシルグリセロール，グリセリド）

　油脂は，3価のアルコールであるグリセロール（グリセリン）に脂肪酸がエステル結合したものの総称で，一般にはグリセリンに3分子の脂肪酸が結合した**トリグリセリド（トリアシルグリセロール，中性脂肪，TG）**のことをいう。油脂の物理・化学的性質は構成する脂肪酸の種類と組み合わせに大きく影響される。植物油では，不飽和脂肪酸の割合が高いため，常温で液体の「油（oil）」となる。一方，動物油脂では，飽和脂肪酸の割合が高いものが多く，固体の「脂（fat）」

表 2.10　主な動植物の油脂の脂肪酸組成

分類	食用油脂	飽和脂肪酸								
		$C_{4:0}$	$C_{6:0}$	$C_{8:0}$	$C_{10:0}$	$C_{12:0}$	$C_{14:0}$	$C_{16:0}$	$C_{18:0}$	$C_{20:0}$
		酪酸	ヘキサン酸	オクタン酸	デカン酸	ラウリン酸	ミリスチン酸	パルミチン酸	ステアリン酸	アラキジン酸
植物油	オリーブ油	—	—	—	0	0	0	9.8	2.9	0.4
	ごま油	—	—	—	0	0	0	8.8	5.4	0.6
	米ぬか油	—	—	—	0	0	0.3	16	1.7	0.6
	サフラワー油 高リノール酸 高オレイン酸	— —	— —	— —	0 0	0 0	0.07 0.11	4.5 6.3	1.9 2.2	0.4 0.3
	大豆油	—	—	—	0	0	0.1	9.9	4	0.4
	とうもろこし油	—	—	—	0	0	0	10	1.9	0.4
	なたね油	—	—	—	0	0.6	0.1	4.0	1.9	0.6
	ひまわり油 高リノール酸 ミッドオレイン酸 高オレイン酸	— — —	— — —	— — —	0 0 0	0 0 0	0 0.1 0	5.7 4.1 3.4	4.1 3.4 3.7	0.2 0.3 0.3
	綿実油	—	—	—	0	0	0.6	18	2.2	0.3
	落花生油	—	—	—	0	0	0.04	11	3	1.4
植物脂	パーム油	—	—	—	0	0.4	1.1	41	4.1	0.4
	パーム核油	0	0.2	3.9	3.4	4.5	14	7.6	2.2	0.1
	やし油	—	0.5	7.6	5.6	4.3	16	8.5	2.6	0.08
動物油	まあじ	—	—	—	0	Tr	0.1	0.7	0.3	0.01
	まいわし	—	—	—	Tr	Tr	0.5	1.6	0.3	0.05
	まさば	—	—	—	0	Tr	0.5	2.9	0.8	0.07
	さんま（皮付き）	—	—	—	Tr	Tr	1.7	2.5	0.4	0.05
	くろまぐろ（赤身）	—	—	—	—	—	0.02	—	0.07	Tr
	うなぎ（養殖）	—	—	—	0	0	0.6	2.8	0.7	0.03
動物脂	牛脂	0	0	0	0	0.08	2.2	23	14	0.1
	豚脂	—	—	—	0.8	0.1	1.6	23	13	0.2
	バター	2.7	1.7	1.0	2.1	2.5	8.3	22	7.6	0.1
加工油脂	マーガリン	0	0.4	0.4	0.4	3.6	1.7	11	4.8	0.3

分類	食用油脂	不飽和脂肪酸							
		$C_{16:1}$	$C_{18:1}$	$C_{22:1}$	$C_{18:2}$	$C_{18:3}$	$C_{20:4}$	$C_{20:5}$	$C_{22:6}$
		パルミトオレイン酸	オレイン酸	ドコセン酸	リノール酸	α-リノレン酸	アラキドン酸	エイコサペンタエン酸	ドコサヘキサエン酸
植物油	オリーブ油	0.7	73	0	6.6	0.6	0	0	0
	ごま油	0.1	—	0	41	0.3	0	0	0
	米ぬか油	0.2	—	0	32	1.2	0	0	0
	サフラワー油 高リノール酸 高オレイン酸	0.1 0.08	— —	0 0	13 70	0.2 0.2	0 0	0 0	0 0
	大豆油	0.09	—	0	50	6.1	0	0	0
	とうもろこし油	0.1	—	0	51	0.8	0	0	0
	なたね油	0.2	—	0.1	19	7.5	0	0	0
	ひまわり油 高リノール酸 ミッドオレイン酸 高オレイン酸	0.06 0.07 0.08	— — —	0 0 0	58 28 6.6	0.4 0.2 0.2	0 0 0	0 0 0	0 0 0
	綿実油	0.5	—	0	54	0.3	0	0	0
	落花生油	0.1	—	0.1	29	0.2	0	0	0
植物脂	パーム油	0.2	—	0	9	0.2	0	0	0
	パーム核油	0	—	0	2.4	0	0	0	0
	やし油	0	—	0	1.5	0	0	0	0
動物油	まあじ	0.2	—	0.08	0.03	0.02	0.06	0.3	0.6
	まいわし	0.4	—	0.1	0.1	0.06	0.1	0.8	0.9
	まさば	0.7	—	0.4	0.1	0.08	0.2	0.7	1.0
	さんま（皮付き）	0.8	0.8	4.7	0.3	0.3	0.1	1.5	2.2
	くろまぐろ（赤身）	0.03	—	0.03	0.01	Tr	0.02	0.03	0.1
	うなぎ（養殖）	1.0	—	0.4	0.2	0.06	0.08	0.6	1.1
動物脂	牛脂	2.7	—	0	3.3	0.2	0	0	0
	豚脂	2.3	—	0	8.9	0.5	0.1	0	0
	バター	1.1	—	0	1.7	0.3	0.1	0	0
加工油脂	マーガリン	0.1	38	0	12	1.2	0	0	0

注：脂肪酸総量 100 g 当たりの脂肪酸量（g）
Tr：微量

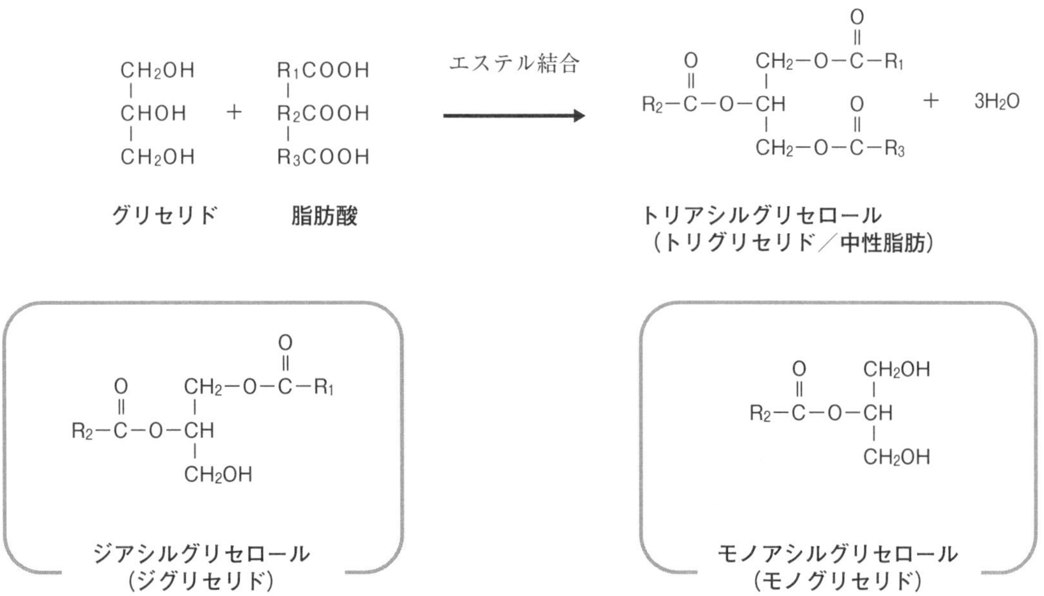

図 2.26 グリセリドの構造と種類

となるものが多い(**表 2.10**)。また，この他に 2 分子の脂肪酸が結合したジアシルグリセロールや 1 分子の脂肪酸が結合したモノアシルグリセロールが存在する(**図 2.26**)。

(2) ろう（ワックス：wax）

ろうは，長鎖脂肪酸と 1 価の脂肪族アルコールがエステルで結合した単純脂質で，動植物の表皮の防御被膜として存在する。天然のものでは，蜂の巣の成分である蜜ろうや，ハゼノキやウルシの実から採れる木ろうなどがある。

(3) ステロールエステル

ステロールエステルは，ステロールの水酸基(-OH)に脂肪酸がエステル結合したものである。動物ではステロールの部分がコレステロールになったモノコレステロールエステルとして血漿中に含まれている。

2.4.3 複合脂質

複合脂質は，脂肪酸とアルコール以外に窒素化合物(塩基)とリン酸，糖などの他の成分が結合したものである。分子内にリン酸を含むリン脂質と糖を含む糖脂質に分けられる。また，結合しているアルコール部分でも分けることができ，グリセロール(グリセリン)とスフィンゴシンの 2 種類がある。

(1) リン脂質

リン脂質は，分子内に親水性のリン酸を有する脂質で，アルコール部分がグリセロールである**グリセロリン脂質**とスフィンゴシンである**スフィンゴリン脂質**がある。代表的なグリセロリン脂質に，グリセロールに脂肪酸とリン酸が結合したホスファチジン酸にコリンが結合した**レシチン（ホスファチジルコリン）**

リン脂質＝脂肪酸＋アルコール＋リン酸＋塩基

	基本構造		塩基		物質名
グリセロリン脂質			$-CH_2-CH_2-\overset{CH_3}{\underset{CH_3}{\overset{\mid}{\underset{\mid}{N^+}}}}-CH_3$	コリン	レシチン（ホスファチジルコリン）
			$-CH_2-CH_2-NH_2$	エタノールアミン	ケファリン（ホスファチジルエタノールアミン）
			$-CH_2-\overset{}{\underset{COOH}{\overset{\mid}{CH}}}-NH_2$	セリン	ホスファチジルセリン
スフィンゴリン脂質			$-CH_2-CH_2-\overset{CH_3}{\underset{CH_3}{\overset{\mid}{\underset{\mid}{N^+}}}}-CH_3$	コリン	スフィンゴミエリン

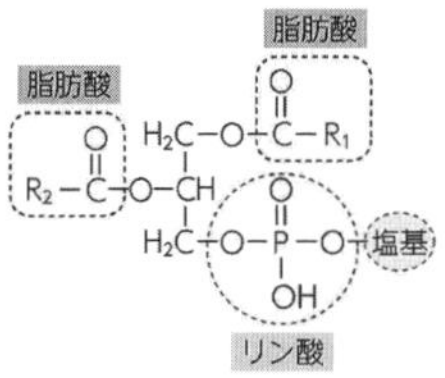

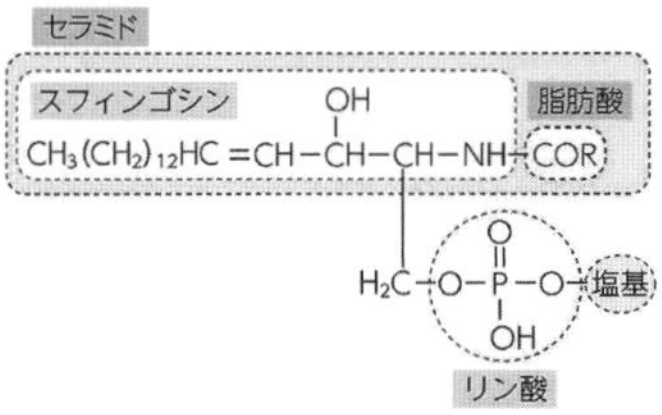

図 2.27　リン脂質の構造と名称

出所）水品善之，菊﨑泰枝，小西洋太郎編：食品学Ⅰ（改訂第 2 版），食べ物と健康　食品の成分と機能を学ぶ，栄養科学イラストレイテッド，48，羊土社（2021）より転載。原図をもとに筆者作成

や，エタノールアミンが結合したホスファチジルエタノールアミンがある。ホスファチジルコリンはレシチンともいい，生体膜の主要構成成分であるほか，食品では大豆や卵黄に多く含まれている。両親媒性の性質を活かして，天然の乳化剤としてマヨネーズに利用されている（**図2.27**）。

スフィンゴシンは，18 個の炭素をもつ長鎖アミノアルコールで，これに脂肪酸が結合したものを**セラミド**という。代表的なスフィンゴリン脂質であるスフィンゴミエリンはセラミドの水酸基にリン酸とコリンが結合したもので，神経組織や脳に多く存在する。

(2) 糖脂質

糖脂質には，ジアシルグリセロールに単糖やオリゴ糖がグリコシド結合した**グリセロ糖脂質**と，セラミドに糖が結合した**スフィンゴ糖脂質**がある。糖脂質の糖の部分には，ガラクトースやグルコースなどの単糖類，または二糖類〜オリゴ糖が結合している。グリセロ糖脂質にはガラクトースが結合しているものが多く，植物の種子や葉に多く存在している。

スフィンゴ糖脂質は動物組織に多く，セラミドに単糖が結合したセロブロシドや糖鎖状にひとつ以上のシアル酸が結合したガングリオシドが，脳や神経細胞に多く存在している（**図2.28**）。

2.4.4　誘導脂質

誘導脂質のうち，分子中に脂肪酸をもたず，ケン化されない物質を不ケン

糖脂質＝脂肪酸＋アルコール＋糖

	基本構造	糖	物質名
グリセロ糖脂質	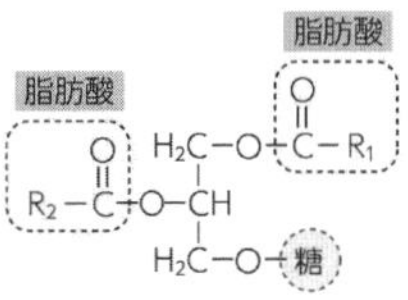 脂肪酸 脂肪酸 $R_2-C-O-CH$ $H_2C-O-C-R_1$ H_2C-O-糖	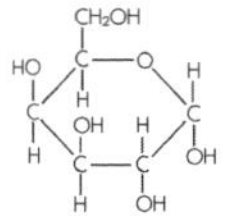 ガラクトース	モノガラクトシルジグリセリド
		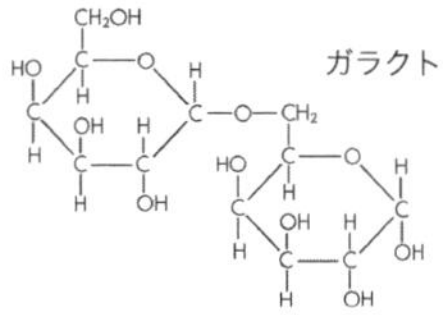 ガラクトース2分子	ジガラクトシルジグリセリド
スフィンゴ糖脂質	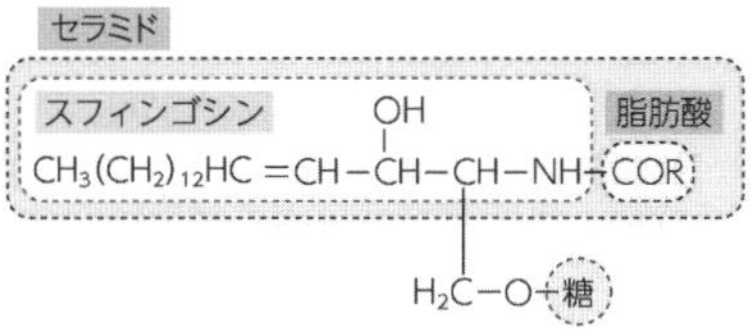 セラミド スフィンゴシン OH 脂肪酸 $CH_3(CH_2)_{12}HC=CH-CH-CH-NH-COR$ H_2C-O-糖	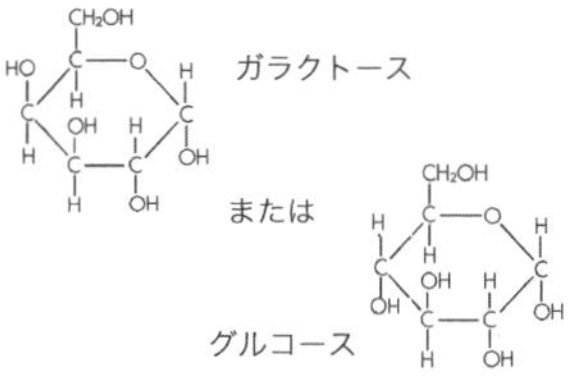 ガラクトース または グルコース	セロブロシド （ガラクトセロブロシド または グルコセロブロシド）

図 2.28　糖脂質の構造と名称

出所）図 2.27 に同じ，49

化物という。代表的なものに，ステロール，高級脂肪族アルコール，脂溶性ビタミンなどがある。

(1) ステロール（sterol）

　3つの6員環と1つの5員環がつながったステロール骨格を基本構造にもち，3位の炭素に水酸基が結合した化合物を**ステロール**と呼ぶ（図2.29）。動物に存在するステロールは，**コレステロール**で，卵やレバーなど動物性食品に多く含まれている（表2.11）。ヒトにおいても，生体膜の構成成分や生体内で合成されるステロイドホルモンや胆汁酸の材料，ビタミンDの前駆体など重要なはたらきをしている。しかし，必要以上コレステロールを摂取すると，血管壁に沈着して動脈硬化を起こし，心筋梗塞や

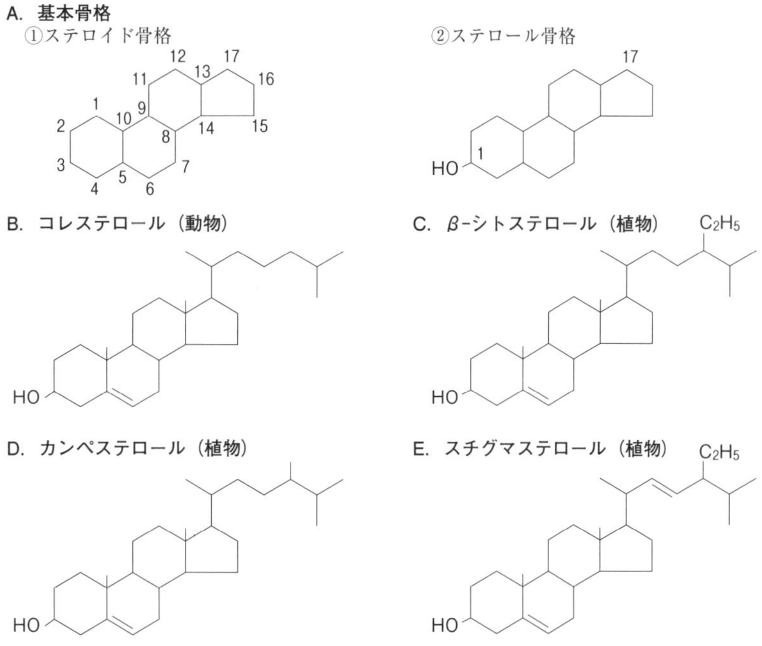

A. 基本骨格
①ステロイド骨格　　②ステロール骨格

B. コレステロール（動物）

C. β-シトステロール（植物）

D. カンペステロール（植物）

E. スチグマステロール（植物）

図 2.29　ステロールの化学構造

表 2.11　主な動物性食品のコレステロール含量(可食部 100 g 当たり)

食品	含量(mg)	食品	含量(mg)
魚介類		**肉類**	
まさば(生)	61	和牛肉(かた, 脂身つき)	72
さんま(皮つき, 生)	68	ぶた肉(大型種肉)(かた, 脂身つき)	65
ぶり(成魚, 生)	72	若どり肉(もも, 皮つき)	90
くろまぐろ(赤身, 生)	50	牛肝臓(生)	240
うなぎ(養殖, 生)	230	豚肝臓(生)	250
まだこ(皮つき, 生)	110	鶏肝臓(生)	370
するめいか(生)	250	**卵類**	
くるまえび(養殖, 生)	170	鶏卵全卵(生)	370
すじこ	510	鶏卵卵黄(生)	1200
動物脂		鶏卵卵白(生)	1
牛脂	100	**乳類**	
ラード	100	普通牛乳	12
バター(有塩)	210		
マーガリン(有塩)	5		

出所) 文部科学省：日本食品標準成分表(8訂)増補 2023 年

脳梗塞の発症につながる。

　植物に存在する植物ステロール(フィトステロール)には, β-シトステロールやスチグマステロール, カンペステロールなどがあり, これらは小腸でのコレステロールの吸収を阻害し, 血中コレステロール濃度を低下させることが知られている。また, シイタケなどのきのこに含まれるエルゴステロールは, ビタミン D_2 の前駆体で紫外線の照射によってビタミン D_2 に変換される。

(2) 脂肪族アルコール

　アルコールの構造に含まれている水酸基(-OH)は親水性の性質をもつ。メタノール(CH_3OH)やエタノール(C_2H_5OH)のような炭素数の少ないアルコールは比較的水に溶けやすい。しかし, 炭素数が増えるに従って炭化水素としての疎水性が強くなり, 水に溶けにくくなる。脂肪族アルコールは, 一般に炭素数の多い長鎖のアルコールで, 高級アルコールともよばれる。脂肪族アルコールは, 脂肪酸とエステル結合して, ろうを形成する。

2.4.5　脂質の物理化学的性質と試験法

(1) ヨウ素価 (iodine value, IV)

　油脂 100 g に付加するヨウ素(I_2：分子量 254)の量を g 数で表したもので, **ヨウ素価**から油脂のもつ脂肪酸の不飽和度の指標となる。不飽和脂肪酸を含む油脂にヨウ素を反応させると, 油脂のもつ二重結合(不飽和の部分)にヨウ素が付加される(図 2.30, 図 2.31)。不飽和脂肪酸が多い油脂はヨウ素価が高い。ヨウ素価の高い油脂は, 空気中の酸素によって酸化され, 重合して硬化する。ヨウ素価によって**乾性油**(IV 130 以上), **半乾性油**(IV 100 ~ 130), **不乾性油**(IV 100 以下)に分類される(**表 2.12**)。また, 油脂の酸敗が進行すると, ヨウ素価は, 低下していく。

(2) けん(鹼)化価 (saponification value, SV)

　油脂を KOH などのアルカリ物質でグリセリンと脂肪酸塩に加水分解することをけん化という。**けん化価**とは, 油脂 1 g を完全にけん化するために要する水酸化カリウム(KOH)の mg 数である(**図 2.30, 図 2.32**)。これは油脂を構

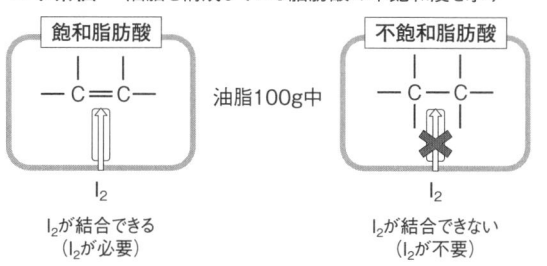

ヨウ素価　油脂を構成している脂肪酸の不飽和度を示す

飽和脂肪酸

$-C=C-$

I_2

I_2が結合できる
（I_2が必要）

不飽和脂肪酸

$-C-C-$

I_2

I_2が結合できない
（I_2が不要）

油脂100g中

二重結合が多くなると結合するヨウ素が多くなるため
ヨウ素価が高くなる

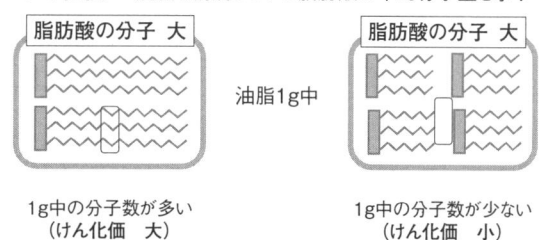

けん化価　油脂を構成している脂肪酸の平均分子量を示す

脂肪酸の分子 大

脂肪酸の分子 大

油脂1g中

1g中の分子数が多い
（けん化価 大）

1g中の分子数が少ない
（けん化価 小）

油脂1分子に3分子のKOHが必要なため，分子量が小さい
ものほど結合するKOHが増え，けん化価が高くなる

図2.30　油脂の性質を表す指標

$$-CH_2 \overset{\displaystyle C=C}{\underset{H\quad\quad H}{}} CH_2- \ + \ I_2 \longrightarrow \ -C-C-C-C-$$

ヨウ素付加

図2.31　不飽和脂肪酸の二重結合へのヨウ素付加

成する脂肪酸の分子量に関係し，脂肪酸の分子量が
小さければ小さいほど，水酸化カリウムが必要とな
る。多くの油脂のけん化価は190前後であるが，や
し油のような分子量の小さいものでは250前後に
なる（**表2.12**）。

(3) 比重と屈折率

比重は，水を基準としたときの密度の差を示した
ものである。油脂の比重は構成している脂肪酸によ
って異なり，分子量が大きいほど比重は小さくなる。
しかし，不飽和脂肪酸の量が増加すると，比重は大
きくなる。食用油脂の比重は15℃で0.91〜0.95
の範囲にある。

脂質の**屈折率**は，長鎖脂肪酸や不飽和脂肪酸が多
いほど高くなる。また，脂質の劣化によって屈折率
は高くなる。

表2.12　主な食用油脂の物理化学的性質

油脂	融点（凝固点）（℃）	ケン化価	ヨウ素価
植物油			
［乾性油］			
大豆油	-8 〜 -7	188 〜 196	114 〜 138
サフラワー油	-5	186 〜 194	120 〜 150
［半乾性油］			
ごま油	-6 〜 -3	186 〜 195	186 〜 195
とうもろこし油	-15 〜 -10	191 〜 194	115 〜 130
なたね油	-12 〜 0	171 〜 179	167 〜 180
綿実油	-6 〜 4	191 〜 198	189 〜 197
米油	-10 〜 -5	180 〜 196	91 〜 107
［不乾性油］			
落花生油	-3 〜 0	190 〜 195	80 〜 99
オリーブ油	0 〜 6	185 〜 197	75 〜 90
植物脂			
パーム油	27 〜 50	196 〜 210	43 〜 60
やし油	20 〜 28	245 〜 271	7 〜 16
動物油脂			
乳脂肪	35 〜 50	190 〜 202	25 〜 60
牛脂	45 〜 48	190 〜 202	25 〜 60
豚脂	28 〜 48	193 〜 202	46 〜 70
羊油	44 〜 55	192 〜 198	31 〜 47
魚油			
いわし油		188 〜 205	163 〜 195
たら肝油		181 〜 189	145 〜 165

出所）日本油脂化学協会：油脂化学便覧．丸善（1990）

$$R_2-C-O-CH \quad \begin{matrix} CH_2-O-C-R_1 \\ | \\ CH_2-O-C-R_3 \end{matrix} \xrightarrow[\substack{水酸化カリウム\\によるけん化\\（アルカリ加水分解）}]{3KOH} HO-CH \begin{matrix} CH_2-OH \\ | \\ CH_2-OH \end{matrix} + \begin{matrix} R_1-COOH \\ R_2-COOH \\ R_3-COOH \end{matrix}$$

トリアシルグリセロール
（トリグリセリド／中性脂肪）

グリセロール
（グリセリン）

脂肪酸塩（石けん）

図2.32　油脂のけん化（アルカリ加水分解）

(4) 融　　点

融点とは，固体が液体に変わる温度のことをいう。脂質の融点は，油脂を構成する脂肪酸によって変わる。脂質の分子量が大きいほど，また，飽和脂肪酸が多いほど高くなり，脂質の不飽和度が高いほど融点は低くなる（**表2.12**）。

(5) 粘　　度

粘度とは，物質の粘りを表す尺度であり，一般に液体が流動するときに起こる抵抗の程度を表す。脂質の粘度は，温度が高くなるほど小さく，酸化重合や熱重合によって増大する。

(6) 発煙点と引火点

油脂を加熱したとき，油脂の表面から連続的に発煙が起こる温度を発煙点という。油脂は，**トリグリセリド**（トリアシルグリセロール）以外に**モノグリセリド**（モノアシルグリセロール），遊離脂肪酸などの成分が含有されると発煙点が低下する。未成精油（オリーブ油やごま油）では 170 〜 180 ℃，成精油（サラダ油）では 200 〜 230 ℃である。揚げ物等に使用して酸化が進行した油は発煙点が下がり，使用中でも発煙するようになる。そのため厚生労働省の「弁当及び惣菜の衛生規範」では発煙点が 170 ℃未満になった油は新しい油脂と交換することが定められている。また，油脂に引火する温度を引火点といい，発煙点よりもやや高い温度となる。

2.4.6　水素添加とトランス脂肪酸

ニッケルなどの触媒存在下で水素と油脂を反応させて油脂中の不飽和脂肪酸の二重結合に水素を付加することを**水素添加**（hydrogeneration）という。水素添加によって油脂の二重結合が減少し，融点が上昇することで，常温で液状であった油脂を半固形もしくは固形状の油脂にすることができる。水素添加によって製造された油脂を**硬化油**という。硬化油は，マーガリンやショートニングなどとして利用されている。硬化油は，酸化されやすい不飽和脂肪酸を多く含む植物油や魚油の保存性を高めることができる。しかし，製造工程で一部不飽和脂肪酸の異性化が起こり，**トランス脂肪酸**が生成することもある（**図 2.33**，**図 2.34**）。

トランス脂肪酸は，牛などの反すう動物の肉や乳脂肪に存在しているが，天然の不飽和脂肪酸の二重結合はほとんどがシス型でトランス型のものは少ない。トランス脂肪酸を過剰摂取すると，血中 LDL コレステロールが増加する一方で，HDL コレステロールが減少することから，動脈硬化や心筋梗塞などの冠動脈疾患にかかる可能性が高くなるなど，トランス脂肪酸の安全性が問題視されている。わが国のトランス脂肪酸の摂取量は WHO の摂取目標（トランス脂肪酸の摂取：1 日当たりの総エネルギー比 1 % 未満）を下回っている

ため，健康への影響は低いと考えられる。しかし，脂質の多い食事や洋菓子類を好む人たちは，トランス脂肪酸を過剰に摂取する可能性もあるため，食生活を見直す必要がある。

2011（平成 23）年に消費者庁は「トランス脂肪酸の情報開示に関する指針」を示し，食品事業者による自主的な情報開示を促した。

2.4.7 乳化 (emulsification)

リン脂質や糖脂質のような複合脂質は，親油性（疎水性：油や有機溶媒には溶けるが，水には溶けにくい）をもつ脂肪酸部分と，親水性（水には溶けるが，油や有機溶媒には溶けにくい）をもつリン酸や糖質部分で構成されている。このような 1 つの分子内に疎水性と親水性の両方の性質をもつ分子を総称して**両親媒性**分子という。両

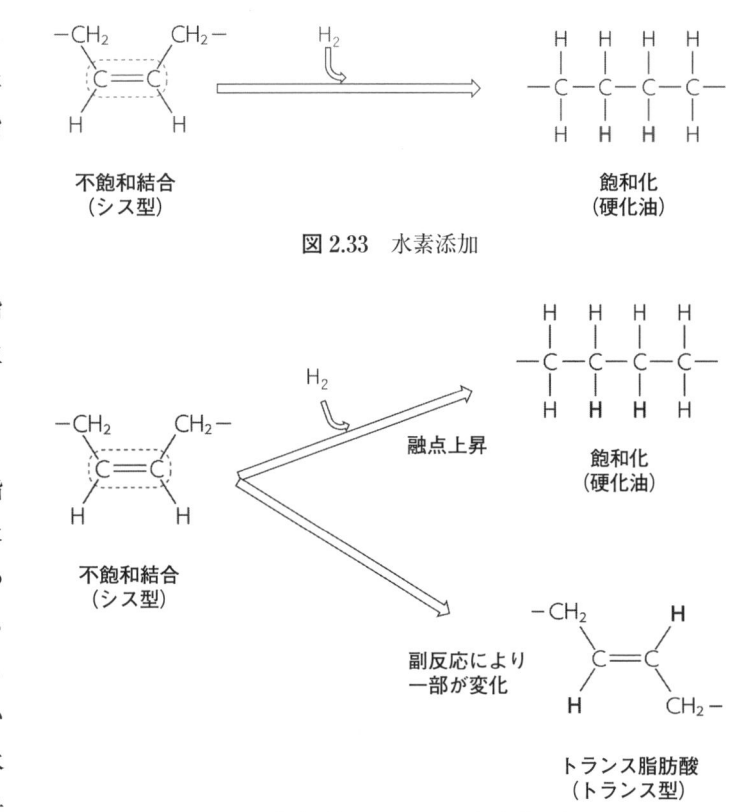

図 2.33　水素添加

図 2.34　水素添加とトランス脂肪酸の生成

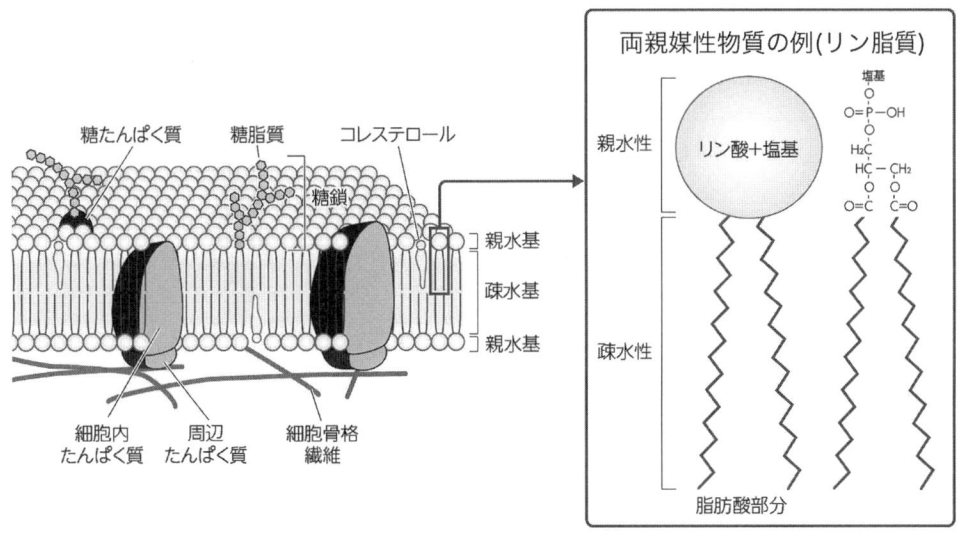

図 2.35　細胞膜と両親媒性物質

リン脂質は両親媒性物質であり，疎水性部分を内部に向け，親水性部分を外側に露出した細胞膜の二重構造の主要成分である。糖たんぱく質，糖脂質，細胞内たんぱく質，周辺たんぱく質，コレステロールは細胞膜の内外のさまざまな情報を伝達する役割を担っている。細胞骨格繊維は細胞質内に存在し，細胞の形態を維持し，また細胞内外の運動に必要な力を発生させる役割を担っている。
出所）図 2.27 に同じ，55，原図を一部改変

親媒性分子は，生体では生体膜の基本構造であるリン脂質二重層として，食品では乳化剤として利用されている（図2.35）。

水と油を混ぜると，時間の経過に従って分離されるが，乳化剤が存在すると分離しにくくなり，均一な溶液となる。このような溶液を**乳濁液**（エマルション）といい，乳濁液になる作用を**乳化作用**という。乳化には水が油分を取り囲む「O/W乳化」と油が水を取り囲む「W/O乳化」がある。マヨネーズは酢と油が乳化されてクリーム状になっているが，これは原料に加えられている卵黄のレシチンが乳化剤としてはたらいているからである（159ページ，6.1.2 (3) 乳化参照）。

2.4.8　栄養学的にみた脂質

(1) エネルギー源としての脂質

脂質1 g あたりのエネルギーは9 kcal と，糖質やたんぱく質の2倍以上のエネルギーをもつため，生体にとって効率的なエネルギー源である。しかし，脂質を過剰に摂取すると肥満や循環器疾患などのリスクを高めることから，脂質の摂取量には留意しなくてはならない。「日本人の食事摂取基準（2025年度版）」では，脂肪エネルギー比率の目標値を1歳以上の男女共に20〜30%としている（巻末付表）。

脂質は，体内には体脂肪として蓄えられているが，この場合は水分を2割ほど含むため，脂肪組織1 g あたりのエネルギーは7.2 kcal である。また，脂質を代謝してエネルギーを生成する際には，糖質の代謝と異なり，ビタミン B_1 が関与する代謝工程が少ないため，ビタミン B_1 の消費が少なくて済む。このことを脂質のビタミン B_1 節約作用という。

(2) 必須脂肪酸とエイコサノイド

不飽和脂肪酸のうち，ヒトの体内で合成されず，食事から摂取しなければならない脂肪酸を**必須脂肪酸**という。必須脂肪酸には n-6系であるリノール酸，n-3系である α-リノレン酸がある。必須脂肪酸は体内で代謝されて，n-6系であるリノール酸からはアラキドン酸（$C_{20:4}$）が，n-3系である α-リノレン酸がからはエイコサペンタエン酸（$C_{20:5}$）やドコサヘキサエン酸（$C_{22:6}$）が生合成される。

アラキドン酸やエイコサペンタエン酸のような炭素数が20の不飽和脂肪酸からは，**プロスタグランジン**や**トロンボキサン**，**ロイコトリエン**のような体内で生理学的に重要な薬理作用を示す**エイコサノイド**が生成される（図2.36）。n-6系のアラキドン酸から生成されるエイコサノイドは血小板の凝集，気管支収縮，子宮収縮，腸管運動にかかわり，炎症促進的に働く。一方，n-3系のエイコサペンタエン酸から生成されるエイコサノイドは，n-6系のエイコサノイドと拮抗して作用するものが多く，炎症抑制的にはたらく。このよう

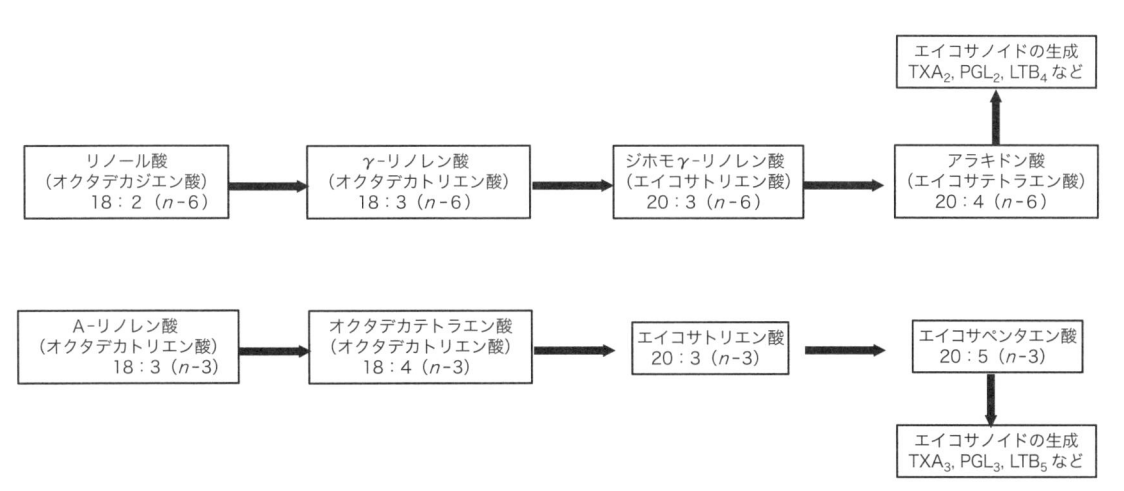

TX：トロンボキサン，PG：プロスタグランジン，LT：ロイコトリエン，
n-6系と*n*-3系脂肪酸は，それぞれの経路で代謝され，生理活性の異なるエイコサノイドが生成する。

図 2.36 *n*-6 系および *n*-3 系脂肪酸の代謝経路

に *n*-6 系不飽和脂肪酸と *n*-3 系不飽和脂肪酸では異なったエイコサノイドを生成するため，これらの摂取量比(*n*-6系 /*n*-3系)のバランスが崩れると高血圧や動脈硬化症，心筋梗塞などを発症する原因となる。*n*-6 系不飽和脂肪酸と *n*-3 系不飽和脂肪酸の摂取量比(*n*-6系 /*n*-3系)は 4 〜 5.5 程度が望ましいとされている。実際に，日本人の食事摂取基準(2025 年版)では，*n*-6 系不飽和脂肪酸の 18 〜 29 歳の摂取目安量は男性で 12 g/日，女性で 9 g/日と設定されている。一方，*n*-3 系不飽和脂肪酸の 18 〜 29 歳の摂取目安量は男性で 2.2 g/日，女性で 1.7 g/日とされており，欠乏すると皮膚炎や成長障害を生じる(**巻末付表**)。

(3) 機能性をもつ脂肪酸

油脂を構成する脂肪酸は，その種類や分子構造によって吸収性や機能性が異なる。その中には生体調節機能をもつものがあり，健康食品として利用されているものもある。

やし油やパーム油に 10 ％程度含まれている中鎖脂肪酸(MCFA)トリグリセリドは，消化によって中鎖脂肪酸となり，速やかに吸収されて直接エネルギー源になるため，エネルギー補給が必要な病者用カロリー食に用いられている。乳製品や牛肉に少量含まれている共役リノール酸(CLA)はリノール酸の二重結合の位置が移動して共役型になったもので脂質代謝異常改善や抗動脈硬化，抗がん作用が報告されている。また，植物ステロールは，コレステロールの吸収を抑制することが知られている(**図 2.37**)。

種類	構造	物質名
中鎖脂肪酸		オクタン酸
n-3系多価不飽和脂肪酸	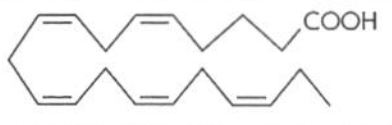	エイコサペンタエン酸
		ドコサヘキサエン酸
共役リノール酸	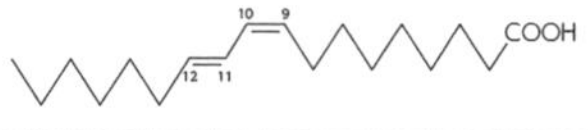	9シス，11トランス型共役リノール酸
		10トランス，12シス型共役リノール酸
植物ステロール	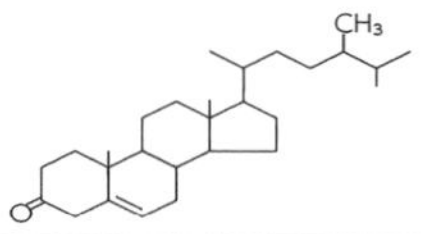	5-カンペステノン
グリセロリン脂質	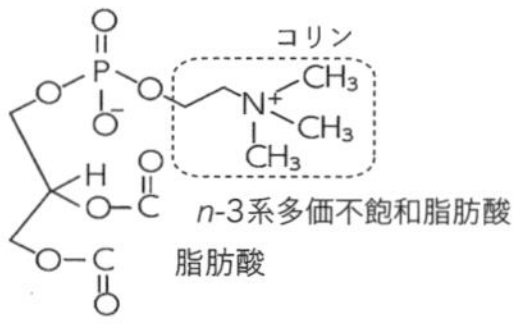	n-3系PUFA含有ホスファチジルコリン
		ホスファチジルイノシトール

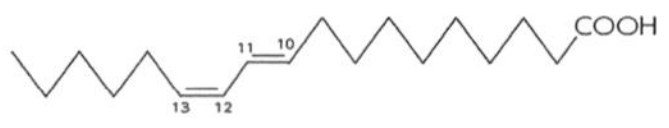

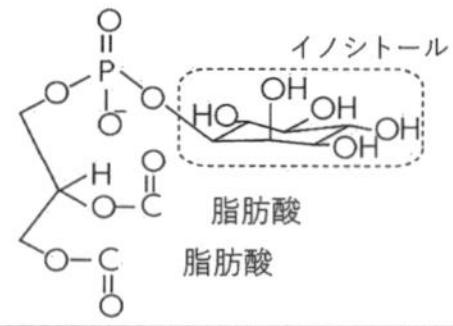

図 2.37　機能性脂質の構造

2.5　ビタミン

2.5.1　ビタミンとは

ビタミン(Vitamin)は化学的な性質から，脂溶性ビタミン4種(A, D, E, K)と水溶性ビタミン9種(B_1, B_2, ナイアシン, B_6, B_{12}, 葉酸, パントテン酸, ビオチン, C)を合わせた，計13種類が知られている。ビタミンは有機合成物で，化学構造上の共通性がなく，生理作用もさまざまである。ビタミンは微量で生体内の代謝を助ける調節因子(補酵素やホルモン様物質など)である必須の栄養素である。生体内で合成できない，または必要量が合成できず，食品からの供給が必要となる(表2.13, 2.14)。体内で欠如すると欠乏症が起こり，さまざまな症状をきたすため，日本人の食事摂取基準(2025年版)では，おのおののビタミンの必要量や推奨量が算出されている(巻末付表)。

2.5.2　脂溶性ビタミン

(1) ビタミン A (Vitamin A)

ビタミンAは，構造の違いにより**レチノール**(retinol)，**レチナール**(retinal)，**レチノイン酸**(retinoic acid)などに分類され，これらはレチノイド(retinoid)と総

　脂質はエネルギー源として重要な物質です。しかし，それだけではなく，脂質の多い食品には嗜好性の高いものが多くあります。たとえば，シチューや唐揚げ，ドーナツ，チョコレートなど，脂質が多く含まれている食品はおいしいと思う人が多いのではないでしょうか。このように脂質は食品として見ることが多いのですが，今回は視点を変えてみましょう。

　嗜好性を左右するものとしては香りは重要です。この香りには脂質が関与しています。脂質は脂肪酸とアルコールが結合したエステルですが，低分子のエステルは一般的に良い香りをもつものが多くあり，果実や花の香りのもとになっています。構成している炭化水素鎖の種類によって，さまざまな香りが生成します。たとえば，酢酸エチルは，天然にはパイナップルやイチゴ，リンゴなどに含まれ，果実のような甘い香りがします。これらは香料としても使用されています。（コラムの表）

　また，脂肪酸からも香りを感じることもあります。たとえば，牛乳の香りは微量のラクトン類や脂肪酸類，カルボニル化合物から構成されています。酪酸からは甘いミルクのような匂いが，また，ヘキサン酸からはチーズのような匂いがするといわれています。脂質はエネルギーのもとのみならず，香りのもとともなっているのです。

表　代表的なエステルの香り

化学式	名　称	香　り
$CH_3COOC_2H_5$	酢酸エチル	パイナップル臭
$CH_3COOCCH_2CH(CH_3)_2$	酢酸イソブチル	メロン臭
$CH_3COO(CH_2)_4CH_3$	酢酸ペンチル	バナナ臭
$CH_3COO(CH_2)_2CH(CH_3)_2$	酢酸イソペンチル	ナシ臭
$CH_3COOC_8H_{17}$	酢酸オクチル	オレンジ臭
$C_3H_7COOCH_3$	酪酸メチル	リンゴ臭
$C_3H_7COOC_2H_5$	酪酸エチル	パイナップル臭
$C_3H_7COOC_5H_{11}$	酪酸ペンチル	洋ナシ臭
$C_5H_{11}COOC_2H_5$	カプロン酸エチル	リンゴ臭
$C_9H_{19}COOC_2H_5$	デカン酸エチル	ナッツ臭

出所）長谷川（2015）https://sekatsu-kagaku.sub.jp より引用

表 2.13　脂溶性ビタミンの化学的性質と含有する食品

名称		化学的性質	含有する食品（/100 g あたり）	
			動物性食品	植物性食品
ビタミンA	レチノール レチナール レチノイン酸	熱・光・酸・塩基・酸化・金属イオンに不安定である（β-カロテンも同様）。抗酸化化合物との共存により安定感が増す。	＜レチノール活性当量あたり＞ うなぎ（養殖，生）2,400 μg, にわとり（肝臓，生）14,000 μg, 鶏卵（卵黄，生）690 μg	＜レチノール活性当量あたり＞ にんじん（皮なし，生）720 μg, 西洋かぼちゃ（果実，生）210 μg, ホウレンソウ（皮なし，生）350 μg
ビタミンD	D_2：エルゴカルシフェロール D_3：コレカルシフェロール	ビタミン D_2・D_3 ともに，白い結晶であり，分解されると黄色に変色する。エタノール，クロロホルム，ジエチルエーテルに溶解する。熱・光・酸化に不安定で化学変化を受けやすく，分解される。	まいわし（生）32.0 μg, かわはぎ（生）43.0 μg, べにざけ（生）33.0 μg	しいたけ（乾）17.0 μg, しいたけ（菌床栽培，生）0.3 μg, まいたけ（生）4.9 μg, まいたけ（乾）20.0 μg
ビタミンE	トコフェロール トコトリエノール	淡黄色の油状であり，エタノール，クロロホルム，ジエチルエーテルに溶解する。光・過酸化物・アルカリにより酸化される。	＜α-トコフェロールあたり＞ うなぎ（養殖，生）7.4 mg, あんこうきも（生）14.0 mg, たらこ（生）7.1 mg, 有塩バター（無発酵）1.5 mg	＜α-トコフェロールあたり＞ サフラワー油（べにばな油）27.0 mg, 大豆油 10.0 mg, マーガリン 15.0 mg, 抹茶 28.0 mg
ビタミンK	K_1：フィロキノン K_2：メナキノン K_3：メナジオン（化学合成物）	熱・酸素には安定であるが，光・アルカリには不安定である。	にわとり（もも，皮つき，生）62.0 μg, 鶏卵（卵黄，生）39 μg, ナチュラルチーズ（パルメザン）15.0 μg	黒大豆（全粒，国産，乾）36 μg, 糸引き納豆　870 μg[4], ほうれんそう（葉，生）270 μg, ブロッコリー（花序，生）210 μg

肝臓は，牛・豚・にわとりにおいて，1番多く含まれる種類を記載した。

表 2.14　水溶性ビタミンの化学的性質と含有する食品

名称		化学的性質	含有する食品（/100 g あたり）	
			動物性食品	植物性食品
ビタミン B₁	チアミン	白い結晶で水に溶けやすく，熱・酸に安定であるが，アルカリには不安定である（調理の際には，茹でこぼしの流失に注意）。	ぶた（中型種肉，ヒレ，赤肉，生）1.22 mg，ぶた（中型種肉，ロース，赤肉，生）0.96 mg，鶏卵（卵黄，生）0.21 mg	小麦胚芽 1.82 mg，小麦粉（強力粉，全粒粉）0.34 mg，ライむぎ（全粒粉）0.47 mg，玄米（水稲穀粒）0.41 mg，青大豆（全粒，国産，乾）0.74 mg
ビタミン B₂	リボフラビン	黄色い結晶で水に少し溶け，光・アルカリには不安定である（調理の際には，茹でこぼしの流失に注意）。	ぶた（肝臓，生）0.36 mg，ぶた（中型種肉，かたロース，赤肉，生）0.29 mg，鶏卵（卵黄，生）0.45 mg，脱脂粉乳 1.60 mg，ナチュラルチーズ（パルメザン）0.68 mg	しいたけ（乾）1.74 mg，黒大豆（全粒，国産，乾）0.23 mg，糸引き納豆 0.3 mg
ナイアシン	ニコチンアミド ニコチン酸	白い結晶で水に溶けやすく，熱・酸素・光・酸・アルカリに安定である（調理の際には，茹でこぼしの流失に注意）。	＜ナイアシン当量あたり＞ かつお（春獲り，生）24.0 mgNE，くろまぐろ（赤身，生）20.0 mgNE，にわとり（若どり，むね，皮なし，生）17.0 mgNE，にわとり（若どり，ささみ，生）17.0 mgNE	＜ナイアシン当量あたり＞ しいたけ（乾）23.0 mgNE，えのきたけ（生）7.4 mgNE，ぶなしめじ（生）6.4 mgNE，ひらたけ（生）11.0 mgNE
ビタミン B₆	ピリドキシン ピリドキサール ピリドキサミン	白い結晶である。酸性や熱に安定であるが，光に不安定であり，分解されやすい。	かつお（春獲り，生）0.76 mg，みなみまぐろ（養殖，赤身，生）1.08 mg，うし（サーロイン，乳用肥育牛肉，赤肉，生）0.50 mg，うし（肝臓，生）0.89 mg	青大豆（全粒，国産，乾）0.55 mg，ごま（いり）0.64 mg，くるみ（いり）0.49 mg，バナナ（生）0.38 mg，プルーン（乾）0.34 mg
ビタミン B₁₂	コバラミン	赤い結晶である。熱に安定であるが，強アルカリ性・強酸性化において徐々に分解される。光に不安定であり，分解されやすい。	イクラ 47.0 μg，あさり（水煮）64.0 μg，しじみ（生）68.0 μg，うし（肝臓，生）53.0 μg，鶏卵（卵黄，生）3.5 μg	あおさ（素干し）37.2 μg，いわのり（素干し）69.4 μg
葉酸	プテロイルモノグルタミン酸	黄色い結晶である。光に不安定であり，分解されやすい。	にわとり（肝臓，生）1300 μg，鶏卵（卵黄，生）150 μg	えだまめ（生）320 μg，ブロッコリー（花序，生）220 μg，ほうれんそう（葉，通年平均，生）210 μg，アスパラガス（若茎，生）190 μg
パントテン酸	パントテン酸	白い結晶である。酸・熱・アルカリに不安定である。	にわとり（肝臓，生）10.00 mg，にわとり（ささみ，生）2.07 mg，鶏卵（卵黄，生）3.60 mg	玄米（水稲穀粒）1.37 mg，小麦はいが 1.34 mg，そば粉（全層粉）1.56 mg，糸引き納豆 3.63 mg，落花生（乾）2.56 mg
ビオチン	ビオチン	白い結晶で水によく溶け，酸・アルカリ・光に比較的安定である。	にわとり（肝臓，生）230 μg，鶏卵（卵黄，生）65 μg，まがれい（生）22.0 μg，たらこ（生）18.0 μg	黄大豆（全粒，国産，乾）28.0 μg，糸引き納豆 18.2 μg，落花生（乾）92.0 μg
ビタミン C	アスコルビン酸	白い結晶で，還元型は水に溶けやすい。熱・酸素・アルカリ・酵素に不安定であるが，pH 4 以下の酸性下で比較的安定する。銅・鉄イオン共存下で酸化が促進する。		じゃがいも（塊茎，皮つき，生）28 mg，赤ピーマン（果実，生）170 mg，キウイフルーツ（黄肉種，生）140 mg，レモン（全果，生）100 mg，いちご（生）62 mg

*レチニル脂肪酸エステル（retinyl
　ester）　レチノールエステルと
　も呼ばれ，レチノールと脂肪酸
　がエステル結合して生成された
　化合物である。

称される（図 2.38）。動物性食品では**レチニル脂肪酸エステル**[*]の形で存在し，小腸上皮で加水分解を受け，レチノールに変換され，細胞に取り込まれる。その後，**カイロミクロン（キロミクロン）**に取り込まれ，腸管リンパ系に分泌され，血液循環系に入り，肝臓に取り込まれる。肝臓でレチニル脂肪酸エステルは

ビタミンA（レチノイド）

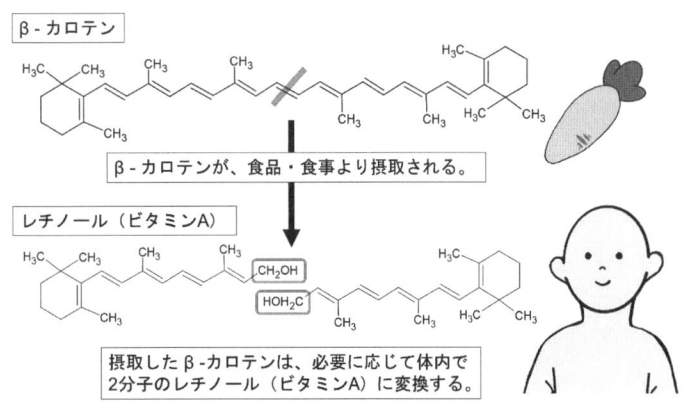

R
- CH₂OH：レチノール
- CHO：レチナール
- COOH：レチノイン酸
- CH₂-O-COC$_n$H$_{2n+1}$：レチニルエステル

プロビタミンA

β - カロテン

α - カロテン

β - クリプトキサンチン

図 2.38 ビタミン A とプロビタミン A の構造

加水分解を受け，レチノールとなり
レチノール結合たんぱく質と結合し，
血液中を移動して肝臓以外の組織へ
供給される。植物性食品ではビタミ
ン A の前駆体である**プロビタミン*A**
（カロテノイド）として**α-，β-カロテン，
β-クリプトキサンチン**などが存在し
ている。β-カロテンの大部分は，
小腸吸収上皮細胞において中央開裂
により，2 分子のレチナールを生成
する。1 分子の β-カロテンから，2

β - カロテン

β - カロテンが、食品・食事より摂取される。

レチノール（ビタミンA）

CH₂OH
HOH₂C

摂取した β-カロテンは、必要に応じて体内で
2分子のレチノール（ビタミンA）に変換する。

※β-カロテンは，レチナールに転換して，レチノールに変化する。

図 2.39 β-カロテンからレチノール（ビタミン A）の変換

分子のビタミン A が生成されるが，実質の変換効率は 50 ％程度と考えられ
ている。α-カロテンおよび β-クリプトキサンチンのプロビタミン A 効率は，
β-カロテンの 1/2 程度と考えられている。

　ビタミン A は網膜の光受容反応，上皮組織の分化や機能維持などに関連
している。また遺伝子発現を調節することで，成長促進作用や生殖作用，感
染予防などに関与する。ビタミン A が欠乏すると，夜盲症や角膜乾燥症な
どが生じ，角膜軟化症へ進行すると失明することもある。

　過剰症として，頭蓋内圧亢進，皮膚の落屑，胎児の催奇形性などが起こる。
しかし，プロビタミン A であるカロテノイドによる過剰症は報告されてい
ない。

　動物性食品ではレチノールまたはレチニルエステルで存在し，肝臓（レバー）
やうなぎ，卵黄などで，植物性食品ではプロビタミン A で存在しており，

*プロビタミン　ビタミンの前駆
体をプロビタミン（provitamin）
といい，生体内で必要に応じて
ビタミンに変換され，ビタミン
活性をもつ。ビタミン A の前
駆体であるプロビタミン A は
カロテノイドで，ビタミン D₂
のプロビタミン D₂ は，エルゴ
ステロールであり，D₃ のプロ
ビタミン D₃ は，7-デヒドロコ
レステロールである。

*1 β-カロテン当量 α-カロ
テンおよびβ-クリプトキサン
チンのプロビタミン効力は，β
-カロテンの1/2程度である。
そのため，α-カロテンおよび
β-クリプトキサンチンに1/2
を乗じた値と，食品中のβ-カ
ロテン含有量の合計がβ-カロ
テン当量として設定されている。

*2 レチノール活性当量 RAE
β-カロテンの吸収率は，レチ
ノールの1/6程度であり，体内
でのβ-カロテンからレチノー
ルへの転換効率は50％である。
そのため，食品由来のβ-カロ
テンのビタミンAとしての生
体利用率は，1/12（＝1/6×1/2）
となる。したがって，β-カロ
テンに1/12を乗じた値と，食
品中のレチノール含有量の合計
が，レチノール活性当量として
表されている。食品由来β-カ
ロテン12μgはレチノール1μ
gに相当する量（レチノール活
性当量）として設定されている。

にんじんやかぼちゃなどに多く含有される。日本食品標準成分表（八訂）増補
2023 年では，ビタミンAの項目は，レチノール，α-，β-カロテン，β-
クリプトキサンチン，**β-カロテン当量**[*1]，**レチノール活性当量**[*2]，が収載されて
いる。レチノール活性当量，β-カロテン当量の算出法は下記に示す。

日本人の食事摂取基準（2025 年度版）のビタミンA摂取基準は，レチノール
活性当量で示されている（巻末付表）。

β-カロテン当量（μg）
$$= β\text{-カロテン（μg）} + \frac{1}{2} α\text{-カロテン（μg）} + \frac{1}{2} β\text{-クリプトキサンチン（μg）}$$

レチノール活性当量（μgRAE）
$$= レチノール（μg） + \frac{1}{12} β\text{-カロテン当量（μg）}$$

(2) ビタミンD（Vitamin D）

ビタミンD活性をもつ化合物には，植物性食品に含まれる**ビタミン D_2（エ
ルゴカルシフェロール：ergocalciferol）** と動物性食品に含まれる**ビタミン D_3（コレカ
ルシフェロール：cholecalciferol）** がある。

植物性食品では，きのこ類にビタミン D_2 が含まれ，特に干しきのこに多
く含まれる。植物性食品が含有するプロビタミン D_2（エルゴステロール：ergosterol）
は，紫外線（UV）を照射されたのち，エルゴカルシフェロールとなる（図 2.40）。
ヒトの皮膚では，体内のコレステロールの中間体である**プロビタミン D_3（7-デ
ヒドロコレステロール**：7-dehydrocholestrol：7-DHC）はヒトの皮膚に存在し，
7-DHC が紫外線（UV）に照射されてプロビタミンDとなり，その後の体温に
よる熱異性化反応によりビタミン D_3 が合成される。皮膚からの合成だけで
は足りないため，食事からも摂取することが重要である。動物性食品では，
魚肉にビタミン D_3 が含まれる。

ビタミンDは，消化管からのカルシウム吸収，カルシウム代謝，骨代謝
に関与している。ビタミンDが欠乏す
ると，小児においてくる病，成人におい
て骨軟化症，骨粗鬆症が発症する。一方，
ビタミンDの過剰摂取では，高カルシ
ウム血症，腎障害，軟組織の石灰化が起
こる。

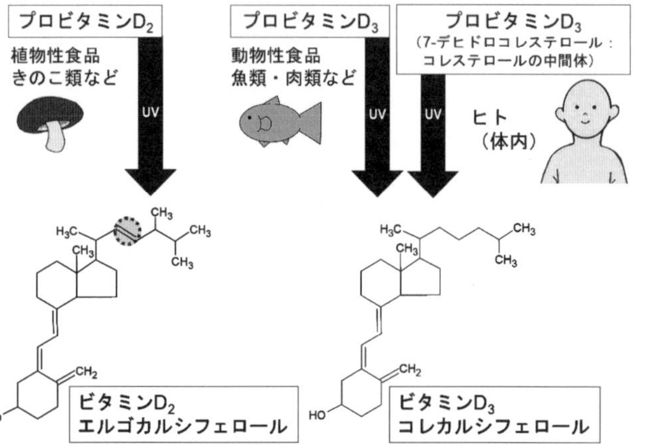

(3) ビタミンE（Vitamin E）

ビタミンEは，クロマン環に結合す
る側鎖に二重結合のない**トコフェロール**
（tocopherol）と，側鎖に二重結合を 3 つも
つ**トコトリエノール**（tocotrienol）がある。お
のおののクロマン環に結合するメチル基

図 2.40 ビタミン D_2 と D_3 の構造と供給源

の数と位置が異なるα，β，γ，δの8種類の同族体がある（図2.41）。ビタミンEの同族体は選択されずに吸収され，**カイロミクロン（キロミクロン）** に輸送されて肝臓に取り込まれる。α–トコフェロールは，肝臓でα–トコフェロール輸送たんぱく質（α-TTP）により，選択的に結合されて，**VLDL**[*] に取り込まれて再び循環系に分泌される。α–TTPは，体内のα–トコフェロール量を恒常的に保つはたらきをしている。

ビタミンEは生体膜に存在し，α–トコフェロールは生理活性が高く，ヒト血中ビタミンEの90％を占める。α–トコフェロールはフリーラジカルの生成を防止する抗酸化作用を示す。ビタミンEの欠乏はヒトにおいて，ほとんどみられない。ビタミンEの過剰症は，低出生体重児にα–トコフェロールを補充投与した場合，出血傾向が上昇するといわれている。

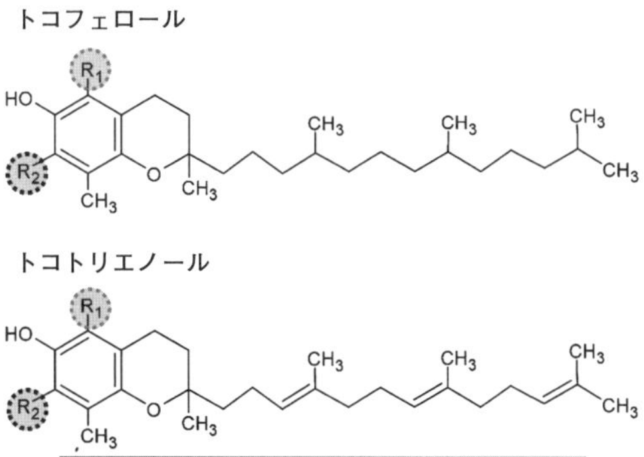

<u>食品の酸化防止効果は$\delta > \gamma > \beta > \alpha$の順で効果が高く，生体の抗酸化作用と逆になる。</u>動物性食品では，うなぎやバターなどに含まれ，植物性食品では，サフラワー油や大豆油，マーガリン，抹茶などに多く含まれる。日本食品標準成分表（八訂）増補2023年では，ビタミンEの項目は，α，β，γ，δ–トコフェロールが収載されている。生体のビタミンEのほとんどがα–トコフェロールであるため，日本人の食事摂取基準（2025年度版）のビタミンE摂取基準は，α–トコフェロール量で示されている（**巻末付表**）。

トコフェロール

トコトリエノール

トコフェロール[*1]	トコトリエノール[*2]	R_1	R_2
α–トコフェロール	α–トコトリエノール	CH_3	CH_3
β–トコフェロール	β–トコトリエノール	CH_3	H
γ–トコフェロール	γ–トコトリエノール	H	CH_3
δ–トコフェロール	δ–トコトリエノール	H	H

*1：側鎖に二重結合がない。
*2：側鎖の二重結合が，トランス型である。

図2.41 トコフェロールとトコトリエノールの同族体の構造

*VLDL（very low density lipo-protein：超低比重リポたんぱく質）肝臓で合成されたトリグリセリドを全身へ運搬するリポたんぱく質である。

(4) ビタミンK（Vitamin K）

ビタミンKは，植物性由来のK_1（**フィロキノン**：phylloquinone）と，微生物由来のK_2（**メナキノン**：menaquinone；MK），化学合成物のK_3（メナジオン：menadione）がある。メナキノンは，イソプレノイド側鎖の単位数（n）によりメナキノン-n（MK-n）と表記される（図2.42）。

ビタミンKは，血液凝固因子の合成や骨形成に関連している。ビタミンKが欠乏すると，出血に対して血液凝固作用が遅れ，新生児メレナ（生後1週間以内に起こる消化管出血）や特発性乳児ビタミンK欠乏（頭蓋内出欠）が起こる。

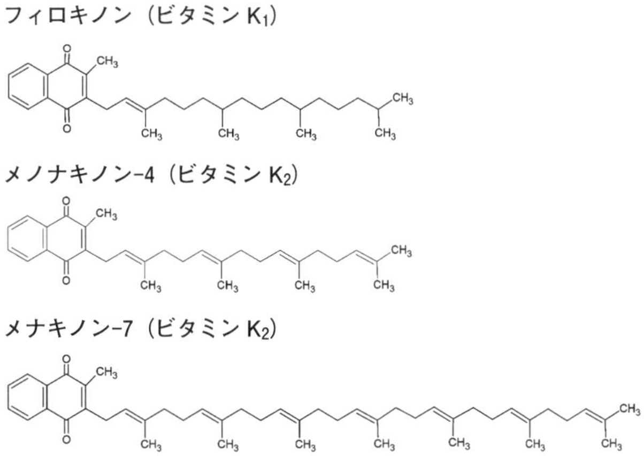

動物性食品では，鶏肉や卵黄，チーズに

フィロキノン（ビタミンK_1）

メノナキノン-4（ビタミンK_2）

メナキノン-7（ビタミンK_2）

図2.42 ビタミンKの構造

含まれ，食物性食品ではほうれんそうやブロッコリー，糸引き納豆などに含まれる。日本食品標準成分表(八訂)増補 2023 年に収載されているビタミン K は，原則としてフィロキノンとメノキノン-4(MK-4)の合計である。しかしながら，納豆および金山寺みそおよび，ひしおみそはメノキノン-7(MK-7)が多く含有されていたため，**メノキノン-4 変換値**[*]に計算されている。

$$メノキノン\text{-}4\ 変換値*(\mu g) = \text{MK-7}(\mu g) \times \frac{444.7}{649.0}$$

2.5.3　水溶性ビタミン

(1) ビタミン B_1 (Vitamin B_1)

ビタミン B_1 は**チアミン**(thiamine)とも呼ばれ，食品中にはチアミンと，チアミンリン酸エステル(チアミンとリン酸とエステルが結合)が存在している(図 2.43)。チアミンリン酸エステルには，チアミン一リン酸(thiamin monophosphate：ThMP)，**チアミン二リン酸**(thiamin diphosphate：**ThDP**，チアミンピロリン酸とよばれることもある)，チアミン三リン酸(thiamin triphosphate：ThTT)があり，補酵素型として，ThDP が糖質代謝，分岐アミノ酸代謝，神経機能の維持などに関連している。ビタミン B_1 が欠乏すると，脚気やウェルニッケ脳症やコルサコフ症候群などがおこる。動物性食品では豚肉や卵に含まれ，植物食品では小麦胚芽，玄米，大豆などに含まれる。

(2) ビタミン B_2 (Vitamin B_2)

ビタミン B_2 は**リボフラビン**(riboflavin)とも呼ばれ，食品中にはリボフラビンと，補酵素型である**フラビンモノヌクレオチド**(flavin mononucleotide：FMN)と，**フラビンアデニンジヌクレオチド**(flavin adenine dinucleotide：FAD)が存在している(図 2.44)。FMN や FAD は体内でエネルギー代謝や酸化還元反応などに関連し，成長促進，皮膚や粘膜の保持に関与している。ビタミン B_2 が欠乏すると，口内炎や口角炎，舌炎，脂漏性皮膚炎などが起こる。動物性食品では豚肉や卵，乳製品などに含まれ，植物食品では干ししいたけや納豆などに含まれる。

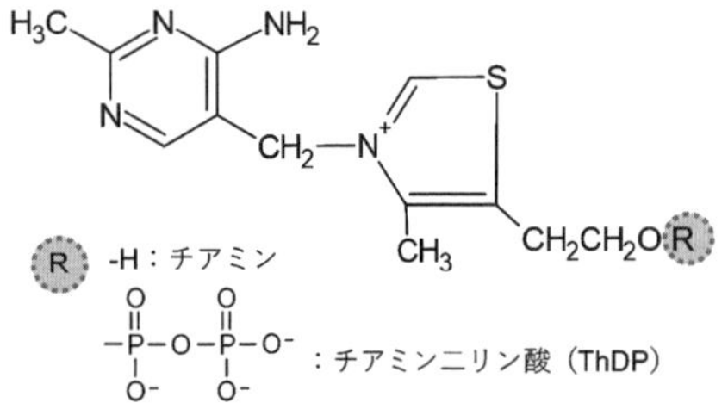

図 2.43　ビタミン B_1 の構造

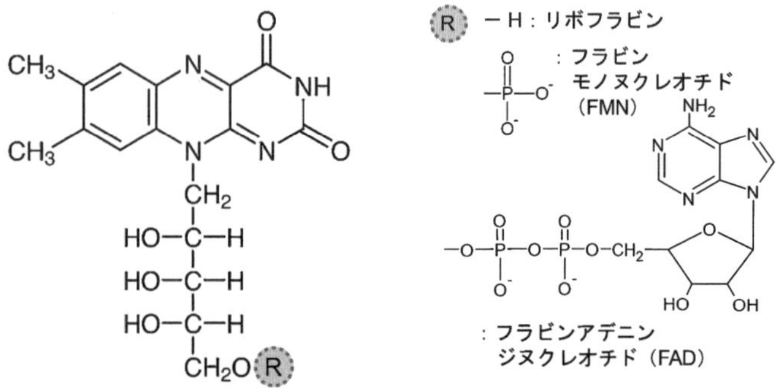

図 2.44　ビタミン B_2 (Riboflavin)の構造

(3) ナイアシン（Niacin）

ナイアシンは，**ニコチンアミド**（nicotinamaide）と**ニコチン酸**（nicotinic acid）があり，補酵素型として**ニコチンアミドアデニンジヌクレオチド**[*1]〔NAD$^+$（酸化型），NADH（還元型）〕，**ニコチンアミドアデニンジヌクレオチドリン酸**[*2]〔NADP$^+$（酸化型），NADPH（還元型）〕が存在する（図2.45）。これらの補酵素型は，体内でエネルギー代謝や酸化還元反応の補酵素として関与している。ナイアシンが欠乏すると，皮膚炎や下痢，認知症を主症状とする**ペラグラ**[*3]が起こる。

動物性食品ではニコチンアミドで存在し，植物性食品ではニコチン酸の形態で存在している。カツオやマグロなどの赤身の魚類，えのきたけや，ひらたけなどに多い。ヒトの体内には，ナイアシンの食品から直接摂取する以外に，ナイアシンの前駆体であるトリプトファン（必須アミノ酸の一種）からの経路がある。トリプトファンの活性は，ナイアシンの1/60とされており，そのため，日本食品標準成分表2025年版では，ナイアシン量（ニコチンアミドとニコチン酸の総量）と，トリプトファンから生合成されるナイアシンを加味した**ナイアイシン当量**[*4]（mg NE）で収載されている。

日本人の食事摂取基準（2025年版）のナイアシンの摂取基準は，ナイアシン当量（mg NE）で示されている（**巻末付表**）。

ナイアシン当量（mg NE）
$$=ナイアシン（mg）+\frac{1}{60}トリプトファン（mg）$$
または
$$=ナイアシン（mg）+たんぱく質（g）×1000×\frac{1}{100}×\frac{1}{60}（mg）$$

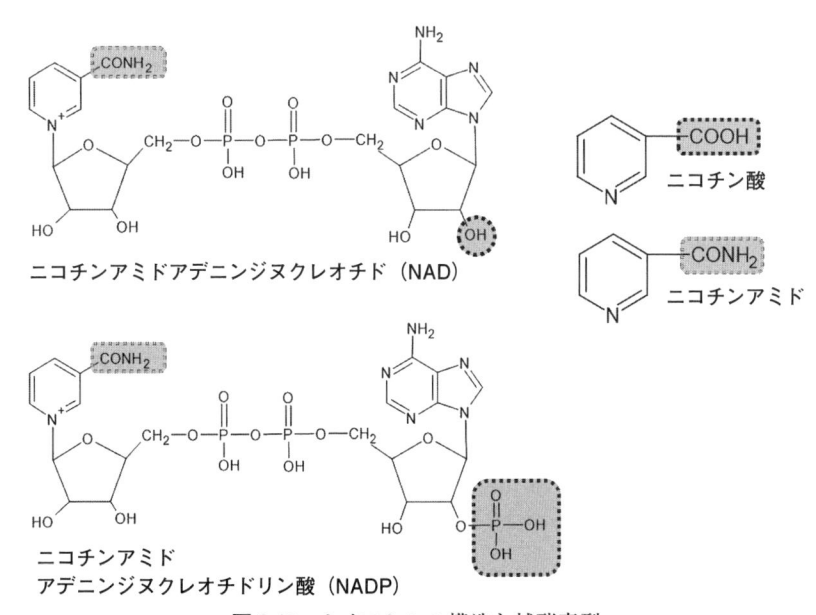

ニコチンアミドアデニンジヌクレオチド（NAD）

ニコチン酸

ニコチンアミド

ニコチンアミドアデニンジヌクレオチドリン酸（NADP）

図2.45　ナイアシンの構造と補酵素型

*1　ニコチンアミドアデニンジヌクレオチド（nicotinamide adenine dinucleotide）

*2　ニコチンアミドアデニンジヌクレオチドリン酸（nicotinamide adenine dinucleotide phosphate）

*3　ペラグラ　ペラグラは，イタリア語で「荒い皮膚（pellagra）」を意味している。症状としては，手の甲や足などの日光の当たりやすいところに，皮膚炎（発赤や水泡）や，消化管出血を伴う下痢，精神神経障害がある。

*4　ナイアイシン当量（mg NE）　ナイアシンは，食品からのナイアシン摂取以外に，生体内でトリプトファンから一部生合成されており，トリプトファンの活性は，ナイアシンの1/60である。そのため，トリプトファンに1/60を乗じた値と，食品中のナイアシン当量の合計をナイアシン当量として設定されている。トリプトファン量が未知の場合は，たんぱく質の1％をトリプトファンとみなして計算する。

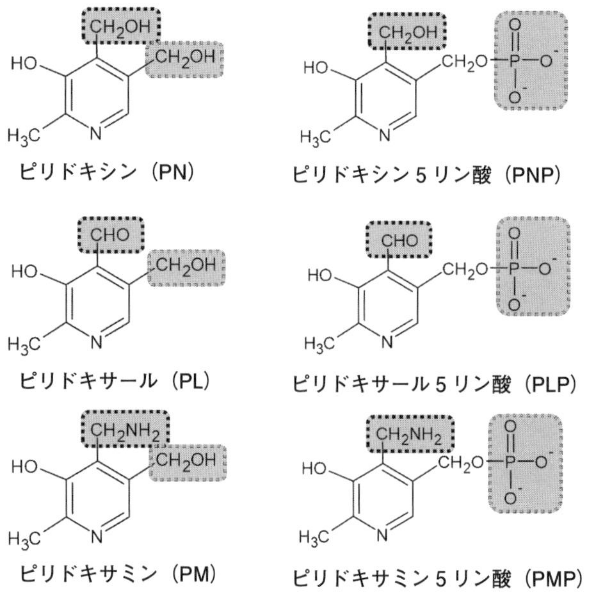

(4) ビタミン B$_6$（Vitamin B$_6$）

ビタミン B$_6$ は，**ピリドキシン**(pyridoxine：PN)，**ピリドキサール**(pyridoxal：PL)，**ピリドキサミン**(pyridoxamine：PM)，これら 3 種のリン酸エステルであるピリドキシン 5' リン酸(pyridoxine 5'-phosphate：PNP)，ピリドキサール 5' リン酸(pyridoxal 5'-phosphate：PMP)，ピリドキサミン 5' リン酸(pyridoxamine 5'-phosphate：PLP)などが存在する(図2.46)。PLP が補酵素として，アミノ基転移反応，脱炭酸反応に関与している。ビタミン B$_6$ が欠乏すると，口内炎，舌炎，神経錯乱，痙攣発作，トリプトファン-メチオニン代謝異常などが起こる。また，ピリドキシン大量摂取によるビタミン B$_6$ 過剰症では，無感覚神経障害が報告されている。

ピリドキシン（PN）　ピリドキシン 5 リン酸（PNP）

ピリドキサール（PL）　ピリドキサール 5 リン酸（PLP）

ピリドキサミン（PM）　ピリドキサミン 5 リン酸（PMP）

図 2.46　ビタミン B$_6$ の構造

　動物性食品では PL と PLP としてたんぱく質に結合した形態で存在しており，植物性食品では PN およびピリドキシン β-グルコシド(PN の糖誘導体)として存在している。レバーやカツオ，マグロ，大豆，ゴマ，クルミなどに多く含まれている。

(5) ビタミン B$_{12}$（Vitamin B$_{12}$）

　ビタミン B$_{12}$ は，**コバルト(Co)**を含有する化合物であり，アデノシルコバラミン(adenosylcobalamin)，メチルコバラミン(methylcobalamin)，スルフィトコバラミン(sulfitocobalamin)，ヒドロコバラミン(hydroxocobalamin)，シアノコバラミン(cyanocobalamin)がある(図2.47)。ビタミン B$_{12}$ は，奇数鎖脂肪酸やアミノ酸(バリン，イソロイシン，トレオニン)の代謝にかかわるメチルマロニル CoA ムターゼの補酵素として関与している。また，葉酸の代謝にかかわるメチオニン合成酵素の補酵素として，DNA の代謝に関与している。ビタミン B$_{12}$ が欠乏すると，巨赤芽球性貧血や末梢神経障害，脊椎障害が起こる。

　ビタミン B$_{12}$ は，微生物により生合成され，食物連鎖により動物の組織に蓄積される。レバーや魚介類に含まれている。一方，藻類を除いた植物には，ほとんど含まれていない。

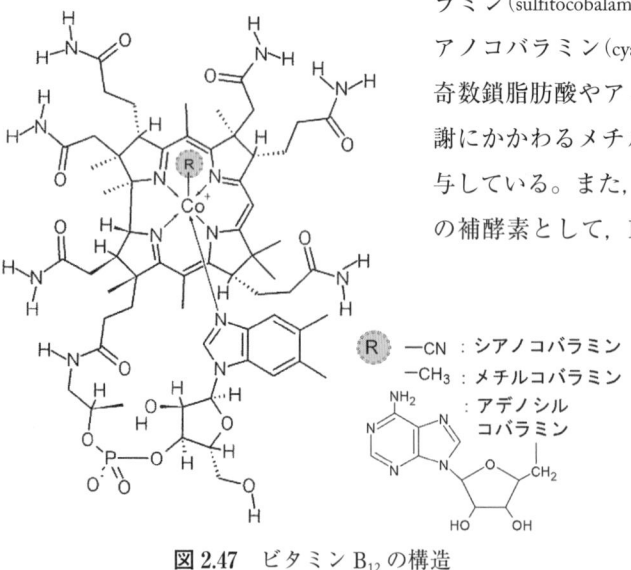

R　—CN：シアノコバラミン
　　—CH$_3$：メチルコバラミン
　　：アデノシルコバラミン

図 2.47　ビタミン B$_{12}$ の構造

出所）日本食事摂取基準 2025 年版

(6) 葉酸（Folic acid）

葉酸は，プテリジン環にパラアミノ安息香酸が結合し，その側鎖にグルタミン酸が 1 つ結合した**プテロイルモノグルタミン酸**（PteGlu：グルタミン酸が 1 個結合した葉酸化合物）が基本骨格である（図 2.48）。

葉酸は，核酸・アミノ酸代謝，たんぱく質合成酵素，造血機能，成長や妊娠の維持に関与している。葉酸が欠乏すると，巨赤芽球性貧血や神経障害が起こる。また妊娠中に葉酸が欠乏すると，胎児における神経管閉鎖障害の発症リスクが高まる。

葉酸は植物性食品に多く含有され，食品中での形態は，グルタミン酸が数個結合した**ポリグルタミン酸型**（**PteGlu_n**）として，酵素たんぱく質と結合した状態で存在している。おもに動物性食品では，レバーや卵黄に含まれ，植物性食品では，ほうれん草や枝豆，キャベツなどに含まれる。一方，サプリメントはプテロイルモノグルタミン酸のみで存在している。

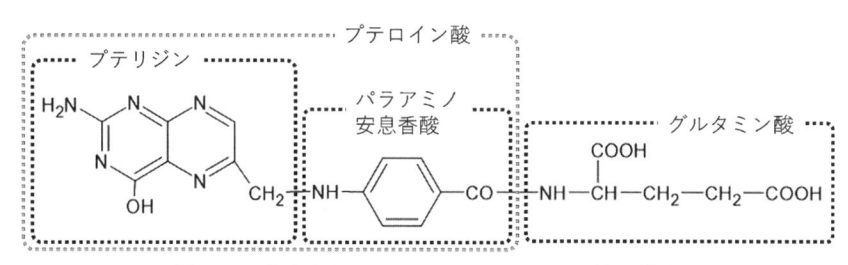

図 2.48 葉酸（プテロイルモノグルタミン酸）の構造

(7) パントテン酸（Pantothenic acid）

パントテン酸は**コエンザイム A**（**補酵素 A：CoA**）の構成成分として，糖および脂質代謝に関与する（図 2.49）。パントテンはギリシャ語で「至るところに」という意味をもち，多くの食品に含まれている。通常の食事摂取において，ヒトにおける欠乏も過剰症もみられない。

動物性食品ではレバーや卵黄に含まれ，植物性食品では納豆や落花生（乾）などに含まれる。

(8) ビオチン（Biotin）

ビオチン（図 2.50）は，糖新生，アミノ酸代謝，脂肪酸合成などのカルボキシラーゼの補酵素として関与している。

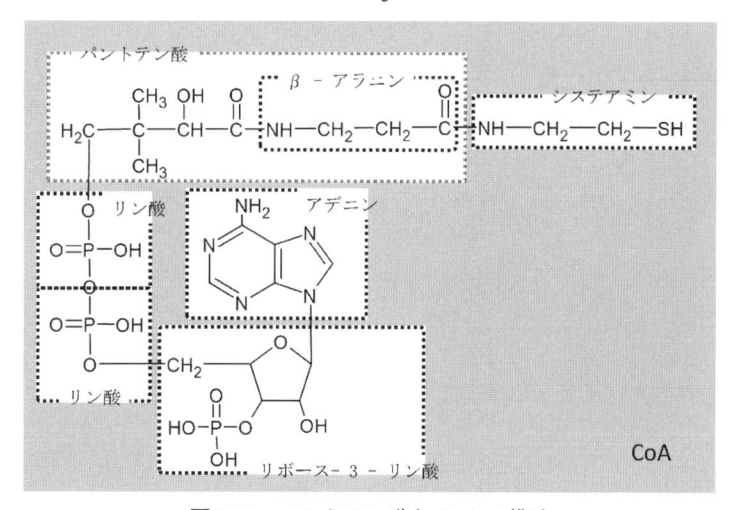

図 2.49 パントテン酸と CoA の構造

コラム2　抗酸化ビタミン

生体に酸化ストレスを与える，活性酸素やフリーラジカルは生体反応や環境要因により生成される。酸化ストレスが増加すると，細胞や遺伝子の障害を受け，がん化や動脈硬化が促進される。一方，生体には活性酸素を代謝する酵素や食品中に含まれる抗酸化物質がある。ビタミンCやビタミンE，カロテンは，自身が酸化されることで，食品や生体の成分の酸化を防ぐ作用（抗酸化作用）をもつため，抗酸化ビタミンと称されている。

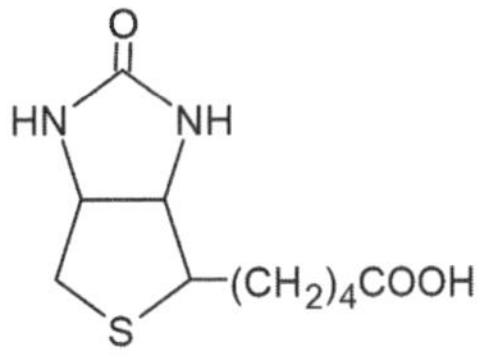

図2.50　ビオチンの構造

＊**アビジン-ビオチン複合体**　卵白に含まれるたんぱく質の1種であるアビジンは，4つのサブユニットをもち，4分子のビオチンと結合する。生卵白の大量摂取は，アビジン-ビオチン複合体により，腸管で吸収されず，ビオチン欠乏を引き起こす。また妊娠期にビオチンが欠乏すると，胎児における催奇形性がみられることが報告されている。妊娠期の生卵摂取はひかえ，卵白を加熱してアビジンを熱変性させてからの摂取が望ましい。

ビオチンは腸内細菌より産生されるため，ほとんど欠乏することはない。しかしながら，ビオチンは生の卵白に含まれるアビジンと強固に結合し，腸管で遊離できず，吸収阻害が起こり欠乏することがある＊。ビオチン欠乏すると，おもに皮膚炎，結膜炎，脱毛，中枢神経系障害がおこる。

動物性食品ではレバーや卵黄に含まれ，植物性食品では大豆(乾)や落花生(乾)などに多い。

(9)　ビタミンC（Vitamin C）

ビタミンCは，**アスコルビン酸**(ascorbic acid：ASA)ともよばれ，還元型のL-アスコルビン酸および酸化型の**L-デヒドロアスコルビン酸**が存在する。生体内でアスコルビン酸は，抗酸化作用やコラーゲン合成，カルニチン合成，コレステロール代謝，生体異物の毒素代謝などに関与している。また，食品の褐変防止や酸化防止剤に使用されている。ビタミンCが欠乏すると，壊血病が起こる。ヒトはビタミンCを合成できないため，毎日食品から摂取する必要がある。植物性食品に豊富に含まれており，じゃがいもやキウイフルーツ，いちご，レモンなどに含まれる。食品に含有されるビタミンCのL-アスコルビン酸(還元型)とL-デヒドロアスコルビン酸(酸化型)の効力については，日本ビタミン学会ビタミンC研究委員会の見解により同等とみなされている。日本食品成分表(八訂)増補2023年では，酸化型および還元型ビタミンCの合計で示されている。

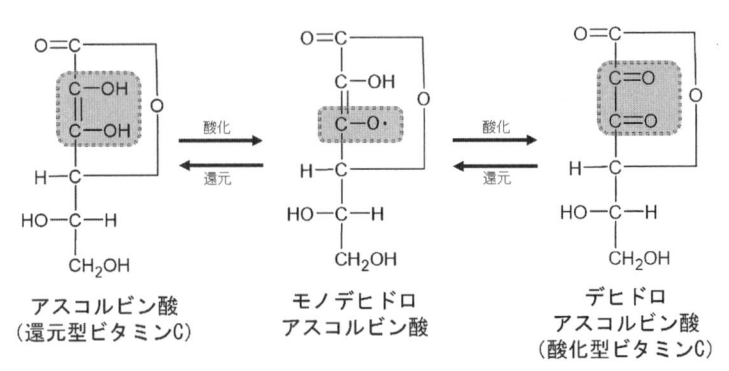

図2.51　ビタミンCの構造と酸化・還元反応

2.6 ミネラル

2.6.1 概　要

ミネラルとは，生体や食品成分のうち燃焼してもほとんどが灰となって残る成分のことである。食品を燃焼させたときに灰となる元素は約 40 種類であり，そのうち約 20 種類に生体にとっての必須性が明らかにされている。重要なミネラルは，必要量に応じて大きく「**多量ミネラル**(成人の必要量が一日 100 mg 以上)」と「**微量ミネラル**(成人の必要量が一日 100 mg 以下)」に分けられる。

日本人の食事摂取基準(2025 年版)では，以下 13 種のミネラルが対象となっており，目安量，推奨量，耐用上限量などが策定されている(巻末付表)。

なお，ナトリウムとカリウムはそれぞれ目標量が設定されている。

微量ミネラル	多量ミネラル
鉄(Fe)，亜鉛(Zn)，銅(Cu)，マンガン(Mn)，ヨウ素(I)，セレン(Se)，クロム(Cr)，モリブデン(Mo)	ナトリウム(Na)，カリウム(K)，カルシウム(Ca)，マグネシウム(Mg)，リン(P)

2.6.2 必須元素の定義

必須元素とは，表 2.15 の三条件をすべて満たしたものが，完全な必須元素であるとみなされ，少なくとも 2 つの条件を満たした元素は，広義の必須元素として考えられている。

表 2.15　必須元素の定義

①	ある元素を体内に取り入れる量が低下すると，重大な生理機能障害が現れ，時には死に至る。
②	ある元素を体内に取り入れると，他の元素や方法では見られない特有の効果や改善がみられる。
③	ある元素を含む酵素やたんぱく質を，生体や組織から取り出すことができる。

2.6.3 生体内元素濃度

アミノ酸，たんぱく質，核酸，脂肪，糖など体を構成する有機分子に利用されている元素は，水素(H)，炭素(C)，窒素(N)，酸素(O)，リン(P)，カルシウム(Ca)の 6 種類である。これらの元素は体内濃度が体重 1 kg あたり 10 g 以上を占めており**多量元素**とよばれる。この 6 種類の元素を合計すると人体内での存在量は 98.5 % 程度になる。次に多い元素は，ナトリウム(Na)，マグネシウム(Mg)，硫黄(S)，塩素(Cl)，カリウム(K)であり，これらは体重 1 kg あたり 1.0 ～ 2.5 g を占め少量元素とよばれる。S は含硫アミノ酸を構成する元素であり，ナトリウム(Na)，マグネシウム(Mg)，K (カリウム)，塩素(Cl)の元素はイオン化しやすく細胞の浸透圧の維持・調節などに関与している。これらの多量元素と少量元素を併せると人体内での存在量は 99.3 % 程度となる。

残りの 0.7 % が**微量元素**と**超微量元素**であり，ケイ素(Si)，フッ素(F)，マンガン(Mn)，鉄(Fe)，銅(Cu)，亜鉛(Zn)，ルビジウム(Rb)，ストロンチウム(Sr)，臭素(Br)，鉛(Pb)は，体重 1 kg あたり 1.0 ～ 100 mg 程度存在しており微量元素とよばれる。超微量元素はそれ以下の存在量であり，アルミニウム(Al)，カドミウム(Cd)，錫(Sn)，バリウム(Ba)，水銀(Hg)，セレン(Se)，ヨウ素(I)，モリブデン(Mo)，ニッケル(Ni)，ケイ素(Si)，クロム(Cr)，ヒ素(As)，コバルト(Co)，バナジウム(V)などがある。これら微量元素や超微量元素の中で，生命にとって必須性のある金属元素のことを，**必須微量ミネラル**とよび，現在諸説混在している面もあるが，鉄(Fe)，亜鉛(Zn)，マンガン(Mn)，銅(Cu)，モリブデン(Mo)，クロム(Cr)，セレン(Se；半金属)の 7 種類が該当するといわれている。これらの必須微量ミネラルは，生体にとって不足すると，欠乏症を発症する。

2.6.4　ミネラルの元素間相互作用

生体必須元素同士が相互作用して，お互いの作用を強めたり弱めたりする元素間相互作用という現象がミネラル間では起こりうる(**表2.16**)。相互作用のため活性や栄養価が変わることがあるため，注意が必要である。

表 2.16　元素間相互作用の例

① 消化管内での吸収阻害・利用阻害 ・亜鉛の摂取が銅の吸収を阻害(腸管からの銅の吸収抑制)するなど
② 生体内での複合体形成 ・無機水銀イオンの毒性をセレンは軽減させたなど(回遊魚のマグロには高濃度の水銀が存在するにもかかわらず，水銀中毒が現れず同濃度のセレンが存在していた)
③ 金属酵素の中心金属の置換 ・カルボキシペプチダーゼの亜鉛がコバルトに変わると活性増加など

2.6.5　ミネラルのはたらき

ミネラルには多種多様なはたらきがあるが一般的な生理機能は以下の大きく 4 つに分けられる。① 硬組織の構成材料となるもの，② 軟組織の構成材料となるもの，③ 生体機能の調整作用に寄与するもの，④ 酵素反応やホルモンの活性化物質となるものである。

①骨や歯を構成する主成分として用いられている場合で，組織に強さや固さ，耐久性などを与える。マグネシウム(Mg)，リン(P)，カルシム(Ca)など

②たんぱく質などの有機化合物と結合して，筋肉，皮膚，血液，臓器，神経などの固形分を構成する。リン，硫黄，カリウム，鉄，など

③体液中に溶解してイオンとして存在し，神経線維の感受性，細胞膜透過性，筋肉の収縮，消化酵素への必要塩類の供給，血液や体液の酸・

　必須微量ミネラルは不足すると欠乏症を引き起こし，過剰摂取すると有害作用を示す。特に遊離の鉄や銅イオンは細胞障害をもたらすため，濃度を厳密に制御する必要がある。そのために，輸送にかかわる**トランスポーター**が重要な役割を演じている。

　鉄では欠乏症と過剰症がともによく知られているが，特に「欠乏状態」にあることが世界的な問題であり，本国においても若年女性の貧血頻度が欧米諸国より高いことが知られている。一方，サプリメント等からの鉄（Fe）摂取量が高いほど，また，摂取期間が長くなるほど，死亡リスクハザード比が高くなるという調査も，米国女性を対象とした研究から報告されている。鉄の生体への吸収メカニズムはここ10〜20年の間に解明されてきた。小腸上皮細胞頂端膜に存在するDMT1（Divalent metal transporter）は1997年に見いだされ，細胞内に金属を取り込む有名な輸送体（トランスポーター）の1つである（図）。

　食事中の鉄は，多くの場合3価（Fe^{3+}）の形態で存在しているが，DMT1は2価金属のトランスポーターであるため，2価（Fe^{2+}）の形態に変換する必要がある。そのため，小腸上皮では，ビタミンCや鉄還元酵素（Dcytb；Duodenum cytoshrome b）によってFe^{2+}に還元されてから吸収される。DMT1は，小腸上部に多く発現し，鉄欠乏状態でその発現量は増加し，鉄を細胞内に積極的に取り込む。DMT1以外にも，FeのトランスポーターとしてはFpn（フェロポルチン）が重要な役割を果たしている。このFpnはDMT1と異なり，鉄の移出に関与する。つまり，Fpnは基底膜側にあり，頂端膜側にあるDMT1から取り込まれたFeを排出するようにはたらく。この一方向のFeの流れが生体への吸収を担っているといえる。これらのDMT1やFpnは非ヘムFeの吸収に必須の役割を示しているが，食事中に多く含まれるヘム鉄の吸収はHCP-1（ヘムキャリアーたんぱく質）を介した別経路で吸収されるという説もある。また，DMT1はFe以外にマンガン，コバルト，銅，亜鉛，カドミウム，鉛なども輸送している。

　銅は亜鉛とともに，2004年3月に厚生労働省によって「栄養機能食品」として表示ができる栄養成分として定められている。産後1か月くらいまでの母乳には，45 µg/100 mL程度の銅（Cu）が含まれており，このことが粉ミルクにCuが添加される根拠となっている。銅（Cu）の生体への取り込みにはCtr1（copper transporter 1；Cu取り込みトランスポーター1）とCu輸送トランスポーターであるATP7AやATP7Bが主に

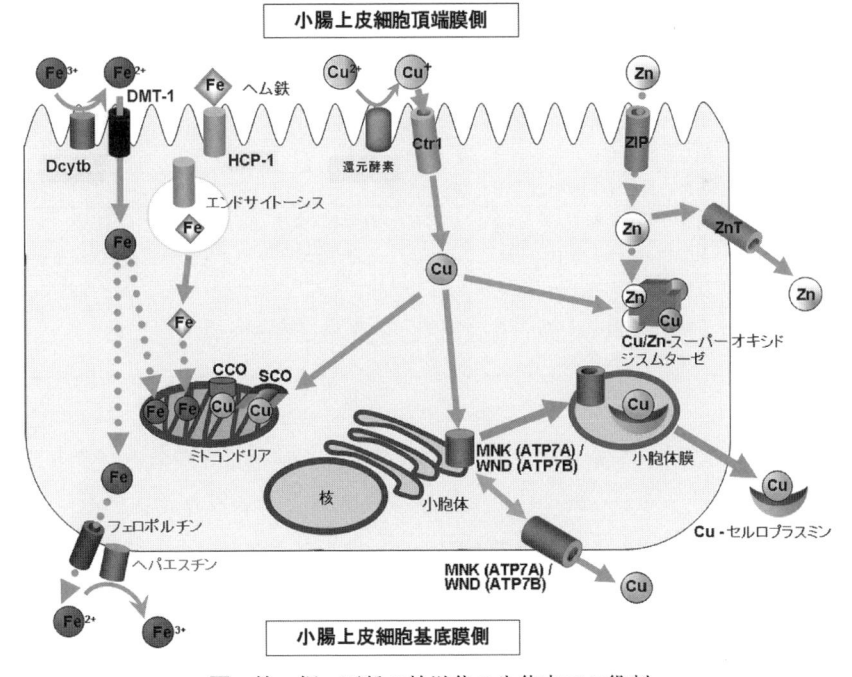

図　鉄・銅・亜鉛の輸送体の生体内での役割

関与している（**図**）。小腸上皮細胞頂端膜から食事由来の銅をとりこむのが Ctr1 であり，Ctr1 は Cu^+ を輸送するため，食事成分由来の Cu^{2+} は，還元酵素により Cu^+ に変換される必要があり，Fe 還元酵素の Dcytb（Duodenal cytochrome b561）などがその役割を担っていると考えられている。小腸上皮細胞基底膜から門脈側への銅（Cu）の排出には ATP7A が必須の役割を担っており，この ATP7A を介して Cu^+ は門脈側に輸送される。ATP7B は肝臓のゴルジ体などに存在し，肝臓から胆汁中への銅の排出にかかわっており，活性型セルロプラスミンたんぱく質の合成過程における銅の受け渡しにも関与しているといわれている。

亜鉛はわが国では男女とも摂取量が不足している微量元素である。細胞質内の亜鉛濃度を上昇させるものは ZIP ファミリー，低下させるものは ZnT ファミリーとよばれており，金属のトランスポーターの中では圧倒的に多い。ほ乳類では，Zip（Zrt-, Irt-like protein）は 14 種類，ZnT（Zinc transporter）は 9 種類存在し，組織特異的に機能している。この中で，食物の吸収に直結する消化管に存在する Zn トランスポーターは，ZIP4 と ZnT1 が中心的な役割を担っている。小腸上皮細胞頂端膜に特異的に局在する ZIP4 は，その発現量が体内の Zn 濃度に応じて厳密に制御されており，亜鉛欠乏時にはその発現量が増加する。さらに，Zn が十分量存在しているときには，ZIP4 は速やかに分解され，この分解が Zn の過剰な吸収を防ぐものと考えられている。

小腸上皮細胞に取り込まれた亜鉛は，基底膜上に存在する ZnT1 を介して門脈側に輸送され，その後末梢組織に運ばれ，この ZnT1 は生物の発生過程において必要不可欠なトランスポーターであるといわれている。1983 年には人工乳を与えられた乳幼児に腸性肢端皮膚炎などの亜鉛欠乏症が認められたが，この腸性肢端皮膚炎には先天性のものがあり，それは ZIP4 遺伝子の変異により小腸からの亜鉛吸収が抑制されて起こることが原因であった。また，比較的稀であるが，亜鉛含有量が著しく少ない母乳を出す母親がおり，そのような母親は乳腺細胞から乳汁への亜鉛分泌をつかさどっている亜鉛トランスポーターである ZnT4 遺伝子の異常症である。

表 2.17　代表的なミネラルと高含有食品

ミネラル	食品
カルシウム	干しエビ，干しひじき，ごま，煮干し，プロセスチーズ
マグネシウム	干しひじき，干しエビ，らっかせい，ごま，カシューナッツ，するめ，納豆
リン	するめ，プロセスチーズ，煮干し，ししゃも
モリブデン	納豆，豚レバー，牛レバー，鶏レバー，大豆
マンガン	いたや貝，干しずいき，干しがき，くり
鉄	あさり佃煮，豚レバー，鶏レバー，かつお角煮，煮干し，馬肉，納豆，小松菜，えだまめ
銅	牛レバー，干しエビ，しゃこ，いいだこ，ほたるいか，フォアグラ，カシューナッツ，ソラマメ
亜鉛	牡蠣，豚レバー，カシューナッツ，スルメ，たらこ，牛レバー，鶏レバー，豚肩ロース，うなぎ蒲焼
セレン	まがれい，豚レバー，鶏レバー，イワシ，牡蠣，わかさぎ，牛リブロース
ヨウ素	まこんぶ，乾燥わかめ，いわし，かつお，まさば

アルカリ平衡の維持，浸透圧の調節などを行う。ナトリウム，マグネシウム，リン，塩素，カリウム，カルシウムなど

④ ミネラル単独あるいはビタミンなどと結合して酵素反応の活性化物質となったり，甲状腺ホルモンの構成成分となり，生命活動の調節などを行う。マグネシウム，マンガン，鉄，コバルト，銅，亜鉛，セレン，ヨウ素など

代表的なミネラル含有の食品を**表 2.17** に示し，それぞれのミネラルについての特徴を以下に示す。

2.6.6 多量ミネラル

(1) ナトリウム（Na）

体内の約 50 % の**ナトリウム**は，重炭酸塩，リン酸塩，塩素と結合し，細胞外液中に存在している。細胞外液の浸透圧の維持，筋肉の収縮，神経の刺激感受性，水分代謝，酸・アルカリ平衡などに関与している。化学的には，アルカリ金属に属する金属で反応性が高い。

最も身近なナトリウムを含む物質は食塩（塩化ナトリウム）である。食塩相当量(g)としては，ナトリウムの重さ(g)に 2.54 を乗じた数値を用いる。一日 1 g 前後が最小必要量と言われているが，激しい労働や発汗の多い場合などは必要量は増加する。食塩を摂取した場合，体内ではナトリウムイオンとして，体液や細胞の浸透圧を一定に保ったり，神経や筋肉の働きを調整したりしている。

ナトリウムの過剰摂取は，本来細胞外にあるナトリウムが細胞中に入り込むことになり，その時同時に水を細胞中に入れてしまうため，むくみの原因となる[*1]（**巻末付表**）。

(2) カリウム（K）

大部分が細胞内液に存在しており，細胞外液にはきわめて少ししか存在しない。カリウム(K)の作用は細胞内液の浸透圧維持，酸・アルカリ平衡の維持，筋肉の収縮などが主たる内容である。**カリウム**はイモ類，肉類，野菜，果物など日常摂取する食物に十分含まれているので不足することはほとんどないが，ナトリウム(Na)の摂取量が多いと，カリウムの尿中排泄量が増加することがある。一方，カリウムには体内で過剰となったナトリウムの排出を促進し，体内のナトリウム量を下げる働きがある。一般に Na ／ K の摂取比率は 2 以下が適正であるとされている[*2]（**巻末付表**）。

(3) カルシウム（Ca）

体重の 1 〜 2 % を占めるミネラルで，その 99 % は骨や歯に存在する。骨では，リン酸カルシウム（$Ca_3(PO_4)_2$）と水酸化カルシウム（$Ca(OH)_2$）の複合体である**ヒドロキシアパタイト**（$Ca_{10}(PO_4)_6(OH)_2$）として骨重量の約 40 % を占めている。食物のカルシウム吸収は，その吸収効率よりも摂取量の絶対量に大きく影響する。牛乳・乳製品・穀物を含めた大部分の食物からの吸収率には大きな差はない。一方，シュウ酸やフィチン酸を含んだ食べ物は吸収率が低くなる。**カルシウム**の過剰摂取により泌尿器系の結石，ミルクアルカリ症候群などがみられる[*3]。

(4) マグネシウム (Mg)

生体内の物質代謝に重要な役割を示すミネラルで成人の体内には約25 g程度存在しており，約60 %がリン酸マグネシウム$(Mg_3(PO_4)_2)$として骨や歯に存在している。残りは筋肉やその他組織，血液中に存在し，エネルギー産生や代謝調節などにおいて重要な役割を担っている。さらに**マグネシウム**は酵素の成分や酵素反応の補酵素として体内の少なくとも300種以上の酵素とかかわりをもっている。

食品中では**クロロフィル**の構成成分として藻類や緑色野菜に多く含まれるほか，魚介類にも含まれている。主に小腸上部から吸収される。マグネシウムの過剰摂取はカルシウムの排泄量を増やすため，カルシウムとマグネシウムの比は2：1程度が望ましいとされている。マグネシウムの欠乏は，虚血性心疾患，神経疾患，精神疾患，不整脈などを引き起こす。

(5) リン (P)

主にリン酸カルシウムとして約85 %がカルシウム塩とともに骨や歯に存在するが，残りの約15 %は細胞内や血液中にある核酸，リン脂質，ATPなど重要な化合物の構成要素として，筋肉その他の組織に含まれている。主な作用として血液などの酸・アルカリの平衡浸透圧の調整，筋肉の収縮などに関与している。吸収はカルシウム量に依存し，成長期，妊娠時，授乳期では，摂取するカルシウムと**リン**の比が1：1の時に最もよく吸収される。リンの過剰摂取はカルシウムと腸内で結合しリン酸カルシウムという不溶性の塩となりカルシウム欠乏を誘発する。農作物の肥料などにも含まれている。

(6) 塩素 (Cl)

最も身近な**塩素**を含む物質は**食塩**(塩化ナトリウム)である。強い酸化力と殺菌力を有しており，食器の漂白剤や飲用水の消毒剤として使用されている。ナトリウムイオンとともに細胞外液の酸塩基平衡，浸透圧調節，体液平衡の役割を担っている。

2.6.7 微量ミネラル

(1) 鉄 (Fe)

体内に4〜5 g存在し，特に赤血球に多く存在しており，**ヘモグロビン**(約65 %)や筋肉の**ミオグロビン**(約5 %)の構成成分で酸素の運搬，保持に関与する。ヘモグロビンに含まれている**鉄**は，酸素の豊富な場所では酸素と結合し，酸素の少ない場所では酸素を放す性質がある。この性質を利用して，鉄は肺から取り入れた酸素を末梢へ運んでいく。消化管から吸収された鉄(Fe)は**トランスフェリン**と結合し，血液循環にそって各臓器へ移行し，造血に関係する臓器に分布しているものが多い。さらに，**チトクローム**や**カタラーゼ**などの酵素の構成成分あるいは活性化因子として機能鉄の役割も示す。吸収された

鉄はアポフェリチンと結合して**フェリチン**の形で貯蔵鉄として細胞内に貯蔵される。

食品中の鉄は動物性食品に多く含まれている**ヘム鉄**と植物性食品に多く含まれている**非ヘム鉄**として存在している。ヘム鉄はそのままの形で取り込まれ吸収率は 20 ～ 40 ％程度である。非ヘム鉄はアスコルビン酸で還元され，二価鉄(Fe^{2+})になり吸収される[*1]。

鉄は酸化しやすいことも特徴である。鉄(Fe)は日常生活の多くの場面で利用されている[*2]。

(2) 亜鉛 (Zn)

骨や筋肉に貯蔵されている量が多く，ほとんどすべての細胞にも存在し，200 種類以上の酵素の構成成分として機能し，その酵素の安定化や活性化に関与している。代表的な亜鉛含有酵素としては，**スーパーオキシドジスムターゼ(SOD)**，DNA ポリメラーゼ，RNA ポリメラーゼ，アルコール脱水素酵素，カルボニックアンヒドラーゼ，アルカリフォスファターゼなどがある。臓器中で最も濃度が高いのは前立腺であり，骨，腎臓，筋肉，肝臓の順に低くなっている。**亜鉛**は鉄と同様に胆汁として排泄されるが再吸収される。また，尿中への亜鉛排泄量は，鉄や銅，マンガンなどの他の微量元素と比較すると多く，0.2 ～0.6 mg/日であり，男性より女性の方が多い[*3]。亜鉛(Zn)を測定するには特に注意が必要である[*4]。

(3) 銅 (Cu)

生体には 200 mg 以下しか存在しないミネラルであるが，酸化還元反応を触媒する酵素の活性中心を構成している。大部分は肝臓に存在しており，脳や筋肉にも含まれている。肝臓に取り込まれた銅は，ミトコンドリア，ミクロゾーム，核，可溶性画分に取り込まれ，肝臓中の銅は胆汁中に分泌され，胆管経路を経て排泄される。分布としては肝臓と腎臓に多い。**スーパーオキシドジスムターゼ(SOD)**，**セルロプラスミン**，シトクロム C オキシダーゼ，チロシナーゼなどの構成成分として，生体内のさまざまな反応に関与する。セルロプラスミンは生体内で鉄の吸収に関与しているため，欠乏すると貧血を引き起こすことが知られており，乳児は**銅**の必要量が高いので，乳中の銅含量が低いと欠乏症になりやすい。そのため，乳児用の調製粉乳中には銅が添加されている[*5]。銅(Cu)は日常生活の多くの場面で利用されている[*6]。

(4) マンガン (Mn)

肝臓の中にあるミトコンドリアに多く含まれ，ピルビン酸カルボキシラーゼや**スーパーオキシドジスムターゼ**の構成因子として必須性が報告されている。**マンガン**はトランスフェリンと結合し血液循環にそって各臓器に輸送される。体循環に入ったマンガンは肝臓に多く取り込まれ胆汁中に分泌され糞便に排

*5 ～ 6 は 78 ページ参照

泄される。組織内分布としては，肝臓，腎臓，脳下垂体，甲状腺などに多く存在する。食品中のマンガンは動物性食品には少なく，植物性食品が主な供給源となる。つまり，マンガンは植物性たんぱく質を用いた粉ミルクには含まれるが，動物性のたんぱく質を用いた粉ミルクや母乳にはほとんど含まれない。[*1]

(5) ヨウ素 (I)

人体内の**ヨウ素**の約70％は甲状腺に存在し，**甲状腺ホルモン**(チロキシン(1分子にヨウ素4個：T4)と**トリヨードチロニン**(1分子にヨウ素3個：T3))の構成要素として生体内で作用する。ヨウ素が不足すると，甲状腺障害などの原因となる。ヨウ素の不足地域では，食塩にヨウ素を添加することにより，ヨウ素不足により引き起こされる甲状腺腫を予防する取り組みも実施されている。世界的には大陸の内部地域でヨウ素の欠乏症が大きく問題になるが，日本では海産物の摂取が多いため，この摂取量によりヨウ素の摂取量は大きく左右されるが欠乏症はほとんど見られない。[*2]

(6) セレン (Se)

グルタチオンペルオキシダーゼの活性中心を構成しており重要な抗酸化因子の1つである。セレンを含み肝臓から分泌されるホルモンである**セレノプロテインP**(SeP)が活性酸素を消去できることも明らかとなり生体内での必須性がより明確になってきている。食品中の多くは，セレノメチオニンやセレノシスチンなどの含セレンアミノ酸の形態で存在している。**セレン**をほとんど含有していない特殊ミルクや治療乳や，静脈栄養施行時に使用する高カロリー輸液用微量元素製剤にはセレンが含まれていないため，これらを使用しているときにはセレンの欠乏に注意が必要である。欠乏症は，低セレン地域である中国の一部の地域で発生した心臓疾患(克山病)がセレン欠乏が主たる原因として起こることが報告されている。他にも，筋肉痛・歩行困難，爪床部白色変化なども欠乏症の症状である。

(7) クロム (Cr)

三価と六価の価数のものが存在し，栄養素としては三価のクロムが糖代謝や脂質代謝に関与することが知られている。食品中には，**三価クロム**として，ラッカセイなどの豆類や玄米に多く含まれている。欠乏症として，耐糖能異常・体重減少，末梢神経障害・代謝性意識障害，窒素平衡の異常が知られているが，完全静脈栄養を長期間行った時以外は，ほとんど生じることはない。**クロム**の毒性は**六価クロム**が原因である。

(8) モリブデン (Mo)

キサンチンオキシダーゼ，**アルデヒドオキシダーゼ**，**亜硫酸オキシダーゼ**などの酵素の補酵素であり，尿酸代謝に関与する。臓器で最も濃度が高いのは肝

臓で次いで副腎，骨などとなっている。欠乏症として，頻脈・多呼吸・頭痛・嘔吐・嘔気，夜盲症・中心暗点などが報告されている。

(9) コバルト（Co）

ビタミン B_{12} を構成する元素の1つである。ビタミン B_{12} は赤色をしているが，これはビタミン B_{12} に含まれるコバルトが赤色であるためと言われている。赤血球に含まれるヘモグロビンを生成するほか，神経の機能を正常に保つなどの働きがある。**コバルト**は骨髄で血液をつくる上で必要不可欠な成分であるため，不足すると貧血を引き起こすほか，食欲不振，消化不良，手足のしびれなどの症状が現れる。

(10) フッ素（F）

骨と歯の形成に関与している。フッ素コーティングされた歯は虫歯になりにくいこともわかっている。本国では1歳6か月児と3歳児健康診査受診者のうち，希望者に対し歯へのフッ素塗布を行っている市町村もある。身近なところでは，フッ素樹脂の熱に強く水や油をはじく性質を利用し，その樹脂をコーティングした鍋やフライパンも知られている。

2.7　水　　分

2.7.1　水の性質

水は栄養素ではないが，大変身近で，かつ，なくてはならないものである。日本語には，「水が合わない」，「湯水のように使う」など，「水」を使った言葉も多く，われわれは液体といえば水を思い浮かべるほど液体の代表のように思いがちだが，水は液体の中では特殊な物質である。水分子と同じ分子量の物質には，メタンやアンモニア，窒素，酸素などがあるが，いずれも常温では気体である。

水の特徴としては，**比熱**[*1]が大きい，**蒸発熱**[*2]が大きい，物を溶かす，表面張力が大きい，固体の方が液体より軽いなどがあげられる。

水は私たちの日常において，氷・水・水蒸気の3つの状態を示す物質である。このような物質は水以外にない[*3]。普段は液体で存在している「水」は，0℃以下になると「氷」という名の個体に姿を変え，100℃以上になると「水蒸気」と呼ばれる気体となる（図2.52）。自然界にある物質の多くは，温度が上昇すると膨張して体積が膨らみ，分子同士の密度が小さくなる。しかし水は4℃（正確には3.98℃）のときに分子同士が集まって，密度が最も大きくなる，という不思議な性質をもっている。分子同士の密度は4℃を超えると再び小さくなっていき，他の物質と同様に体積が膨張し，1気圧の環境下で100℃以上になると，膨張

*1　**比熱**　ある物質1gの温度を1℃上げるのに必要な熱量。

*2　**蒸発熱**　ある物質が蒸発するときに吸収する熱量

*3　地球上の水の総量は，14億立方キロメートルと推計されているが，そのうち塩水が97.5パーセントを占めていることなどにより，全体のわずか数パーセントが淡水の液体の水として，湖沼，河川などの形でわれわれの周りにあるにすぎない。それを利用しながら人間の生活が営まれており，また，生き物の生命が維持されている。

また，地球上では，毎年40兆トンの海水が，太陽を熱源として，淡水化されて陸地に運ばれ，また，陸からは，75兆トンの水が蒸発して雲となってもう一度雨や雪として降ってくる。その過程で，陸地の汚れた水も，一度水蒸気となることできれいになる。また，大気中にある汚れを溶かして降ってくるため，大気を浄化する機能もある。

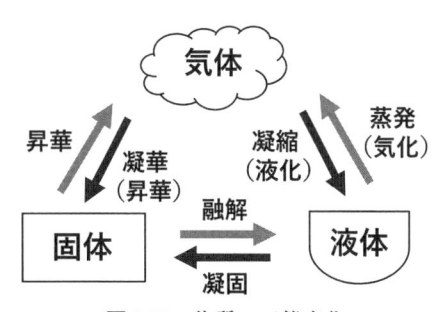

図2.52　物質の三態変化

した水分子は水蒸気となって空気中を激しく動き回る。

水分子(H_2O)は1つだけでは液体にはなれず，いくつもの分子がお互いに引きあったり離れたりすることで，形を保つことのない液体という状態になっている。液体状である水には「さまざまな物質を溶かしやすい」という特徴がある。空から降り注ぐ雨はもともと無味無臭であるが，空気中に漂っている成分や染み込んでいく土壌によって硬度(カルシウムやマグネシウムなどの金属イオンの濃度)や溶存イオンが変化し，水のおいしさと関係している。

2.7.2 水分子の構造

水の分子は，分子式からわかるとおり水素原子2つと酸素原子1つが結合してできており，酸素を頂点とした二等辺三角形の構造をしている(図2.53)。水素と酸素の間の結合においては，2つの原子が1つずつの価電子を互いに共有し合うことによってできる共有結合によりつながっている。

この水分子が液体になるためには，水分子がたくさん連なりネットワークを構成することが必要である。単独で存在する水分子は少なく，互いに結び合って三次元の網のような構造を有している。物質を構成する分子と分子がつながる力にはいろいろな種類があるが，水分子の場合は酸素側がマイナスの電荷，水素側がプラスの電荷をもつようになり，正負で引き合う電気的な力によって結合する。この結合により，水分子間がつながり，水分子の集合(クラスター)が形成され，常温の水では，5〜6個から十数個の分子がクラスターを形成している。

このように，プラスとマイナスの電気的偏りが対になっているものを双極子とよぶ(図2.54)。水分子は通常の状態で双極子で存在している。その理由は，酸素の**電気陰性度**が3.5，水素の電気陰性度が2.1であり，酸素が電子を引き寄せて$\delta -$に，水素が電子を引っ張られて$\delta +$になるためである。そして水素は，水素の電気陰性度より大きくかつ水素に電子を提供できる非共有電子対をもつ原子との間で水素結合を形成することができるようになる。つまりO(電気陰性度が3.5)やN(電気陰性度が3.0)はHより電気陰性度が大きい

＊自然界にある物質で液体・個体・気体すべての状態(三態)に変化する様子を見るには，超高温や超低温，超高圧等の特別な条件が必要であり，塩化ナトリウム(塩)では800℃で液体となり，1,400℃まで温度を上げないと気体にならないことがわかっている。

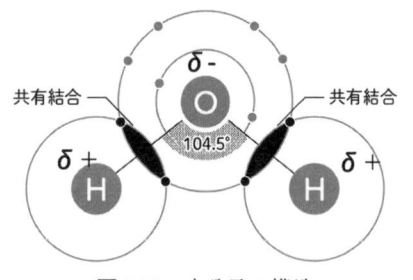

図 2.53　水分子の構造

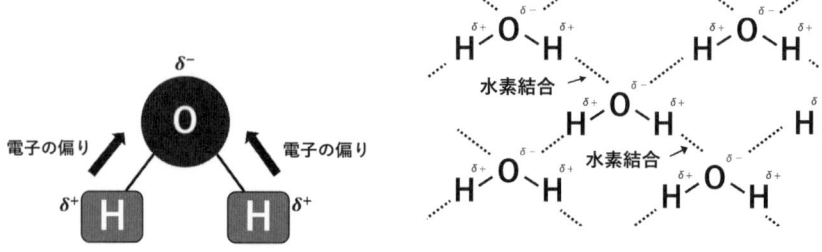

図 2.54　水分子の極性と水素結合

ため，水を間に挟んだ**水素結合**を形成しやすい特徴がある（図 2.54）。例えばアルコール類や糖類のヒドロキシ基，アミノ酸のアミノ基，脂肪酸のカルボキシ基の酸素などは水と水素結合を形成しやすくなる。

水にはさまざまな性質があるが，水の重要なはたらきの 1 つはものを溶かす性質である。溶かすものを**溶媒**，溶かされるものを**溶質**とよび，溶媒が水のものは水溶液と呼ばれる。食塩水は水が溶媒であり，食塩（塩化ナトリウム）が溶質である。空気のような気体，アルコールのような液体が溶質になることもある。

溶質の中には溶媒に溶けにくい，あるいはまったく溶けないものもある。たとえば水と油の関係である。水に溶けるものは油に溶けず，油に溶けるものは水に溶けない，という関係があるが，この理由は「似たものは似たものを溶かす」という格言にも由来する。食塩やアミノ酸が水に溶けるのは，前者は水中で分子内にプラスの部分とマイナスの部分に分かれるためであり，後者はアミノ酸が 1 つの分子内でプラスとマイナスの部分の両方をもつ極性分子であるためである。砂糖（スクロース）が水に溶けるのは砂糖が水の部分構造でもあるヒドロキシ基（OH 基）を多くもっているためである。分子中のほとんどが炭素と水素からなる脂肪酸（油脂）は，極性分子でもなくヒドロキシ基ももっているわけではないので，水には溶けない。

このような水と油のように混ざらないものでも，仲介役の乳化剤が存在すると混ざるようになる。水になじむ性質を**親水性**，油になじむ性質を**親油性**（疎水性）といい，これらを混ぜるためには，分子内に親水性と疎水性の両方の性質をもつ物質（界面活性剤）を一緒に入れて混合する必要がある。この時に水の中に油の粒が分散した状態（水中油滴型，O/W 型）と，油の中に水の粒が分散した状態（油中水滴型，W/O 型）の 2 つの状態を形成することができ，この混ざったものをエマルションとよぶ（159 ページ，6.1.2 参照）。

以上のことから，溶質が溶媒に溶けるという溶解の条件は，極性を有していたり，一分子ずつにバラバラになっていたり，もしくは溶媒和している状態であるということである。**溶媒和**とは，溶質分子が周りを溶媒分子に囲まれている状態のことであり，溶媒が水の場合には**水和**と呼ばれる（図 2.55）。また，分子間力には水素結合以外にも，**ファンデルワールス力**，**疎水性相互作**[*1]**用**，**ππスタッキング**[*3] などがある。

2.7.3　人間は水でできている

人体は 37 兆を超える細胞から成り立っている。体内の水は，大きく細胞内液と細胞外液に分けられ，細胞内に存在する細胞内液は，体内水分の約 3 分の 2 をしめている。体内の水分量は，胎児で体重の約 90 %，新生児で約 75 %，子どもで約 70 %，成人では約 60 %，老人では約 50 %であり，たと

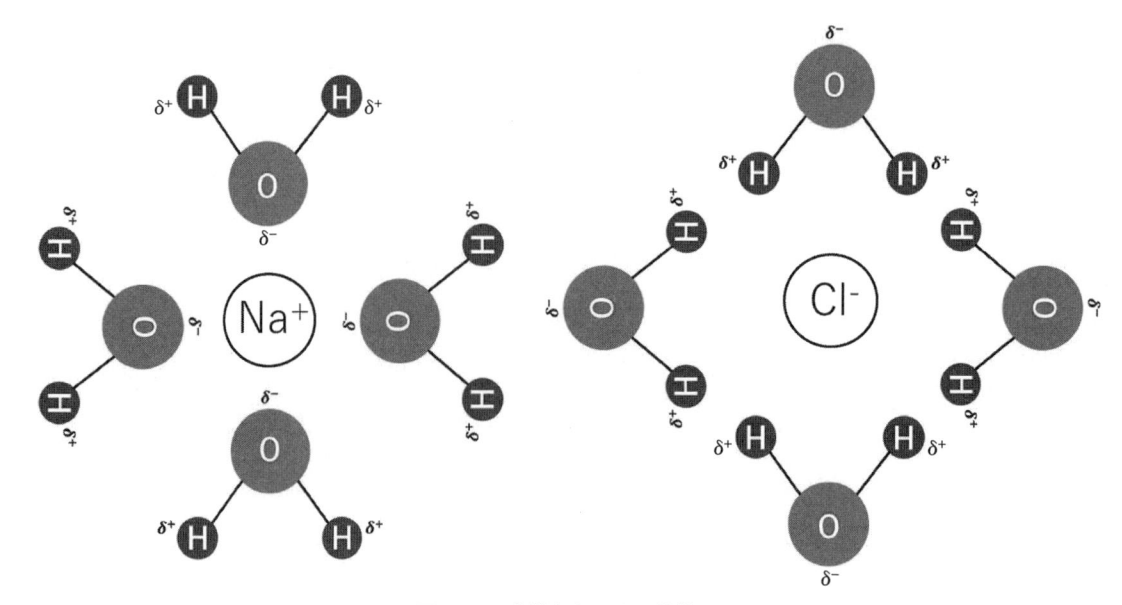

図 2.55　溶媒和（水和）の状態図

えば体重 60 kg の成人男性ならば，約 36 L もの水分を体内に蓄えていることになる。

　この水分量が加齢とともに低下することが大きな問題となっている。加齢による水分不足は，血液濃縮や粘稠度の亢進を招き，血栓形成の原因となる。血栓が生じると血液の循環を阻害し，脳血管に生じれば脳梗塞，冠状動脈に発生すれば心筋梗塞や狭心症を引き起こす。加齢による水分量の低下と同様に，炎天下でスポーツを行った場合は，多量の発汗のため水分量が急激に低下し，血液が濃縮される。競技中の事故としての心臓発作は発汗から生じる血栓形成の流れの 1 つであり，注意が必要である。

　一方胎児や新生児は水分量が多い時期であり，下痢などで水分が喪失すると容易に脱水症状を引き起こすため，速やかな水分補給が必要となる。

2.7.4　水の生理学的性質

　飲料水などでとった体の中の水分は，腸から吸収され血液などの「体液」になって全身をたえず循環し，私たちの生命にかかわるさまざまな役割を果たしている。水分のバランスが崩れると生体にも影響があらわれ，健康を保つために水分補給はとても大切である。

　一日に出入りする水分量は，表 2.18 の通りであり，約 2.5 L が出入りしている。水分不足による生体内の変化として，2 ％の水分を失うと，発汗や尿量が減少し，のどに強い渇きが現れる。6 ％の水分を失うと，

表 2.18　人体の水分の出納（一日あたり）

摂取水分量		排泄水分量	
飲料水から	1.2L	尿や便	1.6L
食事中から	1.0L	呼吸や汗（不感蒸泄）	0.9L
代謝の過程から（代謝水）	0.3L		
合　計	2.5L	合　計	2.5L

体の調節機能が落ち，手足の震えやふらつきが起こる。15％以上の水分を失うと，筋肉のけいれんや湿疹がおこり，生命が危機的状況に陥る。人間の体は汗をかくことで，高くなった自分の体温を下げる効果がある。そのため，熱中症予防にも水分が必要であり，体の水分が不足すると体温調節ができなくなり，体に異常を生じるようになる。

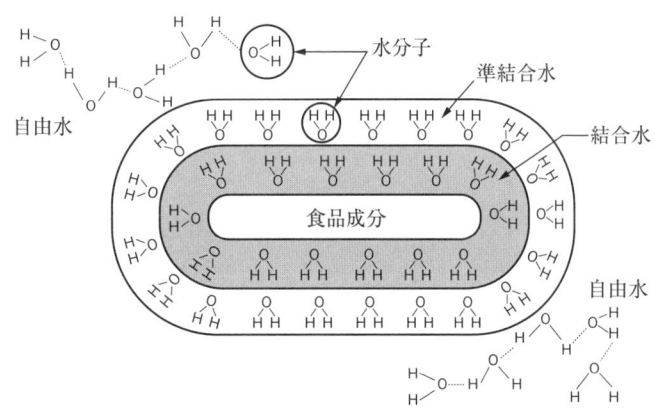

図2.56　自由水と結合水の概念図

出所）福場博保監修：砂糖の科学，科学技術教育協会（1984）

2.7.5　食品中の水と水分活性

食品中の水はその存在状態により**自由水**と**結合水**に大別できる（図2.56）。自由水は自由に分子運動を行うことができ，溶媒としての機能をもち，微生物が利用することができる。これに対し結合水は食品成分中のたんぱく質や糖質のヒドロキシ基，アミノ基，カルボニル基と水素結合で結びつき，束縛された状態を有する。

結合水は0℃でも凍結せず，微生物にも利用されない。水分を制御することで食品の保存が可能となり，食品中の水分含量を低下させたり，その存在状態を変えたりすることによって保存性を高められる。食品に食塩や砂糖を少し加えると腐敗し難くなるのは，食塩や砂糖が「自由水」と結びつき，「自由水」の割合が小さくなるためである。実際には自由水と結合水は準結合水を挟んで連続した状態で混在しているため，明確に区別することは難しい。一方，結合水まで除いてしまうと，食品としての価値が失われる。

食品を考える上で，水分含量が低い乾燥食品は大気中の水蒸気を吸収して水分含量が増加しやすく，水分含量が高い生鮮食品は蒸発により水分含量が減少しやすい。このように食品中の水分含量は常に変動し，一定の値を示すものではない。そのため，食品中の水分を考えるうえでは，水分含量を指標にするのは好ましくなく，自由水と結合水に関する情報が必要である。特に食品中の水と保存性との関係を考える場合，**水分活性**(Water Activity；Aw)という値が重要な概念がある。

水分活性は，以下の式に示すように，食品がもつ水蒸気圧とその温度における純水の水蒸気圧との比，あるいは水と溶質の全モル数に対するモル数である。

$$Aw = \frac{P}{Po} = \frac{n1}{(n1+n2)}$$

P：食品の水蒸気圧，Po：純水の蒸気圧，n1：水のモル数，n2：溶質のモル数

表 2.19　食品の水分活性

水分活性	食品	生育微生物
0.9 以上	野菜・果実・食肉類・魚介類・ハム・ソーセージ・チーズ・パン・卵など	ほとんどすべて
0.9 〜 0.8	カステラ・サラミソーセージ・穀類・豆類・塩サケ	一部の細菌・カビ・酵母
0.8 〜 0.6	みそ・しょうゆ・佃煮・魚の干物・乾燥果実・ジャム・ゼリー	
0.6 〜 0.5	煮干し・干めん・かつお節・キャラメル・キャンデー	耐乾性カビ
0.5 以下	ビスケット・乾パン・乾燥野菜・コーンフレークなど	ほとんどいない

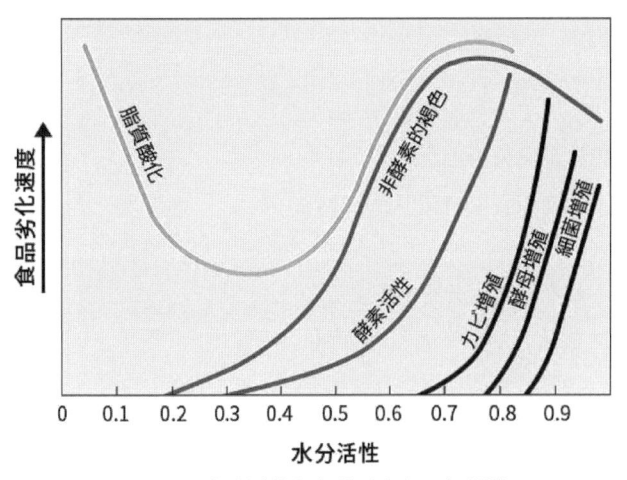

図 2.57　水分活性と各種反応との相関性

出所）三菱ガス化学(株)脱酸素剤事業部：エージレスコラム，水分活性値とは？食品と水分活性の関係について，三菱ガス化学

すなわち水分活性とは一定の温度化で純水と食品とをそれぞれ別々の密閉容器内に入れて平衡になった時のそれぞれの蒸気圧の割合である。つまり水分活性は食品中の自由水と結合水の相対的な存在割合を示している。純水では「自由水」が 100 ％であり，水分活性は 1.00 であるため，水分活性が 1.00 に近いほど「自由水（微生物の利用できる水）」の割合が 100 ％に近いということになる。代表的な食品の水分活性を**表 2.19** に示した。水分活性が 0.9 以上になると食品の貯蔵性が落ちるが，この理由は微生物が 0.9 以上の水分活性では発育しやすいことに起因している。

水分活性が 0.65 〜 0.85 で，水分含量が 10 〜 40％の食品は**中間水分食品**とよばれている。食塩を用いる塩蔵，砂糖を用いる糖蔵という方法に代表されるように，佃煮，ジャム，羊羹，干しブドウ，サラミソーセージ，など，長期間にわたって腐敗しにくい伝統的保存食品の多くは，その水分活性が 0.7 前後になっており，中間水分食品である。水分活性が 0.5 以下の食品は乾燥食品である。

食品中の酵素活性や非酵素的褐変反応などは，水分活性の低下とともに抑制される。一方，脂質は単分子層の水が奪われるまで乾燥させると酸化されやすくなり，保存性は悪くなる（**図 2.57**）。

微生物の生育と水分活性との関係は，一般には，細菌，酵母，カビの順に生育には水が必要であり，細菌は通常水分活性が 0.90 以上で増殖するが 0.65 以下になると増殖できなくなる。一方で，カビが最も乾燥に強く水分活性が 0.8 程度までは十分に増殖できる微生物である。水分活性の測定法には，重量平衡法（コンウェイ・ユニットを用いるグラフ挿入法など）や蒸気圧法（電気抵抗式湿度測定法など）などがある。

【演習問題】

問1 食料と環境に関する記述である。最も適当なのはどれか。1つ選べ。

（2022年国家試験）

(1) 大豆に含まれる主なたんぱく質は，カゼインである。

(2) 米に含まれる主なたんぱく質は，グルテニンである。

(3) コラーゲンは，冷水によく溶ける。

(4) グリシニンは，等電点において溶解度が最大となる。

(5) オボアルブミンは，変性すると消化されやすくなる。

解答（5）

問2 アミノ酸とたんぱく質に関する記述である。最も適当なのはどれか。1つ選べ。

（2021年国家試験）

(1) ロイシンは，芳香族アミノ酸である。

(2) γ-アミノ酪酸(GABA)は，神経伝達物質として働く。

(3) αヘリックスは，たんぱく質の一次構造である。

(4) たんぱく質の二次構造は，ジスルフィド結合により形成される。

(5) たんぱく質の四次構造は，1本のポリペプチド鎖により形成される。

解答（2）

問3 栄養素の過剰摂取とその病態の組合せである。正しいのはどれか。1つ選べ。

（2015年国家試験）

(1) たんぱく質 ── クワシオルコル(kwashiorkor)

(2) 脂質 ──────── 貧血

(3) ビタミンD ── 頭蓋内圧亢進

(4) カルシウム ── ミルクアルカリ症候群(カルシウムアルカリ症候群)

(5) 銅 ─────────── ヘモクロマトーシス(hemochromatosis)

解答（4）

問4 食品中のたんぱく質の変化に関する記述である。正しいものはどれか。1つ選べ。

（2017年国家試験）

(1) ゼラチンは，コラーゲンを凍結変性させたものである。

(2) ゆばは，小麦たんぱく質を加熱変性させたものである。

(3) ヨーグルトは，カゼインを酵素作用により変性させたものである。

(4) 魚肉練り製品は，すり身に食塩を添加して製造したものである。

(5) ピータンは，卵たんぱく質を酸で凝固させたものである。

解答（4）

問5　加工食品で利用されている多糖類とその原料に関する組合せである。最も適当なのはどれか。1つ選べ。　　　（2023年国家試験）

(1) アガロース　――――　あまのり

(2) アルギン酸　――――　昆布

(3) ペクチン　――――――　てんぐさ

(4) カラギーナン　――――　りんご

(5) グルコマンナン　――――　きく芋

解答　(2)

問6　脂肪酸に関する記述である。正しいのはどれか。1つ選べ。

（2016年国家試験）

(1) パルミチン酸は，不飽和脂肪酸である。

(2) エイコサペンタエン酸は，アラキドン酸と比べて炭素数が多い。

(3) β酸化される炭素は，脂肪酸のカルボキシ基の炭素の隣に存在する。

(4) オレイン酸は，ヒトの体内で合成できる。

(5) トランス脂肪酸は，飽和脂肪酸である。

解答　(4)

問7　食用油脂に関する記述である。正しいのはどれか。2つ選べ。

（2017年国家試験）

(1) 不飽和脂肪酸から製造された硬化油は，融点が低くなる。

(2) 硬化油の製造時に，トランス脂肪酸が生成する。

(3) ショートニングは，酸素を吹き込みながら製造される。

(4) ごま油に含まれる抗酸化物質には，セサミノールがある。

(5) 牛脂の多価不飽和脂肪酸の割合は，豚脂よりも多い。

解答　(2)，(4)

問8　脂質に関する記述である。正しいのはどれか。1つ選べ。

（2018年国家試験）

(1) ドコサヘキサエン酸は，中鎖脂肪酸である。

(2) アラキドン酸は，n-3系脂肪酸である。

(3) ジアシルグリセロールは，複合脂質である。

(4) 胆汁酸は，ステロイドである。

(5) スフィンゴリン脂質は，グリセロールを含む。

解答　(4)

問 9　食品の脂質に関する記述である。もっとも適当なものはどれか。1 つ
選べ。 (2020 年国家試験)

(1) 大豆油のけん化価は，やし油より高い。

(2) パーム油のヨウ素価は，いわし油より高い。

(3) オレイン酸に含まれる炭素原子の数は 16 である。

(4) 必須脂肪酸の炭化水素鎖の二重結合は，シス型である。

(5) ドコサヘキサエン酸は，炭化水素鎖に二重結合を 8 つ含む。

解答（4）

問 10　油脂類に関する記述である。もっとも適当なのはどれか。1 つ選べ。
(2022 年国家試験)

(1) 豚脂の融点は，牛脂より高い。

(2) やし油の飽和脂肪酸の割合は，なたね油より高い。

(3) ファットスプレッドの油脂含量は，マーガリンより多い。

(4) サラダ油の製造では，キュアリング処理を行う。

(5) 硬化油の製造では，不飽和脂肪酸の割合を高める処理を行う。

解答（2）

問 11　食品 100 g 当たりのビタミン含有量に関する記述である。最も適当
なのはどれか。1 つ選べ。 (2022 年国家試験改変)

(1) 鶏むね肉のビタミン A 含有量は，鶏肝臓より多い。

(2) 大豆油のビタミン E は，乾燥大豆より多い。

(3) ゆで大豆のビタミン K 含有量は，糸引き納豆より多い。

(4) 精白米のビタミン B_1 含有量は，玄米より多い。

(5) 鶏卵白のビオチン含有量は，鶏卵黄より多い。

解答（2）

問 12　食品中のビタミンに関する記述である。最も適当なのはどれか。1
つ選べ。 (2021 年国家試験改変)

(1) β-クリプトキサンチンは，プロビタミン D である。

(2) 葉酸は，光に対して安定である。

(3) アスコルビン酸は，他の食品成分の酸化を抑制する。

(4) α-トコフェロールは，最もビタミン A 活性が高い。

(5) エルゴステロールに紫外線が当たることで，ビタミン E が生成される。

解答（3）

問13 食品中の水に関する記述である。最も適当なのはどれか。1つ選べ。

（2021 年国家試験）

（1）純水の水分活性は，100 である。
（2）結合水は，食品成分と共有結合を形成している。
（3）塩蔵では，結合水の量を減らすことで保存性を高める。
（4）中間水分食品は，生鮮食品と比較して非酵素的褐変が抑制される。
（5）水分活性が極めて低い場合には，脂質の酸化が促進される。

解答（5）

問14 食品の水分に関する記述である。正しいのはどれか。1つ選べ。

（2019 年国家試験）

（1）水分活性は，食品の結合水が多くなると低下する。
（2）微生物は，水分活性が低くなるほど増殖しやすい。
（3）脂質は，水分活性が低くなるほど酸化反応を受けにくい。
（4）水素結合は，水から氷になると消失する。
（5）解凍時のドリップ量は，食品の緩慢凍結によって少なくなる。

解答（1）

問15 微量ミネラルに関する問題である。最も適当なのはどれか。1つ選べ。

（2022 年国家試験）

（1）鉄は，グルタチオンペルオキシターゼの構成成分である。
（2）亜鉛は，甲状腺ホルモンの構成成分である。
（3）銅は，スーパーオキシドジムスターゼ(SOD)の構成成分である。
（4）セレンは，シトクロムの構成成分である。
（5）クロムは，ミオグロビンの構成成分である。

解答（3）

問16 微量ミネラルとその欠乏症に関する組合せである。最も適当なのはどれか。1つ選べ。

（2024 年国家試験）

（1）鉄 ——————— ヘモクロマトーシス
（2）亜鉛 ————— 味覚障害
（3）銅 ——————— ウィルソン病
（4）セレン ———— 夜盲症
（5）モリブデ ——— 克山病

解答（2）

📖 引用参考文献・参考資料

五十嵐美樹，宮澤陽夫：脂質がガンを抑える―共役脂肪酸の有効性，化学と生物，38(8)，529-531（2000）

和泉秀彦・熊澤茂則編：食品学Ⅰ　食品の化学・物性と機能性（改訂第4版），南江堂（2022）

今堀和友，山川民夫：生化学辞典（第3版），東京化学同人（1998）

植木幸英，野村秀一編：食べ物と健康，食品と衛生　食品衛生学（第4版），栄養科学シリーズNEXT，講談社サイエンティフィク（2018）

埋橋祐二，滝ちづる：寒天の種類・特性と使用方法，38(3)，292-297（2005）

太田英明，白土秀樹，古庄律：食べ物と健康　食品の科学（改訂第3版），健康と栄養科学シリーズ，南江堂（2022）

岡田茂孝：カップリングシュガーについて，調理科学，13(1)，15-20（1980）

香川明夫監修：食品成分表八訂2024，女子栄養大学出版部（2024）

川嵜敏祐監修，中山和久編：レーニンジャーの新生化学　生化学と分子生物の基本原理（第6版），廣川書店（2015）

川嵜敏祐監修，中山和久編：レーニンジャーの新生化学　生化学と分子生物の基本原理（第7版），廣川書店（2019）

川端晶子：ペクチン，調理科学，15(2)，11-19（1982）

久保宏隆，田部井功，金田利明：微量元素製剤，日本臨牀，59(5)，181-188（2001）

厚生労働省：「日本人の食事摂取基準（2025年版）」策定検討会報告書
https://www.mhlw.go.jp/stf/newpage_44138.html（2024.11.06）

消費者庁：特定保健用食品許可（承認）品目一覧　（令和6（2024）年5月29日更新）
https://www.caa.go.jp/policies/policy/food_labeling/foods_for_specified_health_uses（2024.6.12）

食品総合研究所：トランス脂肪酸（2017）
https://www.naro.affrc.go.jp/org/nfri/yakudachi/transwg/kagaku.html（2017.04.28公開，2024.11.04閲覧）

白戸亮吉，小川由香里，鈴木研太：生理学・生化学につながる　ていねいな化学，羊土社（2019）

鈴木紘一，笠井献一，宗川吉汪監訳：ホートン生化学（第5版），東京化学同人（2013）

辻英明，海老原清，渡邉浩幸，竹内弘幸編：食べ物と健康，食品と衛生　食品学総論（第4版），栄養科学シリーズNEXT，講談社サイエンティフィク（2021）

津田謹輔，伏木亨，本田佳子監修，寺尾純二・村上明編：食べ物と健康Ⅰ　食品学総論，Visual栄養学テキストシリーズ，中山書店（2018）

鶴崎美徳，藤原しのぶ，武藤信吾，保田倫子：新版改訂食品学Ⅰ，Nブックス，建帛社（2023）

中河原俊編著：食べ物と健康Ⅱ　食品の機能（第3版），三共出版（2023）

中村桂子，松原謙一監訳：細胞の分子生物学（第6版），ニュートンプレス（2017）

日本化学会編：味と匂いの化学，学会出版センター（1976）

日本ビタミン学会編：ビタミン・バイオファクター総合事典，朝倉書店（2021）

日本油脂化学協会：油脂化学便覧，丸善（1990）

長谷川裕也：高校教師が教える身の回りの理科，工学社（2015）

　生活と化学，カルボニル化合物（カルボン酸誘導体）（2013.11.06 更新）

　https://sekatsu-kagaku.sub.jp（2024.03.05）

長谷川香料：HASEDAWA LETTER online　酵素反応フレーバー

　https://hasegawa-letter.com（2024.03.05）

福田満編：生化学（第2版），新食品・栄養科学シリーズ，化学同人（2012）

福場博保監修：砂糖の科学，科学技術教育協会（1984）

水品善之，菊﨑泰枝，小西洋太郎編：食品学I（改訂第2版），食べ物と健康
　　食品の成分と機能を学ぶ，栄養科学イラストレイテッド，羊土社（2021）

三菱ガス化学（株）脱酸素剤事業部：エージレスコラム，水分活性値とは？食
　　品と水分活性の関係について，三菱ガス化学

　https://www.mgc.co.jp/special/column/water-activity/　（2024.06.12）

宮島千尋：アルギン酸類の概要と応用，繊維と工業，65(12)，444-448（2009）

文部科学省：食品成分データベース基準窒素—たんぱく質換算係数

　https://fooddb.mext.go.jp/nutman/amino2015_nitro.html（2024.06.12）

文部科学省：日本食品標準成分表（八訂）増補2023年（2023）

文部科学省：ヒトゲノム全体に含まれる遺伝子数への追加資料（2020）

　https://www.mext.go.jp/stw/common/pdf/series/genome_map/gen9_list.pdf（2024.
　06.12）

吉田勉監修，佐藤隆一郎，加藤久典編：食べ物と健康，食物と栄養学基礎シリ
　　ーズ4，学文社（2012）

渡瀬峰男：カラギーナン，日本食品工業学会誌，40(8)，615-616（1993）

Misako Kawai, Yuki Sekine - Hayakawa, Atsushi Okiyama, Yuzo Ninomiya: Gustatory
　　sensation of（L）- and（D）- amino acids in humans, *Amino Acids*, 43, 2349-2358
　　（2012）

Michal Navrátil, Jakub Ptáček, Jan Konvalinka et al.: Structural and Biochemical Char-
　　acterization of the Folyl-poly-γ-L-glutamate Hydrolyzing Activity of Human Glu-
　　tamate Carboxypeptidase II, *FEBS, J.*, 281, 3228-3242（2014）

3 食品の二次機能

3.1 食品の二次機能

近年，食品が備えるべき条件としての機能性が重要視されている。食品の機能性には3段階あり，一次機能(栄養機能)，二次機能(嗜好機能)および三次機能(生体調節機能)がそれである。この章では食品の二次機能を扱う。二次機能を担う成分としては，色素成分，呈味成分，香気・におい成分がある。いずれも食品の美味しさ，あるいは嗜好性に関与し，人間の感覚にはたらく成分である。食品の色は，その食品が十分に熟しているか，鮮度はよいか，または火が通っているかなどを判断する材料となる。食品の味は，基本味という5種類の味覚(甘味，塩味，酸味，苦味，うま味)に加えて，辛味や渋味，えぐ味もある。香気・におい成分には，果物の匂い，肉や魚が焼けたときの匂い，発酵食品が発する複雑なにおいなどが存在する。また，食品の二次機能は，変な味(匂い)がするとか色が変化したなど食品の腐敗・劣化を判断するきっかけにもなる。最後の節では，人間の感覚機能を使って食品の質を判断する官能評価について解説する。

3.2 色素成分

食品の色素成分は，植物由来のものが多い。クロロフィル(chlorophyll)，カロテノイド(carotenoid)，フラボノイド(flavonoid)，アントシアニン(anthocyanin)，ベタレイン(betalain)などがそれである。動物性のものとしては，ミオグロビン(myoglobin)やヘモグロビン(hemoglobin)がある。最近ではコチニール色素などの昆虫由来の着色料も存在する。ここでは，主な色素成分について解説する。

3.2.1 ポルフィリン系色素

ポルフィリン(porphyrin)は，窒素を1つもつ五員環化合物(ピロール)4個が炭素原子4個と交互に結合した大環状化合物の総称である。緑色植物のクロロフィル，動物のミオグロビンとヘモグロビン，ビタミン B_{12} などがポルフィリンをもつ代表的化合物である。食品の色素としては，クロロフィルとミオグロビンが重要である。

(1) クロロフィル

クロロフィルは，葉緑素ともよばれる緑色の色素である。陸上植物では葉に多く存在し，太陽光のエネルギーを化学エネルギーに変換する役割をもっ

ている。クロロフィルには，a, b, c, d, fの5種類があり，陸上植物では
クロロフィルaとb，一部の藻類ではクロロフィルaとc，らん藻類ではク
ロロフィルdとfをもっている。陸上植物の場合クロロフィルaとbの割合
はおよそ3：1である。色調はクロロフィルaが青緑色，bが緑色で，葉に
含まれる他の色素も重なって全体として植物の葉は緑色に見える。

　クロロフィルは中央にマグネシウムをもつポルフィリンと疎水性のフィト
ール(phytol)という長鎖アルコールがエステル結合して成り立っていて，分子
全体としては脂溶性である。クロロフィルを酸性にするとマグネシウムが外
れて，黄褐色の**フェオフィチン**[*](pheophytin)となる。ピクルスのきゅうりの色
はフェオフィチンの色が影響したものである。さらにフィトールも外れると
褐色の**フェオフォルバイド**(pheophorbide)に変わる。ヒトの皮下に蓄積したフェ
オフォルバイドは，光過敏症の原因となる。一方，クロロフィルをアルカリ
で処理するとフィトールとメチル基が外れて水溶性で緑色の**クロロフィリン**
(chlorophyllin)となる。また，クロロフィルのマグネシウムを銅で置き換える
と緑色が美しい銅クロロフィルとなる。これをさらにアルカリで処理すると
フィトールとメチル基が外れて，安定な**銅クロロフィリン**となり，これは着
色料に用いられる(**図3.1**)。

(2) ミオグロビン

　筋形質たんぱく質の1つで，畜肉や赤身魚の筋肉の赤色を表す複合たんぱ
く質である。ポルフィリンの中央に二価の鉄イオン(Fe^{2+})が結合したものを
ヘム(heme)とよび，ヘム1分子とグロビンたんぱく質1分子が結合したもの
が**ミオグロビン**である(**図3.2**)。

*フェオフィチン　クロロフィル
のマグネシウムが，熱や酸によ
って離脱し黄褐色となったもの
である。薄層クロマトグラフィ
ーで緑葉色素を展開すると，灰
色に見えることもある。乳酸に
よって酸性化した野菜の漬け物
でよくみられる。

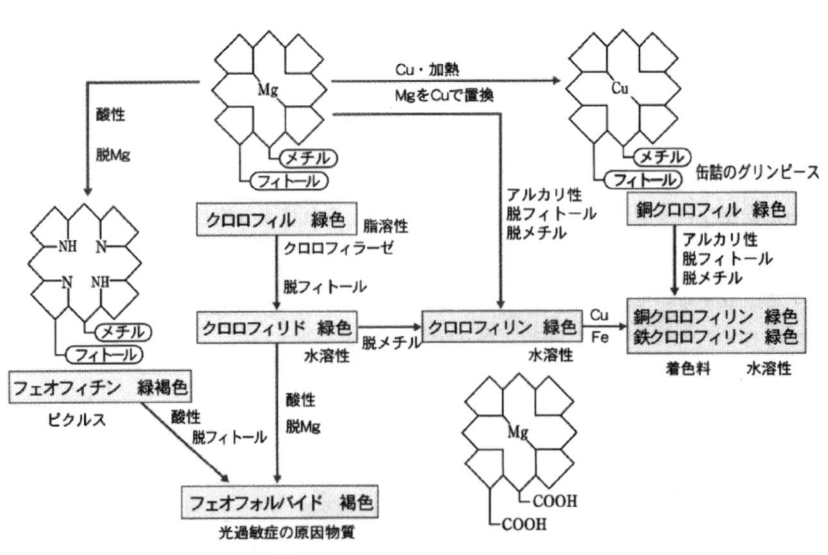

図3.1　クロロフィルの変化

出所) 江藤義春，北越香織ら：イラスト　食品学総論(第9版)，東京教学社(2022)

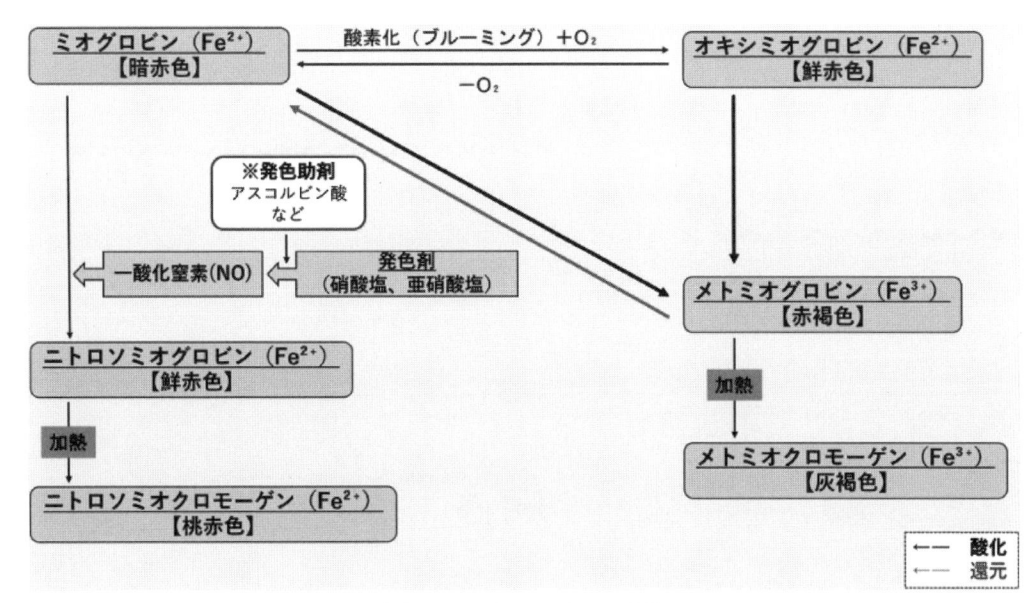

図3.2　ミオグロビンの変化

出所）ユーザーライフサイエンスホームページ：食肉の化学　死後硬直やミオグロビンの変化など

　新鮮な畜肉や赤身魚の切り身は，空気中の酸素と接触して間もないためミオグロビンは暗赤色を呈する。その後，酸素と触れたミオグロビンは，酸素分子を取り込み酸素化(blooming　ブルーミング)して，鮮赤色の**オキシミオグロビン**(oxymyoglobin)となる。このとき，ポルフィリン中央の鉄イオンはFe^{2+}のままであり，まだ酸化されていない。さらに時間が経過すると，酸素分子が二価の鉄イオンから電子を1つ奪い取り三価の鉄イオン(Fe^{3+})となり，鉄の酸化が起こる。鉄が酸化された色素は**メトミオグロビン**(methomyoglobin)とよばれ，色は暗褐色を呈する。一方，生肉を加熱すると鉄イオンが直ちに酸化され電荷が三価となり，グロビンたんぱく質も熱変性を受けて灰褐色の**メトミオクロモーゲン**(metmyochromogen)が産生される。十分に加熱された肉の色が灰褐色となるのはこのためである。

　ハム・ベーコンなどの加工肉の場合，加工過程で亜硝酸塩が添加されている。亜硝酸塩と畜肉に内在する乳酸が反応し亜硝酸が生じる。この亜硝酸から発生した一酸化窒素(NO)とミオグロビンが反応し，鮮赤色で安定な**ニトロソミオグロビン**(nitrosomyoglobin)となる。これを加熱するとグロビンたんぱく質は変性するが，ポルフィリンの鉄は酸化されず，肉は桃赤色を呈する。この色素を**ニトロソミオクロモーゲン**(nitrosomyochromogen)という。加熱処理を施したハムやベーコンが桃赤色なのはこのためである(**図3.2**)。

3.2.2　カロテノイド[*]

　カロテノイドは動植物に広く認められる黄・橙・赤色を示す脂溶性の色素である(**図3.3**)。多くのカロテノイドは，炭素数40個のテトラテルペン構造

*カロテノイド　にんじん(carrot)から単離されたカロテン(carotene)と「〜のようなもの」を意味する接尾語 -oid の合成語である。イソプレン(C_5H_8)を構成単位とする$C_{40}H_{56}$の炭化水素鎖が基本構造となっている。カロテンとキサントフィルに分けられる。

カロテン類

α-カロテン（橙色：にんじん、あまのり）

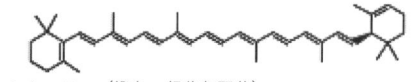

リコペン（赤色：トマト、スイカ）

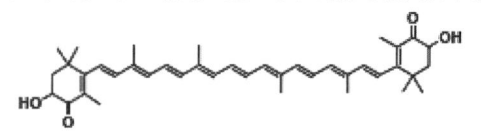

β-カロテン（橙色：緑黄色野菜）

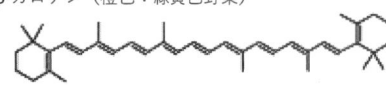

キサントフィル類

β-クリプトキサンチン（黄橙色：かき、うんしゅうみかん）

アスタキサンチン（赤色：えび・かにの殻、さけ、ます、まだい）

ゼアキサンチン（黄橙色：卵黄、緑黄色野菜、とうもろこし）

カプサンチン（赤色：とうがらし、パプリカ）

ルテイン（黄橙色：卵黄、緑黄色野菜、とうもろこし）

フコキサンチン（橙色：わかめ、こんぶ）

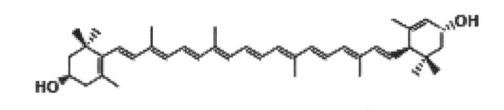

図3.3 食品に含まれる代表的なカロテノイド

出所）（構造式）：眞岡孝至，カロテノイドの多様な生理作用，食品・臨床栄養，2, 4, Fig.1 改変(2007)

をもっている。また，末端にβ-イオノン構造をもつものは，プロビタミンA (provitamin A)であり体内でビタミンA (vitamin A)となる。カロテノイドは，炭素と水素だけからなるカロテン類と炭素，水素に酸素が加わったキサントフィル類に大別される。カロテノイドは，光，酸，金属が存在すると不安定で分解したり酸化されたりして退色することがある。また，植物体内に存在するリポキシゲナーゼ(lipoxygenase)により酸化分解を受け，変色・退色することが知られているため，冷凍野菜を製造するときには**ブランチング**[*](blanching)処理が行われる。近年，カロテノイドの活性酸素除去作用，抗酸化作用，抗がん作用が注目されている。

（1）カロテン（carotene）類

カロテンは，$C_{40}H_{56}$ の構造をもつ脂溶性の橙〜赤色色素であり，α，β，γの3つの異性体が存在する。にんじん，茶，かぼちゃ，ほうれんそう，かき(柿)，さつまいも等に多く見られる。これらはいずれもプロビタミンAである。**β-カロテン**分子の両端はそれぞれがβ-イオノン構造となっているため，

＊**ブランチング** 冷凍野菜を製造する際に，保存中にポリフェノールオキシダーゼやリポキシゲナーゼなどの酵素の影響を無くするため，野菜に短時間の加熱処理を施すことである。ブランチング処理により変色，変質を防ぐことができる。

ヒト体内でレチノール（retinol）が2分子産生される（図2.28，2.39参照）。一方α-およびγ-カロテンは片方のみがβ-イオノン構造となっているため，レチノールは1分子しか産生されない。トマト，すいかに含まれる赤色色素は主に**リコペン**（リコピン）（lycopene）である。リコペンにはβ-イオノン環がないのでプロビタミンAではないが，一重項酸素の消去作用が強い抗酸化物質である。

(2) キサントフィル[*1]（xanthophyll）類

キサントフィル類はカロテンの酸化（酸素の結合）によって生じたものと考えられている。**β-クリプトキサンチン**[*2]（β-cryptoxanthin）はプロビタミンAであり，うんしゅうみかん，かき（柿），パパイアに多く含まれる黄橙色の色素である。**ルテイン**[*3]（lutein）は，ケール，ほうれんそう，かぼちゃ，卵黄に含まれる黄橙色の色素である。**カプサンチン**[*4]（capsanthin）は，とうがらしや赤ピーマンに含まれる赤色色素である。**アスタキサンチン**[*5]（astaxanthin）は，藻類が生合成したものが食物連鎖によって動物の体内にも蓄積したものであり，動物が合成したものではない。えび・かに類をゆでると赤く変色するのは，たんぱく質と結合していたアスタキサンチンのたんぱく質が熱で変性し，アスタキサンチンが遊離して本来の赤色を呈するようになるからである。さけ・ますの筋肉，いくら，まだいの表皮の赤色もアスタキサンチンによる。**ゼアキサンチン**[*6]（zeaxanthin）はルテインと同様にケール，ほうれんそう，かぼちゃに多く含まれ，それを餌として食べた鶏が生む卵黄にも蓄積する。**フコキサンチン**[*7]（fucoxanthin）はこんぶ，わかめなどの褐藻類に含まれる橙色色素である。わかめを湯通しすると緑色になるのは，フコキサンチンに結合していたたんぱく質が熱で変性し，フコキサンチンの色が淡い黄色となり，クロロフィルの緑色が目立つようになるからである。

3.2.3 フラボノイド

フラボノイドは，植物界に広く認められる色素である。基本構造としてC_6-C_3-C_6をもち，複数の水酸基がついたものが**広義のフラボノイド**である。水溶性で多くは配糖体として存在する。フラボノイドの基本骨格は，A環とB環という2つのベンゼン環とその間に挟まれた3つの炭素から構成されるC環をもつフラバンである（図3.4）。ただし，カルコン（chalcone）のようにC_3が環を形成しないものもある。この他，広義のフラボノイドにはアントシアニンやカテキン（catechin）も含まれる。アントシアニンは赤，紫，青色であり，カテキンは無色であるなど色調が大きく異なることから，狭義のフラボノイドには含まれない。

(1) 狭義のフラボノイド

フラバンの4位の炭素がケトン基になっている化合物を**狭義のフラボノイド**という（図3.4）。多くのフラボノイドは，糖と結合した配糖体として植物の

*1 キサントフィル カロテン分子の一部に，ヒドロキシル基やカルボニル基など酸素を含む官能基が生じた構造をもつ赤〜黄色色素である。したがって，構成元素は炭素，水素，酸素である。xantho（黄色）とphyll（葉）を意味する合成語である。

*2 β-クリプトキサンチン キサントフィルの1種で，β-カロテンの一方のβ-イオノン環に，ヒドロキシル基が1つ結合した黄橙色色素である。うんしゅうみかんに特に多く含まれる。骨の健康を維持する機能があるとして，静岡県産の三ヶ日みかんが機能性表示食品となっている。

*3 ルテイン キサントフィルに分類されるが，プロビタミンAではない。左右両端のベンゼン環にヒドロキシル基を1つずつ結合している。ヒトの眼底の黄斑に蓄積していることから，目の健康との関係が示唆されている。鶏卵の卵黄にも含まれる。

*4 カプサンチン とうがらし，赤ピーマン，赤パプリカの赤色色素である。とうがらしのカロテノイドの約半分はカプサンチンである。キサントフィルの1種であるがプロビタミンAではない。

*5 アスタキサンチン えび・かに類，さけの身，いくらなどの動物に含まれる赤色キサントフィルであるが，動物が生合成したものではない。ヘマトコッカス（Haematococcus）属の藻類にストレスを与えると生合成され，食物連鎖に乗って動物体内に蓄積する。

*6 ゼアキサンチン キサントフィルの1種で，ルテインの異性体である。ゼアキサンチンのゼア（Zea）はとうもろこしの属名であるが，スイートコーンにはそれほど多く含まれない。ルテインと同様，色の濃い葉菜類（ケール，ほうれんそう，かぶの葉），えんどうまめ，かぼちゃに多い。

*7 フコキサンチン わかめ，こんぶなどの褐藻類に含まれるキサントフィルの1種である。炭素数が典型的カロテノイドでは40個であるのに対し，フコキサンチンでは42個となっている。分子内にアレン構造をもつ特殊なキサントフィルである。

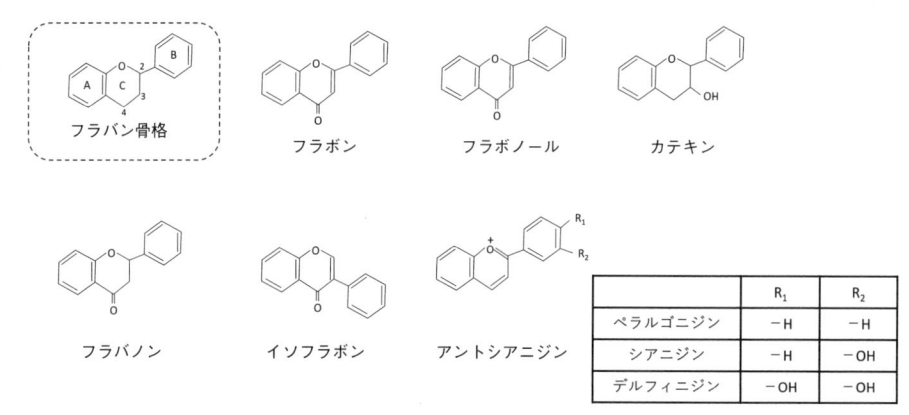

図3.4 フラボノイド系色素の基本骨格

表3.1 食品に含まれる代表的なフラボノイド

基本骨格	配糖体	アグリコン	所在
フラボン	アペイン	アピゲニン	パセリ，セロリ
フラボノール	ルチン	ケルセチン	そば，アスパラガス
フラバノン	ナリンギン	ナリンゲニン	柑橘類の果皮
	ヘスペリジン	ヘスペレチン	
イソフラボン	ダイジン	ダイゼイン	だいず

色：無色

葉や花の細胞の液胞中に存在する。グレープフルーツの苦味物質であるナリンギン(naringin)は，ナリンゲニン(naringenin)に二糖類(ネオヘスペリドース)が結合している。ただし，糖を切り離したアグリコンには苦味はない。また，大豆イソフラボン(isoflavone)の1つとして知られるダイジン(daidzin)は，ダイゼインにグルコースが結合したものである(**表3.1**)。

フラボノイドは，酸性で無色～淡黄色，アルカリ性では黄色を呈する。中華麺が黄色いのは，アルカリ性のかん水で小麦粉を捏ねることにより小麦粉中のフラボノイドが黄色に変色したためである。ただし，通常は淡黄色であるためクロロフィルやカロテノイドが共存すると，フラボノイドの色が隠れてしまう。一方，アントシアニンと共存すると補助色素(コピグメント)として働き，色を濃くしたり(濃色効果)，青みを増したり(深色効果)する。

(2) アントシアニン

植物の花，果実，葉の細胞の液胞中に広く存在し，赤，紫，青色を呈する水溶性の化合物である。アントシアニジン(anthocyanidin，アグリコン)に糖や有機酸が結合した色素を**アントシアニン**[*]という。アントシアニジンとアントシアニンを総称して，アントシアン(anthocyan)とよぶ。フラバン骨格のC環1位の酸素に水素イオンが配位結合してプラスに帯電していることが，狭義のフラボノイドとは異なる特徴である(**図3.5**)。また，B環に結合するヒドロキシ基(-OH)の位置と数からペラルゴニジン(pelargonidin)系，シアニジン(cyanidin)系，デルフィニジン(delphinidin)系の3つに大きく分類される(**図3.6**)。ペラルゴニジン系では，ざくろの赤色色素である**ペラルゴニン**(pelargonin)やいちごの赤色色素である**カリステフィン**(callistephin)が知られている。シアニジン系では，

*アントシアニン フラバン骨格のC環1位の酸素原子が水素イオンと配位結合し，+に帯電しているものがアントシアニジンである。赤，紫，青色を呈しているので狭義のフラボノイドとは色調が明らかに異なる。

ブルーベリーの紫色色素であるクリサンテミン(chrysanthemin)やしその紫色色素であるシソニン(shisonin)がある。デルフィニジン系では，ぶどう果皮の紫色色素であるデルフィニン(delphinin)やなす果皮の紫色色素である**ナスニン**(nasunin)がある(**表 3.2**)。

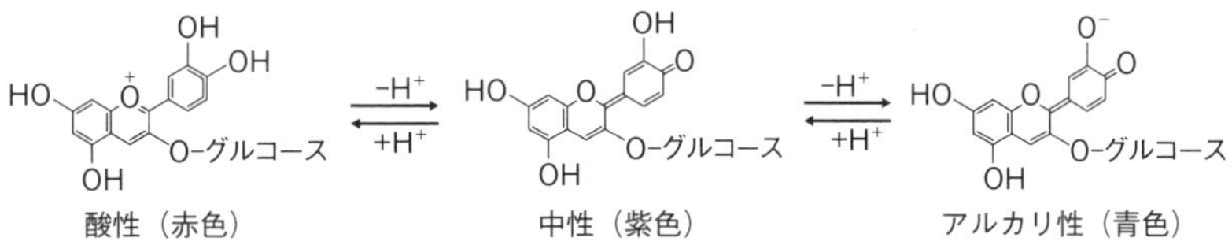

アントシアニンは，pH により色が変化し，酸性では赤色，アルカリ性では青色を呈する特性がある。また，酸性では化学的に安定であるが，中性，アルカリ性では不安定となり短時間で退色しやすい(**図 3.4**)。しかし，アルミニウムや鉄などの金属イオンが存在するとキレートを形成し安定した色調を保つことができる。なすの漬け物に鉄くぎを入れておくと皮の紫色が退色しにくいのはこのためである。

図 3.5 アントシアニン(シソニン)の pH による構造・色の変化

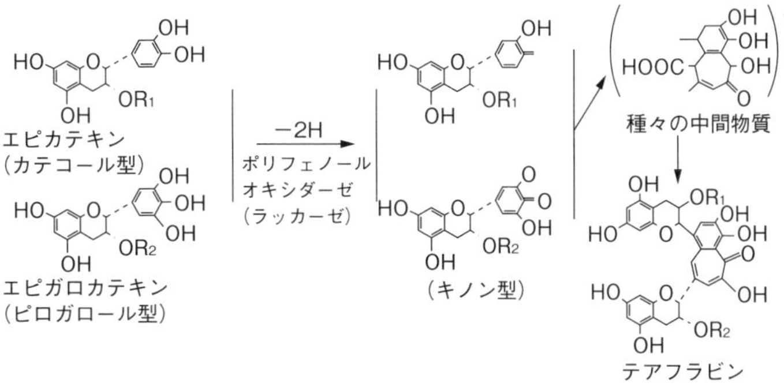

図 3.6 テアフラビンの構造

表 3.2 食品に含まれる代表的なアントシアン

基本骨格	配糖体	アグリコン	所在(色)
アントシアニジン	ペラルゴニン	ペラルゴニジン	ざくろ(赤)
	カリステフィン		いちご(赤)
	クリサンテミン	シアニジン	黒豆，あずき，すもも(赤)
	シソニン(シアニン)		赤しそ，赤かぶ(赤)
	ナスニン	デルフィニジン	なす(紫)

(3) カテキン[*1] (catechin)

カテキンは，フラバノール(flavan-3-ol)のポリヒドロキシ誘導体の総称で，広義のフラボノイドに相当する。茶葉に特に多く含まれ，茶の苦渋味成分でもある。茶葉中のカテキン類は，乾燥重量で約 10 ～ 20 % を占め，品種や葉位，収穫時期によってカテキン類の組成が異なる。茶葉に含まれる主なカテキン類は，**エピカテキン**(epicatechin)，**エピガロカテキン**(epigallocatechin)とそれらの没食子酸エステルの**エピカテキンガレート**(epicatechin gallate)，**エピガロカテキンガレート**(epigallocatechin gallate)の 4 種類である。不発酵茶である緑茶には生葉に含まれているカテキン類が，ほぼそのままの割合で存在する。しかし，発酵茶である紅茶では，ポリフェノールオキシダーゼ(polyphenol oxidase)の作用により，カテキン類は重合して**テアフラビン**[*2](theaflavin)，**テアルビジン**(thearubigin)などの赤褐色または褐色色素に変化する(**図 3.6**)。

*1 **カテキン** フラバン骨格の 3 位の炭素にヒドロキシル基が結合したものをフラバノールというが，このフラバノールを基本構造としている。カテキンは無色である。

*2 **テアフラビン** 紅茶の赤色色素である。茶葉の発酵中に，エピカテキンとエピガロカテキンの B 環同士がポリフェノールオキシダーゼの作用によって重合した化合物である。カテキンと異なって渋味はない。

3.2.4 その他の色素

その他の天然色素としては，植物系色素が多いが昆虫から見つかった色素も知られている。ここでは，各色素について簡単に説明する。

(1) クルクミン（curcumin）

ショウガ科のうこん（ターメリック，turmeric）の塊茎に含まれる黄色色素である。塊茎を乾燥し粉末状にしたものがスパイスとしてのターメリックである。**クルクミン**[*1]は，その構造からポリフェノールの一種とされる（図3.7）。脂溶性でエタノールとアルカリ性溶液によく溶けるが水には溶けにくい。カレー粉特有の黄色は主にターメリックによる。

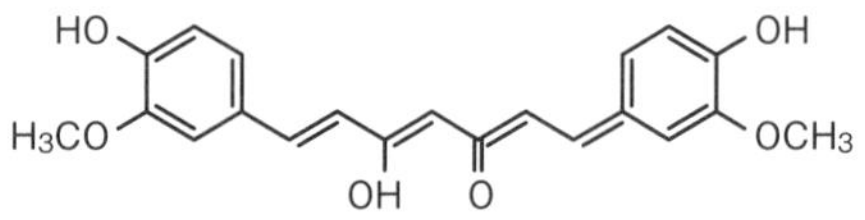

図3.7　クルクミンの構造

＊1　**クルクミン**　分子内にベンゼン環を2個もつポリフェノールである。一般的にはクルクミノイドに分類される色素である。添加物としては，既存添加物に分類される。

(2) フィコビリン（phycobilin）系色素

藻類に広くみられる色素で，フィコビリたんぱく質と結合している。紅藻類のあまのりでは，青色の**フィコシアニン**（phycocyanin）と赤色の**フィコエリトリン**（phycoerythrin）が存在する。干のりは黒っぽい色をしているが，焼きのりでは，熱によってフィコシアニンとフィコエリトリンのたんぱく質部分が変性・退色するため，クロロフィルの緑色が目立つようになる。焼きのりが緑色をしているのはこのためである。

(3) ベタレイン（betalain）系色素

ナデシコ目の植物に存在する色素で分子構造に窒素を含むのが特徴である。熱，光，酸素に弱く退色しやすい。水溶性で赤紫色のベタシアニン（betacyanin）と黄色のベタキサンチン（betaxanthin）に分類される。食品としては，赤ビート（red beet，ビーツ）に含まれるベタシアニンの**ベタニン**[*2]（betanin）が知られている。

(4) キノン（quinone）系色素

ベンゼン環に2つのケトン構造をもつ化合物の総称をキノンという。キノン系色素では，ラックカイガラムシの分泌物から見出された赤色の**ラッカイン酸**[*3]（laccaic acid）とサボテンに寄生するエンジムシの乾燥体から抽出される赤色の**コチニール色素**[*4]（cochineal extract）がある。コチニール色素の主成分は**カルミン酸**という。過去にリキュールの「カンパリ」が，コチニール色素で着色されていた。食用色素であると同時に化粧品にも応用されている。

＊2　**ベタニン**　アグリコンのベタニジンにグルコースが結合した構造となっている。光，熱，酸素に弱く退色しやすい。冷凍食品や消費期限の短い食品の着色に用いられる。

＊3　**ラッカイン酸**　pHにより色が異なり，酸性で赤橙色，中性で赤色，アルカリ性で赤紫色となる。耐熱性，耐光性に優れている。

＊4　**コチニール色素**　ヨーロッパでは古代からケルメスカイガラムシを用いて抽出されていた。たんぱく質が豊富な食品では，紫色を呈する。

3.3 呈味成分

食品の呈味成分は，主に舌や喉に存在する味蕾によって受容され，味蕾（らい）を構成する味細胞から神経を伝わって脳で味覚として認識する。味蕾によって受容される味には基本味といわれる甘味（かんみ），酸味，塩味（えんみ），苦味，うま味の5種類がある。これ以外に，補助味といわれる辛味（しんみ），渋味，えぐ味がある。補助味は，味蕾で感知されるのではなく味覚神経以外の神経を物理化学的に刺激

して得られる感覚である。

味覚には閾値があり，各呈味成分が味蕾で感知される最小濃度(%)で表される。閾値は呈味成分により大きく異なり，基本味のなかでは苦味を感じる閾値が最も低く(つまり敏感である)，酸味の閾値が次に低い。これに対し，甘味の閾値は基本味のなかで最も高い(つまり鈍感である)(表3.3)。苦味の閾値が低いのは「毒性」のある化合物を敏感に感知するために発達したと考えられている。また，酸味の閾値も低いのは「腐敗」した食品をいち早く感知するためだと考えられる。

呈味成分には化合物どうしの相互作用が知られている。**相乗効果**は，うま味成分において顕著に認められる。たとえば，アミノ酸系うま味成分であるグルタミン酸と核酸系うま味成分のイノシン酸を混ぜ合わせると，うま味が7〜8倍強く感じられる。**対比効果**の例をあげると，甘味成分に塩味成分を加えることで甘味が強く感じられる現象がある。すいかに食塩をかけて食べると甘味が強く感じられるのは対比効果のあらわれである。**相殺効果**は，苦味成分と甘味成分を混ぜ合わせることで認められる。コーヒーに砂糖を加えるとコーヒーの苦味が弱められたように感じるのは相殺効果である。

3.3.1 甘味成分

(1) 糖および糖アルコール

糖の代表的なものは，六炭糖のグルコース(glucose)，フルクトース(fructose)，ガラクトース(galactose)および二糖類のマルトース(maltose)，スクロース(sucrose)，ラクトース(lactose)である。特に砂糖として調理・加工に用いられるスクロースは重要な甘味料である。また，インベルターゼ(invertase)によって単糖に分解された転化糖やグルコースイソメラーゼ(glucose isomerase)によってグルコースの一部をフルクトースに変換した異性化糖は，工業的に重要な甘味料である。フルクトースは温度が低いほど甘味が強く感じられるので，アイスクリームや氷菓の甘味料として転化糖や異性化糖が用いられる。

糖アルコールは，糖よりエネルギーが低く非う蝕性のものがあるので，菓子類の甘味料に用いられることがある。また，血糖値を上げないので糖尿病患者用の甘味料として利用されることもある。**キシリトール**(xylitol)，**マルチトール**(maltitol)，**ソルビトール**(sorbitol)，**ラクチトール**(lactitol)などが使われ

表3.3 各呈味成分の閾値

呈味成分	閾値(%)
スクロース	0.3
クエン酸	0.0025
食塩	0.08
塩酸キニーネ	0.00005
グルタミン酸ナトリウム	0.03

表3.4 糖および糖アルコールの甘味度

糖の種類	甘味度	糖の種類	甘味度
(単糖および少糖類)		**スクロース(ショ糖)**	100
D-フルクトース(果糖)	115〜173	β-D-マルトース(麦芽糖)	40
D-グルコース(ブドウ糖)	64〜74	α-D-ラクトース(乳糖)	16
α-D-フルクトース	60	β-D-ラクトース(乳糖)	32
β-D-フルクトース	180	パラチノース	42
α-D-グルコース[1]	74	**(糖アルコール)**	
β-D-グルコース[1]	82?	エリスリトール	75
α-D-ガラクトース	32	キシリトール	100
β-D-ガラクトース	21	マンニトール	40
α-D-マンノース	32	ソルビトール	60
β-D-マンノース	苦味	マルチトール	75
D-キシロース	40	ラクチトール	30

日本化学会編：味とにおいの分子認識，52，学会出版センター(2000)
1) 有吉安男：化学と生物，12，189(1974)
出所) 菅原龍幸，福澤美喜男編著：食品学Ⅰ・Ⅱ(第2版)，Nブックス，建帛社(2010)

ている（**表3.4**）。

（2）その他の甘味成分

＊アスパルテーム 「パルスイート」などの商品名が付けられている。フェニルアラニンを含むため，フェニルケトン尿症の患者に対する注意喚起として，フェニルアラニンを含む旨の表示が義務付けられている。

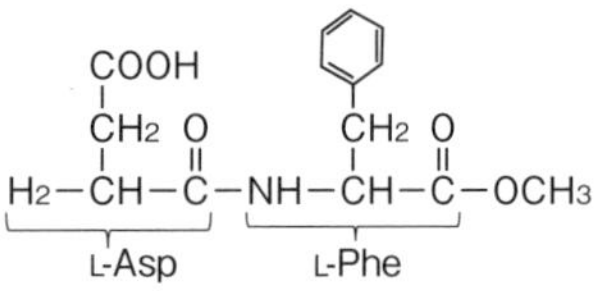

アスパルテーム[*]（aspartame）はアスパラギン酸とフェニルアラニンからなるジペプチドで，砂糖の100〜200倍の甘さがある（**図3.8**）。**ソウマチン**（thaumatin）と**モネリン**（monerine）はアフリカ原産の植物の果実に含まれる糖たんぱく質で，それぞれ砂糖の1,600倍，3,000倍の甘さがある。

ステビオシド（stevioside）は南米パラグアイ原産のステビアの葉に含まれる甘味成分で，砂糖の160倍の甘さがある。**グリチルリチン**（glycyrrhizin）は甘草の根または地下茎から抽出される甘味成分で，砂糖の50〜100倍の甘さがある。**フィロズルチン**（phyllodulcin）は甘茶の葉に含まれる甘味成分で，砂糖の200〜300倍の甘さがある（**図3.9**）。

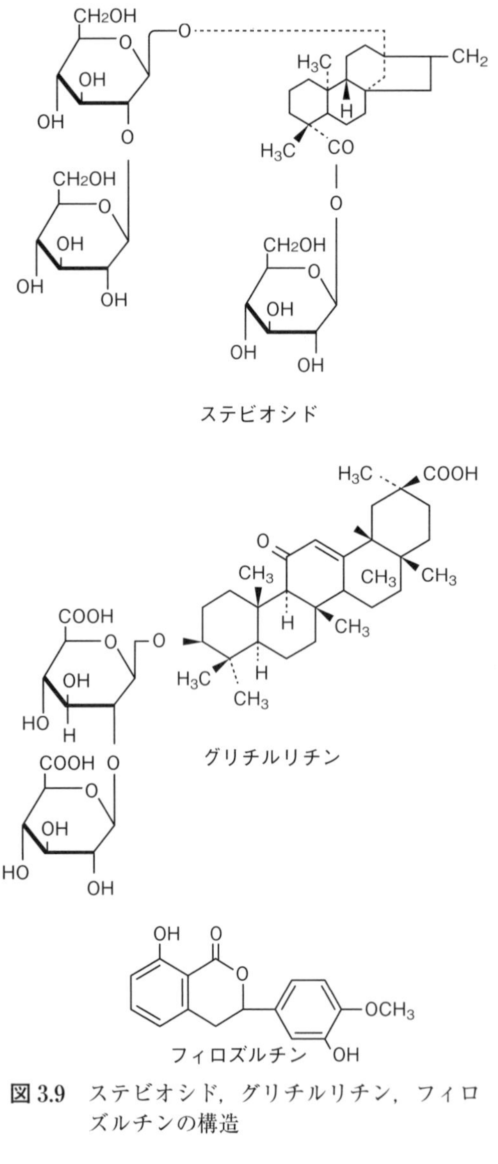

図3.8 アスパルテームの構造

ステビオシド

グリチルリチン

フィロズルチン

図3.9 ステビオシド，グリチルリチン，フィロズルチンの構造

3.3.2 酸味成分

酸味は，水素イオン（H^+）が水分子と結合してできたオキソニウムイオン（H_3O^+）によって感じられる味覚である。したがって，水素イオンを放出する物質は程度の差こそあれ酸味を感じる。また，陰イオンの種類によって酸味の質に違いが生じる。酸味成分には，無機酸と有機酸があるが，無機酸には不快な酸味があり実際食品に利用されているのは**炭酸**と**リン酸**だけである。

有機酸はカルボキシ基（COOH）をもつ化合物で，水中で水素イオンが解離しH^+とCOO^-になる物質である。カルボキシ基の数により一価の酸から三価の酸まである。**酢酸**は酢酸菌が作り出す酸味成分で，食酢の主な酸味となっている。**乳酸**は乳酸菌が作り出す酸味成分で，ヨーグルトや漬物に含まれる。**コハク酸**は清酒や貝類に含まれ，酸味成分であると同時にうま味成分でもある。**クエン酸**は三価の有機酸で酸味がやや強く，柑橘類やうめに多く含まれる。**リンゴ酸**はりんごやももに多く含まれる。**酒石酸**はぶどうの主な酸味成分で，ワインの酸味もこれによる。**アスコルビン酸**は柑橘類，いちご，野菜類に含まれるが酸味はあまり強くない。

3.3.3 塩味成分

塩味の質ということでいえば，**塩化ナトリウム**が最も優れている。塩化ナトリウムは水中でナトリウムイオン（Na^+）と塩化物イオン（Cl^-）に分かれるが，ナトリウムイオンはほとんど苦味をもたず，塩化物イオンに

よる塩味をじゃましない。健康上の観点から塩化ナトリウムの過剰摂取が問題となっているため、代替品として塩化カリウム(KCl)や塩化アンモニウム(NH_4Cl)が利用されているが、塩味の質は劣る。この他に、有機塩としてリンゴ酸ナトリウム、グルコン酸ナトリウム、グルコン酸カリウムが塩味成分として利用されている。

3.3.4　苦味成分

苦味は、人間が最も敏感に感知できる味覚である。口の中にいつまでも残る苦味は不快であるが、のど越しのよい適度な苦味は爽快感を与える。**カフェイン**[1](caffeine)は緑茶、紅茶、コーヒーに含まれているアルカロイドの1種で、特に玉露の茶葉に多い。**テオブロミン**[2](theobromine)はカカオの苦味成分で、その加工品であるココアやチョコレートに含まれる。テオブロミンもアルカロイドの1種であり、分子構造はカフェインと似ている。カフェインとテオブロミンには神経興奮作用があり、茶やコーヒーを飲むと夜眠れなくなるという経験は多くの人がもっている。

フムロン[3](humulon)は、ホップの毬花に含まれるテルペン類で、それ自体に苦味はない。しかし、ビール醸造中の熱処理の工程でフムロンがイソフムロン(isohumulon)に異性化すると苦味を呈するようになる。

ナリンギン[4](naringin)はフラボノイド配糖体で、グレープフルーツやなつみかんの皮に含まれる苦味成分である。ナリンギナーゼという酵素により分解されると苦味はなくなる。**リモニン**(limonin)はオレンジやレモンの種子に特に多く含まれる。オレンジジュースの加熱処理により、リモニンの苦味が強くなる。

ククルビタシン[5](cucurbitacin)は、きゅうり、にがうりなどのウリ科植物に含まれる苦味成分である。さらに、にがうりには、**モモルデシン**(momordicin)という苦味成分も含まれており、一層苦味が増すことになる。

牛乳のカゼインや大豆たんぱく質の酵素分解物に苦味をもったペプチドが含まれることが知られている。**苦味ペプチド**は疎水性で、チーズやみそ・しょうゆの苦味はこのペプチドによる(**表3.5**)。

3.3.5　うま味成分

うま味成分は、アミノ酸系と核酸系に大別される。アミノ酸系では、こんぶに含まれる**L-グルタミン酸**[6]がよく知られている。こんぶ以外では、チーズ、トマト、白菜、ブロッコリーなどに含まれる。グルタミン酸のエチルアミドである**テアニン**[7](theanin)は、緑茶の玉露に含まれるうま味成分である。茶樹を日光を遮って栽培するとうま味成分であるテアニンが増加して玉露の茶葉ができる。アスパラガスに含まれる**アスパラギン酸**は酸性アミノ酸で、側鎖の炭素鎖がグルタミン酸より1個短いだけで化学構造がよく似ている。

表3.5　食品中の代表的な苦味物質

物質名	化学構造	所　在	備　考
カフェイン		緑茶，紅茶，コーヒー	神経を興奮させる作用を示す
テオブロミン		ココア，チョコレート	神経を興奮させる作用を示す
フムロン		ビール（ホップ）	熱処理により異性化したイソフムロンが苦味と抗菌性を示す
ナリンギン		なつみかん かんきつ類（果皮）	ナリンギナーゼにより苦味除去
リモニン		グレープフルーツ かんきつ類（種子）	搾汁直後の果汁では苦味はあまり感じられないが，加熱加工や貯蔵により，苦味が強くなる
ククルビタシンA		きゅうり，うり類	頭部，皮部に多い 濃緑色のものに多い 熱に対して安定
苦味ペプチド	［−Pro−Phe−Pro−Glp−Pro−Ile−Pro−］　部分構造 ［−Try−Phe−Leu−］　部分構造	チーズ 豆みそ，しょうゆ	カゼインの酵素加水分解物（分子量 3,400 以下） 大豆たんぱく質の酵素加水分解物

R：ラムノース，G：グルコース

＊1　5′-イノシン酸　核酸系のうま味物質で，赤身魚や畜肉の熟成過程で生成される。筋肉中のATPは，ATP → ADP → AMP → イノシン酸と分解が進む。かつお節や煮干しに多いとされる。

＊2　5′-グアニル酸　核酸系のうま味物質で，干ししいたけに多く含まれる。干しシイタケを水で戻すとき，酵素により生成される。したがって，生しいたけには少ない。工業的には，酵母のリボ核酸（RNA）から製造され，うま味調味料として販売される。

核酸系うま味成分としては，ATP の分解物である **5′-イノシン酸**[＊1]とリボ核酸の分解物である **5′-グアニル酸**[＊2]が知られている。5′-イノシン酸は，魚肉や畜肉のうま味成分でかつお節や煮干しに多く含まれる。5′-グアニル酸は，干しシイタケを水で戻したとき酵素により生成される（図3.10）。

その他の旨味成分としては，貝類と清酒に含まれる**コハク酸**，たこ，いか，えび類に含まれる**ベタイン**が知られている。

3.3.6　辛味成分

辛味は，基本味と異なり味蕾で感知するものではなく，他の感覚神経に対する痛覚や熱感である。辛さを表す日本語は「辛い」一語しかないが，英語では「ホット（hot）」，「シャープ（sharp）」，「スパイシー（spicy）」などがあり，辛さの感じ方で言葉を使い分けている。とうがらしやこしょうのような熱感を

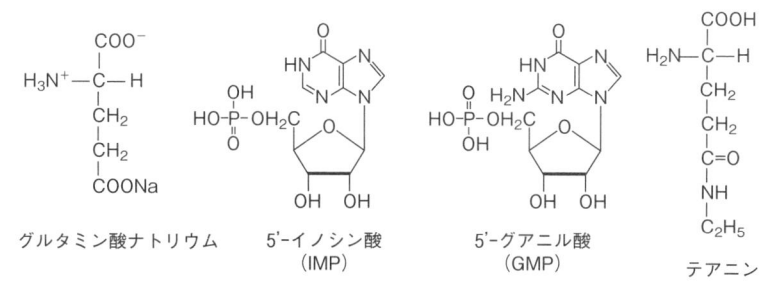

グルタミン酸ナトリウム

5'-イノシン酸
（IMP）

5'-グアニル酸
（GMP）

テアニン

図 3.10 代表的なうま味成分の構造

伴う辛味は「ホット」，わさびやからしのような鼻にツーンとくる辛味は「シャープ」と表現される。辛味成分は化学構造の上から酸アミド類，バニリルケトン類，イソチオシアネート類，スルフィド類の4つに大別される（**図3.11**）。

（1）酸アミド類

とうがらしには，分類学的に同種のパプリカやししとうなど辛味のない品種も存在するが，一般的には**カプサイシン**(capsaicin)[*1]を含む辛味種のことをいう。カプサイシンは，「ホット」な辛味をもつ成分の代表であり，生理的には脂質代謝の促進や発汗などの作用がある。こしょうには，**ピペリン**(piperine)[*2]とその異性体の**チャビシン**(chavicine)が含まれる。これらには，健胃作用，食欲増進，防腐性などの効果がある。さんしょうはミカン科の低木で，その果実には**サンショオール**(sanshool)[*3]という辛味成分が含まれている。さんしょうの果実の皮を粉末にしたものが，香辛料としての山椒である。

（2）バニリルケトン類

ベンゼン環にヒドロキシル基(-OH)とメトキシル基($-OCH_3$)が結合し，炭素鎖にケトン基を有する化合物をバニリルケトン類という。しょうがの塊茎に含まれる**ジンゲロン**(zingerone)と**ショウガオール**(shogaol)が辛味成分として知

*1 **カプサイシン** カプサイシノイドとよばれる炭素，水素，酸素，窒素からなる天然の有機化合物である。とうがらしは品種によりカプサイシンの量が大きく異なり，パプリカなどほとんど含まれないものも存在する。

*2 **ピペリン** 特に黒こしょうの果皮に多く含まれる。カプサイシンと同様に炭素，水素，酸素，窒素からなる天然の有機化合物である。「ホット」な辛味を持つ成分である。

*3 **サンショオール** カプサイシンと同様に炭素，水素，酸素，窒素からなる天然の有機化合物である。生のさんしょうの果実を噛むと強烈な刺激のある辛味を感じるのは，サンショオールの特徴である。

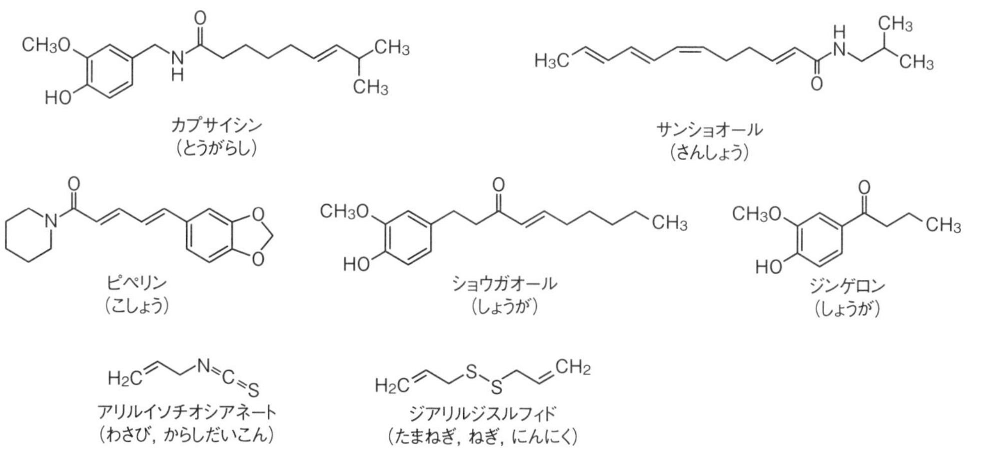

カプサイシン
（とうがらし）

サンショオール
（さんしょう）

ピペリン
（こしょう）

ショウガオール
（しょうが）

ジンゲロン
（しょうが）

アリルイソチオシアネート
（わさび，からしだいこん）

ジアリルジスルフィド
（たまねぎ，ねぎ，にんにく）

図 3.11 食品に含まれる代表的な辛味成分の構造

られている。

(3) イソチオシアネート類

分子内に –N=C=S という共通の構造を持っている含硫化合物である。わさび，からし，だいこんなどのアブラナ科植物には，**イソチオシアネート**[*1]の前駆体が含まれている。調理操作によりこれら植物の細胞が破壊されると，**シニグリン**という前駆体に**ミロシナーゼ**という酵素が作用し**アリルイソチオシアネート**（allylisothiocyanate）という辛味成分が産生される。植物により種類が異なるためイソチオシアネート類と総称される。イソチオシアネート類の辛味は，英語で「シャープ」と表現され，英米ではカプサイシンの「ホット」な辛さとは性質が異なる味覚として認識されている。

(4) スルフィド類

分子内に R–$(S_{1\sim3})$–R′（R＝アルキル基）の構造を持つ含硫化合物で，ネギ属の植物に広く認められる。にんにくに含まれる**ジアリルジスルフィド**[*2]（diallyl disulfide）やたまねぎに含まれる**プロピルアリルジスルフィド**（propyl allyl disulfide）などが知られている。たまねぎに含まれるスルフィド類には催涙作用がある。

スルフィド類を加熱すると，真ん中で2つに切断され硫黄原子の箇所がチオール(-SH)に変化する。チオールは独特の香りと甘味を有し，辛味は感じられない。たまねぎやねぎを煮込むと甘味を感じるのはこのためである。

3.3.7　渋味成分

渋味は舌の表面の粘膜に起こる収れん性の感覚である。舌の粘膜のたんぱく質が，渋味成分により変性されて渋味として感知される。渋味は，一般に不快な味であるが，茶，赤ワイン，コーヒーのように品質の上で適度な渋味が重要視される飲料もある。

渋味成分の多くはポリフェノール類で，代表的なものに**タンニン**[*3]類と**カテキン**類(3.2.3(3)参照)がある。タンニン(tannin)は，カテキンが酸化重合した物質である。渋がきには可溶性タンニンである**シブオール**(shibuol)が含まれる。渋がきをアルコールや二酸化炭素をもちいて脱渋すると，可溶性タンニンが不溶化し，食べても唾液に溶けださなくなり渋味として感じられなくなる。

茶の渋味は主にカテキンによる。紅茶の製造においては，発酵中に茶葉に含まれるカテキンが重合して赤色または褐色色素のテアフラビンとテアルビジンに変化する。このため紅茶は緑茶より渋味が少なくなる。

赤ワインの渋味は，発酵中にぶどうの果皮や種子から移行したタンニンによる。コーヒーの渋味成分は，**クロロゲン酸**[*4]（chlorogenic acid）である。また，くりの渋皮の渋味は，**エラグ酸**（ellagic acid）である。

3.3.8　えぐ味成分

苦味と渋味を合わせたような不快な味をえぐ味という。えぐ味は，たけの

---

*1　イソチオシアネート　おろし器でわさびやだいこんの細胞を破壊すると，前駆体シニグリンに酵素ミロシナーゼが反応し辛味成分であるアリルイソチオシアネートが生成する。イソチオシアネート類は，アブラナ科植物に広く認められる含硫化合物である。

*2　ジアリルジスルフィド　二硫化アリルともいう。硫黄原子を2個含むスルフィド類で，にんにくの精油の主成分である。強いにんにく臭をもつ黄色の液体で，水には溶けない。にんにくのアリシンが分解されて生成する。

*3　タンニン　食品に含まれるタンニンには渋味の原因物質から，色素やあくの成分まで幅が広い。多数のポリフェノール類が結合して高分子となったものと低分子のものとがある。一般に渋といわれるのはこの高分子のタンニンで，かき，茶に多く含まれる。

*4　クロロゲン酸　桂皮酸誘導体とキナ酸のエステル化合物と定義される。コーヒー中には主にカフェオイルキナ酸(CQA)，フェルロイルキナ酸(FQA)，ジカフェオイルキナ酸(diCQA)からなる9種類の化合物が含まれており，これらの総称がクロロゲン酸類である。

こ，ごぼう，山菜，ほうれんそうなどを湯がいたときに出る「灰汁」の味である。たけのこやごぼうのえぐ味成分の主なものは，**ホモゲンチジン酸**(homogentisic acid)である。また，ほうれんそうのえぐ味成分の主なものは，**シュウ酸**(oxalic acid)である。えぐ味は，調理操作の前処理によって取り除くことができる。たけのこを湯がくとき，米のとぎ汁を加えるとホモゲンチジン酸がでんぷん粒子に吸着され，えぐ味が弱くなる。

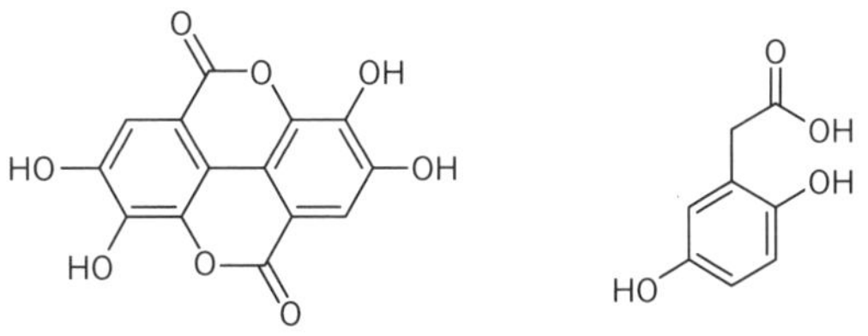

図 3.12 エラグ酸とホモゲンチジン酸の構造

*ホモゲンチジン酸 たけのこに豊富に含まれるチロシンの代謝物である。酵素により生成される。収穫から時間が経過するほどホモゲンチジン酸量が増大し，えぐ味が増すと考えられる。

3.4 香気・におい成分

香りは食品を選ぶ要素の 1 つであり，また，食欲に大きく影響する。食事にとって重要な要素である。食べ物から発する香気成分は，鼻腔の奥にある嗅上皮で感じる。この時，嗅上皮に存在する嗅細胞が興奮することで起こる化学感覚を嗅覚という。嗅覚は，食べ物から放出される香気成分を感じるだけでなく，食品を食べる時に香気成分が口腔から鼻腔へ送られることで味とともに香りを感じる。このように味と香りを同時に感じるにおいを**フレーバー**(風味)という。また，心地よいにおいを**アロマ**(香り，匂い)といい，不快なにおいを悪臭(臭い，臭気)という。

3.4.1 香気成分の特徴

香気成分は，香りや風味を感じるために揮発性でなくてはならない。香りや風味を感じる揮発性物質は，一般的に分子量が 300 以下の有機化合物である。ただし，揮発性物質でも香りのないものや，微量でも強い香りを有するものもある。揮発性物質の特徴を**表 3.6** に記す。植物中の香気成分には，生合成による生成と細胞の破壊で生じた酵素反応による生成がある。

3.4.2 植物中の香気成分

(1) 生合成による香気成分の生成

野菜や果物，香辛料には C_5H_8 イソプレンを基本骨格とし，炭素数 10 個からなるモノテルペンや炭素数 15 個のセスキテルペンが香気成分として多く含まれる。レモンやオレンジ中に含まれる**リモネン**はモノテルペン，グレ

表 3.6 香気成分の特徴

- 揮発性
- 物質により香りの閾値が異なる。
- 分子内に水酸基，カルボニル基などの官能基や二重結合がある物質は香りが強い。
- 硫黄や窒素を含む化合物は特有の香りを有するものが多い。
- エステル，アルデヒド，ケトンは強い香りを有するものが多い。
- 立体構造の違いにより香りが異なる(右図)。(鏡像異性体やシス・トランス異性体など)

出所) 久保田紀久枝ほか編：食品学，101，東京化学同人(2022)をもとに筆者作成

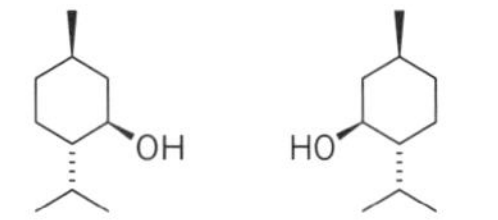

(－)メントール
すっとする香り

(＋)メントール
青臭い香り

備考：鏡像異性体

ープフルーツに含まれる**ヌートカン**はセスキテルペンである。バナナやモモなど香りが強い果物は，成熟すると有機酸とアルコールが酵素的に反応しエステル類を合成する。バナナは**酢酸イソアミル**，モモは**γ-ウンデカラクトン**，いちごはブタン酸メチル，ブタン酸エチルなど特有のフルーティーな香りが合成される（図 3.13）。また，きのこの香気成分として代表的なものは **1-オクテン-3-オール（マツタケオール）**で，まつたけやしいたけをはじめとする多くのきのこの主要な香気成分である。そのほか，まつたけ特有の香気成分として桂皮酸メチルがある。干しシイタケを水戻しした際の香気成分は，レンチニン酸が酵素により分解され生成した**レンチオニン**によるものである（図 3.14）。

（2）細胞の破壊で生じる酵素反応による香気成分の生成

植物の細胞が傷つくと加水分解酵素が働き香気成分が生成される。トマトやキュウリに含まれる脂質が**リポキシゲナーゼ**＊により分解され，トマトは**トランス-2-ヘキセナール（青葉アルデヒド）**や**シス-3-ヘキセノール（青葉アルコール）**が，キュウリは**トランス，シス-2,6-ノナジエナール（スミレ葉アルデヒド）**や**トランス，シス-2,6-ノナジエノール（キュウリアルコール）**が生成される。これらは青臭い香りである（図 3.15）。

ニンニクや玉ねぎは含硫アミノ酸を含み，これが酵素により香気成分へと変化する。ニンニクに含まれる**アリイン**が**アリイナーゼ**の作用によって硫黄を含む**アリシン**，ジアリルスルフィドを生じる（図 3.16）。また，玉ねぎも**アリイナーゼ**の作用によって**チオプロパナール-S-オキシド**を生じる。アリシンはツンとする香りを発し，チオプロパナール-S-オキシドは催涙成分である。玉ねぎには**ジプロピルスルフィド**も香気成分として生成される（図 3.17）。

わさび，大根，黒からしには**シニグリン**が含まれており，**ミロシナーゼ**に

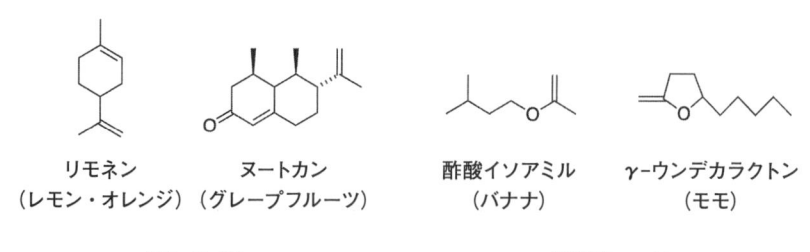

リモネン （レモン・オレンジ）	ヌートカン （グレープフルーツ）	酢酸イソアミル （バナナ）	γ-ウンデカラクトン （モモ）
テルペン類		脂肪酸エステル	

図 3.13　テルペン類，脂肪酸エステル

桂皮酸メチル	レンチオニン	1-オクテン-3-オール

図 3.14　きのこの香気成分

よりアリルイソチオシアネートが生成される。白からしのシナルピンもミロシナーゼにより*p*-ヒドロキシベンジルイソチオシアネートに変化する。これらのイソチオシアネート類は，香気成分であると同時に辛味成分でもある（図3.18）。

米が古くなると，米の脂質が**リパーゼ**により遊離脂肪酸となり，さらに**リポキシゲナーゼ**の作用を受けて過酸化脂質，**ヘキサナール**などを生じる。ヘキサナールは**古米臭**の原因となる（図3.19）。

(3) 魚の香気成分の生成

新鮮な魚はほとんど無臭であるが，鮮度の低下により生臭さが強くなる。海産魚の場合，海産魚中のトリメチルアミンオキシドがジメチルアミンや**トリメチルアミン**[*]に変化するためである。一方，淡水魚では，淡水魚中のリシンがピペリジンに変化し生臭さを生じる（図3.20）。

(4) 非酵素的褐変反応による香気成分の生成

糖質を加熱することで，**カラメル化反応**が起こりカラメル様の焦げたにおいを生じる。これは，ショ糖やグルコースの加熱により，4-ヒドロキシ-2,5-ジメチル-3(2*H*)-フラノンやマルトールなどフラン類やラクトン類が生成されるためである（図3.21）。

アミノ化合物とカルボニル化合物を加熱することで**アミノカルボニル反応**が起こる。この反応はパンやクッキー，みそやしょうゆなどさまざまな食品で起こり，これらの食品の香気成分と重要なかかわりがある。アミノカルボニル反応の中期段階にて**ストレッカー分解**が起こり，それに伴い**アルデヒド類**や**ピラジン類**などの香気成分が生成される（5.6.1）。この香気成分はアミノ酸の種類によりさまざまな香りを生じる（図3.21）。

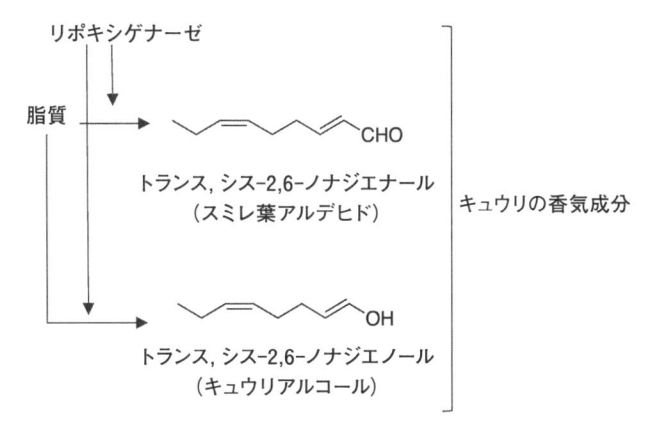

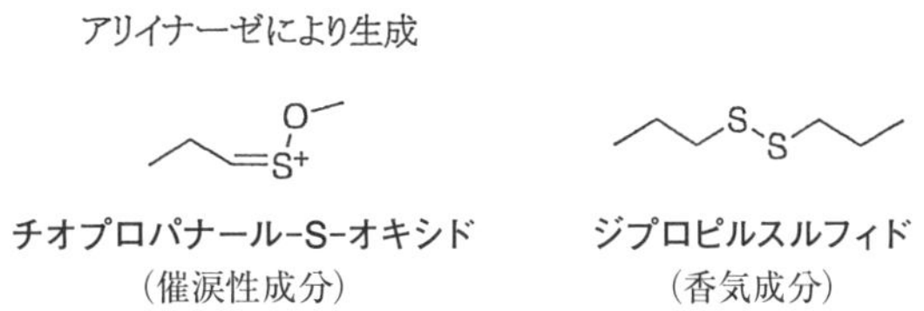

図3.15　トマト，キュウリの香気成分

［*］*海産魚介類における鮮度の指標の1つである。*

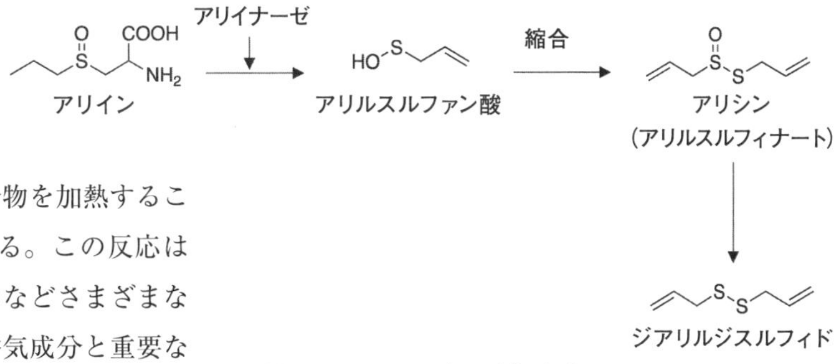

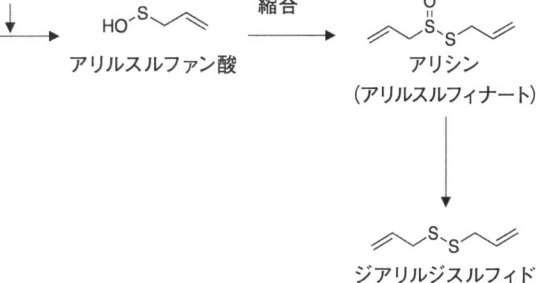

図3.16　にんにくの香気成分

アリイナーゼにより生成

チオプロパナール-S-オキシド　　　ジプロピルスルフィド
（催涙性成分）　　　　　　　　　　　（香気成分）

図3.17　たまねぎの香気成分

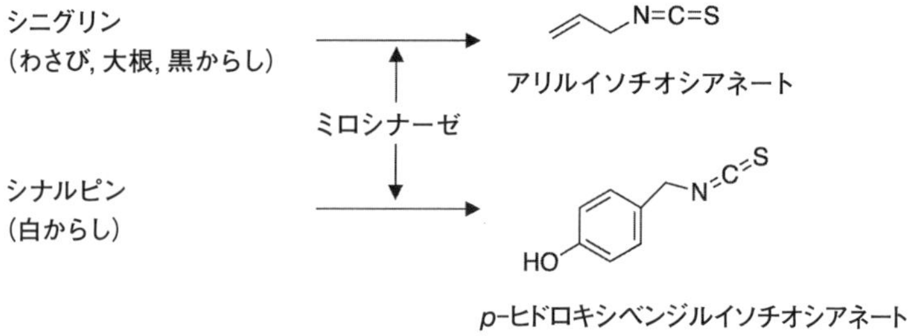

シニグリン
（わさび, 大根, 黒からし）　→　　CH₂=CH−CH₂−N=C=S
　　　　　　　　　　　　　　　アリルイソチオシアネート

　　　　　　ミロシナーゼ

シナルピン
（白からし）　→

HO−⟨⟩−CH₂−N=C=S
p-ヒドロキシベンジルイソチオシアネート

図 3.18　わさび, 大根, からしの香気(辛味)成分

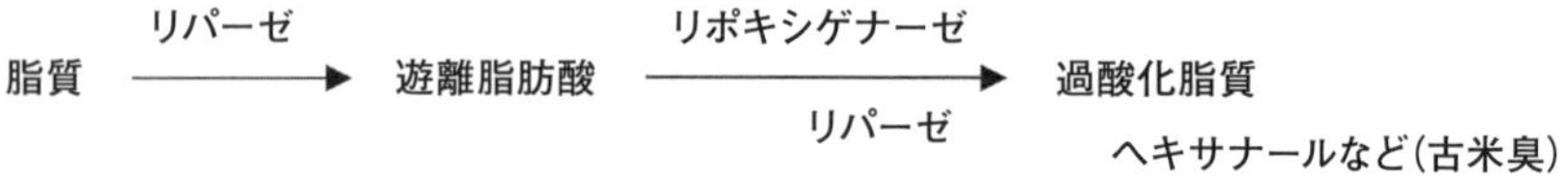

　　　リパーゼ　　　　　　　　リポキシゲナーゼ
脂質　→　遊離脂肪酸　→　過酸化脂質
　　　　　　　　　　　　　リパーゼ
　　　　　　　　　　　　　　　ヘキサナールなど(古米臭)

図 3.19　古米臭の生成

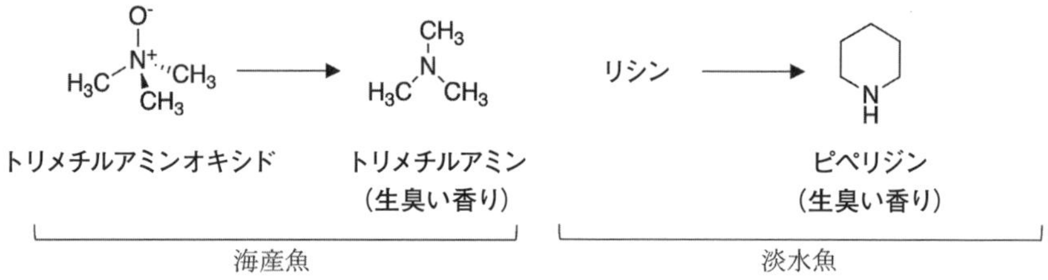

トリメチルアミンオキシド　→　トリメチルアミン
　　　　　　　　　　　　　　　（生臭い香り）

リシン　→　ピペリジン
　　　　　　（生臭い香り）

　　　　海産魚　　　　　　　　　　　　淡水魚

図 3.20　魚の香気成分

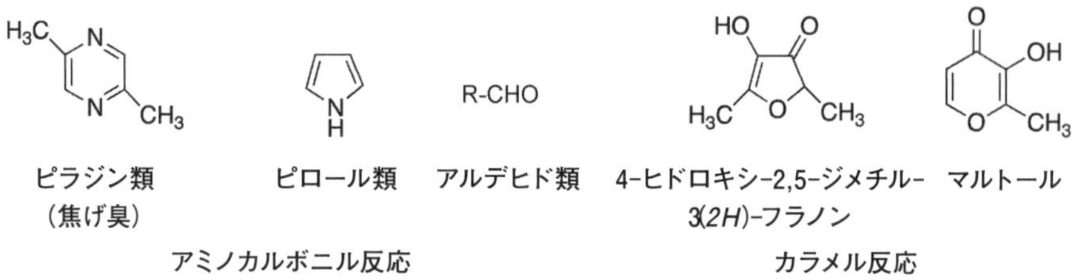

ピラジン類　　　ピロール類　　アルデヒド類　　4-ヒドロキシ-2,5-ジメチル-　マルトール
（焦げ臭）　　　　　　　　　　　　R-CHO　　　　　3(2H)-フラノン

アミノカルボニル反応　　　　　　　　　　　　　　　　　カラメル反応

図 3.21　非酵素的褐変反応による香気成分

3.5　官能評価

　食品の官能評価とは, 人間の**五感(視覚, 聴覚, 嗅覚, 味覚, 触覚)**を使って, 食品の品質を評価する方法である。かたさや付着性といった物理的科学的性質の評価だけでなく, 好みを判定するなど評価する領域は非常に幅広い。精密機器による理化学的測定では結果を数値で表し, ばらつきも少ないが, 人間による測定では, 生理的・心理的な影響が大きく, 人間に左右されやすいなどデメリットが多くある。しかし, 人間は相乗効果や対比効果といった機器では計測できない錯覚を起こすことから, 食品の品質やおいしさの評価には官能評価は欠かせない手法である。

3.5.1 種　　類

　官能評価には**分析型官能評価**と**嗜好型官能評価**がある。**分析型官能評価**は，食品の味，香り，物性，色など品質を判定したり，試料間の差異や標準品と試料との差異，また，特性の評価を行う。そのためには，品質の差を見分けられるような鋭い感性が必要なため，分析型パネルは，感度の維持や向上のために訓練が必要とされる。**嗜好型官能評価**は，どのような食品の特性が消費者に好まれるかなど嗜好性について評価する。嗜好型パネルは，個人の好み（主観的判断）で評価することから，**訓練の必要はない**。消費者の嗜好性を把握することが目的なため，パネリストの人数は多いほどよい。

3.5.2　パネル

　官能評価を行う人を**パネルメンバー**あるいは**パネリスト**と呼び，評価する集団を**パネル**という。[*1] 官能評価では，パネリストに生理的・心理的なストレスを与えない環境（室温 20 ℃，湿度 50 ～ 60 ％，照明，防音，換気など）に配慮して実施しなければならない。また，人は長時間評価を継続した場合，疲労して正常な判断ができなくなることから（疲労効果），1 回に提示する試料数を少なくするとよい。また，複数の試料を味わう際に，相乗効果や対比効果が起こる場合がある。また，提供順により評価が変化する場合もあることから，偏りを減らすためパネリストによって提供順をランダムにするとよい。

　パネリストが他人の影響を受けないよう個室で評価する個室法では，他人の影響を受けないよう部屋を仕切り，個別に試料が提供できるような試料提供口や水道が設置されている。そのほか，少人数のパネルが円卓を囲んで，互いに意見を交換しながら評価していく**円卓法**がある。

*1　パネルを選ぶ場合，健康な人，食の好みに偏りがなく，意欲があること，参加しやすいことが重要である。

3.5.3　手　　法

　官能評価には 2 点比較法，3 点比較法，順位法，評点法などさまざまな手法があり，評価の目的や試料の特性に応じた手法を選ぶ必要がある。また，評価後には，適切な統計的手法により検定を行う。

(1) 2 点比較法

　2 つの試料間にある特性を識別する方法である。**2 点識別法**（試料間に差があるか）と**2 点嗜好法**（どちらを好むか）がある。たとえば，かたい，かたくないのような刺激の強さや好ましい，好ましくないという嗜好性の差をパネリストに選ばせる方法である。試料は(A, B)や(B, A)と組合せを変えて，同一人に n 回または一人一回で n 人で繰り返し評価して結果を得る。2 点嗜好法の場合，好みにより選択するため，正解はない。結果後の検定では，**二項検定**[*2]を用い，客観的正解がある場合は（2 点識別法の場合，正解があることが多い）片側検定を，ない場合は両側検定を行う。

*2　二項検定　結果が「はい」「いいえ」など 2 つのカテゴリーに分類されるとき，その比率が基準となる比率や理論的に想定される比率に対して有意に偏っているかを調べる統計的仮説検定。

(2) 3点比較法

　2つの試料 A，B の間にある特性の差を識別する場合，（AAB）（ABA）（BAA）など2つは同一試料で1つを別の試料とした組合せを作り，その中から異なる1個または同じ2個を判定させる手法である。得られた結果は，確率母数1/3における二貢検定を用いる。なお，2点比較法と同様に識別法と嗜好法がある。

(3) 順位法

　いくつかの試料を提示し，その特性(濃度差，味，香り，物性，好ましさなど)に順位をつけさせる方法である。同一順位を許さない場合が多い。検定方法が多く，**スピアマンの順位相関係数を用いた検定**(2つの特性あるいはパネルの能力を評価する)，**ケンドールの一致性の係数を用いた検定**(n組の順位間の関連性を示す)，**クレーマーの検定**(順位合計に有意差があるかを簡易的に判定する)，**フリードマンの検定**(2つの因子の水準間に差があるかどうか判定する)などが利用される。

(4) 評点法

　パネルの経験に基づき，試料の特性の強弱や好みの程度を点数を用いて評価する方法である。評価の尺度には，5点評価法(1(悪い)～5(よい))や7点評価法(1(非常に悪い)～7(非常によい)，－3(非常に好ましくない)～＋3(非常に好ましい))などがある。評価法は，絶対的な評価を数値で得ることができる。また，試料が2つ以上の場合は，試料間の差異がわかることから広く用いられる。検定方法には，**一元配置法**[*1]や**二元配置法**[*2]が使用される。

*1 　一元配置法　ある結果に対して，1つの因子の影響を調べたいときに用いられる手法。代表的な分析法は一元配置分散分析(One-Way ANOVA)がある。

*2 　二元配置法　二つ以上の要因が関係する中で，その二つの要因が結果に及ぼす影響について検証する方法。二元配置法には「繰り返しのある配置」と「繰り返しのない配置」に分かれており，繰り返しのない配置では交互作用を検出することができない。二元配置法の分析には二元配置分散分析(Two-Way ANOVA)などがある。

※交互作用とは，複数の因子が組み合わさったときに起こる相互作用をいう。

【演習問題】

問 1 食品とその呈味成分に関する記述である。最も適当なのはどれか。1
つ選べ。 (2021 年国家試験)

 (1) 柿の渋味成分は，オイゲノールである。
 (2) たこのうま味成分は，ベタインである。
 (3) ヨーグルトの酸味成分は，酒石酸である。
 (4) コーヒーの苦味成分は，ナリンギンである。
 (5) とうがらしの辛味成分は，チャビシンである。
 解答（2）

問 2 食品に含まれる色素に関する記述である。最も適当なのはどれか。1
つ選べ。 (2020 年国家試験)

 (1) β-クリプトキサンチンは，アルカリ性で青色を呈する。
 (2) フコキサンチンは，プロビタミン A である。
 (3) クロロフィルは，酸性条件下で加熱するとクロロフィリンになる。
 (4) テアフラビンは，酵素による酸化反応で生成される。
 (5) ニトロソミオグロビンは，加熱するとメトミオクロモーゲンになる。
 解答（4）

問 3 食品と主な香気・におい成分の組合せである。最も適当なのはどれか。
1つ選べ。 (2021 年国家試験)

 (1) もも ——————— ヌートカトン
 (2) 淡水魚 ——————— 桂皮酸メチル
 (3) 発酵バター ——————— レンチオニン
 (4) 干ししいたけ —— γ-ウンデカラクトン
 (5) にんにく ——————— ジアリルジスルフィド
 解答（5）

問 4 野菜類の成分に関する記述である。最も適当なのはどれか。1つ選べ。
 (2023 年国家試験)

 (1) ほうれんそうのシュウ酸は，腸管でのカルシウムの吸収を促進する。
 (2) にんじんの β-カロテンは，光照射によって色調が変化する。
 (3) なすのナスニンは，金属イオンに対するキレート作用で退色する。
 (4) だいこんのイソチオシアネート類は，リポキシゲナーゼの作用で生成
 する。
 (5) きゅうりのノナジエナールは，ミロシナーゼの作用で生成する。
 解答（2）

問5 食べ物の官能評価に関する記述である。最も適当なのはどれか。1つ選べ。 (2024年国家試験)

(1) 嗜好型官能評価では，客観的に試料の差や品質を判断させる。

(2) 3点識別法は，3種類の試料を2個ずつ組み合わせて提示し，特性の強さを判断させる方法である。

(3) シェッフェの一対比較法は，2種類の試料の一方を2個，他方を1個組み合わせて提示し，異なる1個を選ばせる方法である。

(4) SD（セマンティック・ディファレンシャル）法は，相反する形容詞対を用いて試料の特性を評価させる方法である。

(5) 順位法は，試料の特性の強さや好ましさを数値尺度で評価させる方法である。

解答 (4)

📖 **参考文献・参考資料**

青柳康夫，齋藤昌義編著：新版改訂　食品学Ⅰ，建帛社（2023）

青柳康夫，筒井知己：標準食品学総論（第3版），医歯薬出版，180-189，223-226（2016）

和泉秀彦，熊澤茂則編著：食品学Ⅰ（改訂第4版），南江堂（2022）

医療情報科学研究所編集：メディックメディア，クエスチョンバンク管理栄養士国家試験問題解説 2023-2024，430（2023）

江藤義春，北越香織ほか：イラスト　食品学総論（第9版），東京教学社（2022）

太田英明，白土英樹，古庄律編著：食品の科学（改訂第3版），南江堂（2022）

大羽和子，川端晶子編著，阿久澤さゆりほか：調理科学実験，学建書院，76-113（2017）

久保田紀久枝，森光康次郎編：食品学—食品成分と機能性—（第12版第2刷），新スタンダード栄養・食物シリーズ5，98-106，281-283，東京化学同人（2022）

対馬栄輝：SPSSで学ぶ医療系データ分析（第2版第2刷），141-144，172-177，東京図書（2017）

中河原俊治編著：食べ物と健康Ⅱ　食品の機能（第3版），三共出版（2023）

（公社）日本フードスペシャリスト協会編：三訂食品の官能評価・鑑別演習（第3版第3刷），建帛社，4-30（2015）

藤本健四郎，薄木理一郎，金子憲太郎ほか：健康からみた基礎食品学，104-110，アイ・ケイコーポレーション（2004）

水品善之，菊﨑泰枝，小西洋太郎編：食品学Ⅰ　食べ物と健康—食品の機能性を学ぶ（第1版），栄養科学イラストレイテッド，111-116，羊土社（2018）

武藤志真子編著：管理栄養士・栄養士のための統計処理入門（第2刷），61-64，建帛社（2013）

ユーザーライフサイエンスホームページ：食肉の化学　死後硬直やミオグロビンの変化など
https://userlife.science/basics/food-chemistry/meat/4/（2024.10.14）

4 食品の三次機能

4.1 食品の三次機能

食品には，単なる栄養としての機能である「一次機能」，味覚や嗜好など，感覚機能に訴える「二次機能」に加えて，身体の機能に何らかの影響を与えるような生体調節機能とも呼べる「三次機能」をもつ成分が含まれていることがわかってきた。この三次機能の研究についてその経緯を遡ってみると，1984年，文部省による特定研究「食品機能の系統的解析と展開」において初めて食品の三次機能が提唱され，この時すでに「機能性食品」という言葉が生まれていた。つまり，この「機能性食品：Functional Food」という言葉は世界に先駆けて定義された概念ともいえる（図4.1）。

これまでの食品のもつ機能に関しては，長い間栄養学に基づく研究が数多くなされてきたが，この「三次機能」について網羅的な研究が行われてこなかったことから，先の特定研究はさらに第3次プロジェクトまで約10年間実施された。その間に厚生省では，このような新開発食品に関する法制化を進め，1991年には「**特定保健用食品**」が栄養改善法の中の1つに定義づけられ，1993年にはその第1号が許可された。

一方，海外をみてみると，特にアメリカにおいては1990年に「栄養表示教育法：Nutrients Labeling and Educational Act：NLEA」が法制化され，FDAが科学的に立証されていると認めた食品成分と疾病との関係についてヘルスクレームを記載できるようになった。これには「カルシウム，ビタミンDの摂取と骨粗鬆症の予防」のようなものがあり，現在では12の成分と疾病との関連について認められている。なお，2003年に科学的根拠は確立されていないがある一定の条件を満たした食品については，（限定的健康強調表示，ヘルスクレーム，Qualified Health Claim：QHC）として表示が認められるようになった。一方，企業が効果や安全性を担保して食品に健康強調表示をすることについては1994年に「**栄養補助食品健康教育法**：Dietary Supplement Health and Education Act：DSHEA」

図4.1 食品のもつ3つの機能

出所）日本健康・栄養食品協会の広報部作成資料を改変

表 4.1　栄養および健康強調表示制度の国際比較

年代	アメリカ	日本	EU	コーデックス
1984		「機能性食品」の概念		
1990	栄養表示教育法 （NLEA）			
1991		特定保健用食品		
1994	栄養補助食品健康教育法 （DSHEA）			
1995				
1996		栄養表示基準制度	健康強調表示（自主） （FUFOSE）	
1997	FDA 近代化法に基づく 栄養強調表示			栄養強調表示の ガイドライン
2001		保健機能食品制度（栄養機 能食品，特定保健用食品）	フードサプリメントに 関する規則 （PASSCLAIM）	
2002				
2003	限定的ヘルスクレーム （QHC）			
2004				栄養及び健康強調表示の ガイドライン
2005		特定保健用食品の拡大 （条件付き，規格基準型， 疾病リスク低減表示）		ビタミン・ミネラルフード サプリメントの ガイドライン
2007			栄養及び健康教表示に 関する規則	健康強調表示の科学的根拠
2015		食品表示法施行 （機能性表示食品）		

出所）平成 22 年「第 4 回健康食品の表示に関する検討会」資料改変

*1　**FDA**　Food and Drug Administration アメリカ食品医薬品局

*2　コーデックス　コーデックスとは，「食品規格」を意味するラテン語，コーデックス・アリメンタリウス（Codex Alimentarius）を略したもので，コーデックス規格とも呼ばれている。1963年に FAO（国連食糧農業機関）と WHO（世界保健機関）が合同で設立され，日本を含む 187ヶ国と 1 機関（EU）が加盟しており（2016 年 7 月現在），国際社会で共有する食品規格となっている。

が施行された。これにより，企業は販売後 30 日以内に **FDA**[*1] に届け出ることにより食品の健康強調表示が可能となったが，この制度は日本における「機能性表示食品制度」の元となっている。また，EU においては，1996 年から FUFOSE プロジェクトが開始され，2001 年には PASSCLAIM により科学的根拠に基づく評価法とそのマーカーを設定し，その食品ないしはその成分への身体への機能を明確にできれば健康に関する表示が可能となった。その他，**コーデックス**[*2]のガイドラインや各国の表示法の変遷について**表 4.1** にまとめた。このように俯瞰すると，機能性食品という概念は日本でできたのにもかかわらず，表示制度については海外からの影響を強く受けていることがわかる。

　本章においては，ここではこのような生体調節機能を示す食品について，(1)消化管内で生理機能を発現するものと，(2)消化管で吸収後，標的組織で生理機能を発現するものとに分け，現時点で科学的な根拠をもつ食品成分について，特定保健用食品や機能性表示食品となっている食品を中心にできるだけ網羅的に示すこととした。なお，これらの成分はあくまで食品であり，医薬品とは異なり疾病の治癒，改善をするものではないことをきちんと理解しておくことが肝要である。

4.2　消化管内で作用する食品成分

　食品に限らず，消化管内で作用する化合物については，吸収性について考慮する必要がないため，比較的 *in vitro* の試験結果が反映されやすいといえる。

ここでは，そのような成分についてまとめた。なお，消化管内とはいえ，末梢神経，あるいは受容体を介して身体の特定の部位に効果を示す成分もあることに注意して欲しい。

4.2.1　お腹の調子を整える食品

この表示をする食品には，主に**プレバイオティクス**（いわゆる有益な微生物の成長または活動を誘発する食品中の化合物群），**プロバイオティクス**（腸内で有益なはたらきを示す微生物）の2つがあり，これらに分けて説明する。

(1) プレバイオティクス

これに分類される主なものとして，食物繊維やオリゴ糖がある。食物繊維の生理作用には，その物理化学的性質と深くかかわっており，保水性の向上，膨張性，粘性（ゲル化）の上昇，物質吸着性，微生物資化性などの作用がある。これらの性質は水溶性，不溶性により異なっており，一般に水溶性のものの方が粘性や微生物への発酵性が高い傾向があり，不溶性のものは保水性を示し，膨張することで嵩高（かさ）くなり便量を増やすことに寄与すると考えられている。いずれの食物繊維も整腸作用には有用であり，バランスよく摂取することが好ましいと考えられている。

一方，オリゴ糖は腸内細菌叢に影響を与え，いわゆる善玉菌（乳酸菌やビフィズス菌）の増殖を促進することで，腸内の pH を低く保つ作用や，短鎖脂肪酸（酢酸，酪酸，プロピオン酸）を増加させ種々の生理作用を発現すると考えられている。

1)　難消化性デキストリン

一般に，食物繊維による整腸作用は，保水性や膨潤性による糞便重量増加によるものであるといわれているが，難消化性デキストリンには保水性や膨潤性がないため，これとは異なる機序により整腸作用の機能を発揮すると考えられている。難消化性デキストリンはヒトの消化管上部では消化吸収されず大腸に到達し，一部は腸内細菌によって資化され，その際に，短鎖脂肪酸が生成され，蠕（ぜん）動運動を賦活（ふかつ）化するため排便が促進されるようである。一方で便中のビフィズス菌が有意に増加されるとのことで，これらのメカニズムによりお腹の調子を整える作用を示すと考えられている。

2)　サイリウム種皮由来食物繊維

サイリウム種皮はインドや欧州を中心として栽培されているオオバコ科の植物 *Plantago ovata Forskal* の種皮であり，約 80 ～ 90 ％が高度に分岐した酸性のアラビノキシランからなる多糖類（ヘミセルロース）である。このサイリウム種皮由来の食物繊維の性質は常温水中においても膨潤し，粘性の高い溶液を形成して保水能に優れているため，便中に水分を保持して便を軟化させ，同時に腸内内容物の容量を増大・膨潤させることにより腸壁を刺激して排便

を促進すると考えられている。

3) 乳糖果糖オリゴ糖

乳糖果糖オリゴ糖(ラクトスクロース)は，化学的には，β-D-fructofuranosyl 4-O-β-D-galactopyranosyl-α-D-glucopyranoside または 4G-galactosylsucrose と示され，その分子構造にスクロースと乳糖の部分構造をもつという特徴がある。乳糖果糖オリゴ糖はヒト消化酵素でほとんど加水分解を受けずに消化管下部に到達して，腸内のビフィズス菌により資化される。ビフィズス菌から産生される有機酸などの働きによって，腸管ぜん動促進をもたらし，排便回数の増加などの便通改善効果が報告されている。

4) ラクチュロース

ラクチュロース[*]もまたヒトの小腸および小腸内容物による分解を受けず，経口摂取されたラクチュロースの大部分が未分解のまま大腸の入り口である回盲部まで到達し，これがビフィズス菌を増加させることから整腸作用を示すと考えられている。

5) 大豆オリゴ糖（ラフィノース，スタキオース）

38 ページ 5)ラフィノース，スタキオースの項参照。

6) その他

その他，大麦 β-グルカン，サラシア由来サラシノール，**グアーガム分解物**，寒天由来ガラクタン，イヌリンイソマルトデキストリン，ポリデキストロース，ジンコウ葉エキス末加工食品(ゲンクワニン 5-O-β-プリメベロシド，マンギフェリン)，小麦ふすま由来難消化性多糖類，ラムナン硫酸，小麦ブラン由来アラビノキシランなどの多糖類や，**ガラクトオリゴ糖**，マルトビオン酸 Ca，クマイザサ由来ホロセルロース，**コーヒー豆マンノオリゴ糖**等のオリゴ糖が知られている。また，レジスタントスターチやレジスタントプロテインもこの中に含まれる。なお，ポリフェノールのモノグルコシルヘスペリジンもこのような作用を示すことが報告されている。

(2) プロバイオティクス

プロバイオティクスに関しては，多くの乳酸菌やビフィズス菌が報告されている。また，一部では酢酸菌や納豆菌，麹(こうじ)なども含まれている。これらの菌は胃で死滅しないで腸に達するもの，あるいは死菌体として摂取しても作用を示す物もあり，菌種によってそれぞれ性質が異なっている。

1) 乳酸菌

乳酸菌の最大の特徴は，消費したグルコース量の 50 % 以上の乳酸を産生することであり，ある意味そのような微生物の総称ともいえる(**表 4.2**)。

表 4.2 乳酸菌の定義

1. グラム陽性菌
2. 細胞形態は桿菌または球菌
3. カタラーゼ陰性
4. 消費したグルコース量に対して 50%以上の乳酸を産生する
5. 内生胞子を形成しない
6. 運動性は一般的にない

従って，一括りにこれらの菌を同じようなものとして捉えることはしないで，菌種ごとに個別に性質を見極めることが重要である。

① 乳酸菌シロタ株

乳酸菌シロタ株(L. カゼイ YIT 9029)は，胃酸や胆汁酸等の消化液に強く，人の消化管において生きたまま消化管下部に到達するようである。そこで腸内において乳酸を産生することで，乳酸菌やビフィズス菌などの有用菌を増加させ，腸内の pH を低く保つことで有害菌の増殖を抑え，腸内環境を改善することから大腸のぜん動運動を活発化することで整腸作用を示すと考えられている。

② ラブレ菌

ラブレ菌は，生菌で経口摂取した際に糞便中から検出されており，生きて腸まで到達するようである。また，ラブレ菌は，乳酸のみならず酢酸を産生することが知られており，糞便中の総有機酸，酢酸を増加させ，有機酸により腸内 pH を低下させることで，腸管のぜん動運動を促し，便通を改善し，整腸作用を示すと考えられている。

③ その他の乳酸菌

その他，カゼイ菌(DSM19465 株)，プレミアガセリ菌 CP2305，乳酸菌 NY1301株，乳酸菌 TUA4408L，Q-1 乳酸菌，乳酸菌ブレビス T001 株，ナノ型乳酸菌 nEF 等が報告されている。

2) ビフィズス菌

ビフィズス菌は，*Bifidobacterium* 属の菌であり，グラム陽性，偏性嫌気性桿菌で，乳酸菌とは異なりグルコースから乳酸と酢酸を産生する。現在，32菌種に分類され，生態学的には主としてヒトや動物の腸管に生息しており，ヒトでは腸内菌叢の中の優勢菌の１つで，また宿主特異性が見られヒトから分離される菌種と動物から分離される菌種に違いがあることが知られている。

ビフィズス菌は，酢酸などの短鎖脂肪酸を産生し，腸管のぜん動運動を促進することが示唆されており，ここで生成する短鎖脂肪酸などの代謝産物が大腸の腸内環境を調節し消化器官の活動を助けるといわれている。

一方，ビフィズス菌 BB536 によるアンモニア生成に関与する便中ウレアーゼ活性を検討した結果，この活性が低値を示す傾向が見られたとのことで，便中のアンモニア量の低減にも寄与しているらしい。

他方，ビフィズス菌 BB-12 やビフィズス菌 BifiX などは，ヒトを用いた試験において摂取期間中の被験者の糞便中に約 90％の割合で検出されることが報告されており，胃や腸で死滅することなく便の中まで生きたままビフィズス菌が到達していると考えられている。

3) その他

乳酸菌やビフィズス菌ではないものの，整腸作用を示すものとしては，有胞子性乳酸菌（*Bacillus coagulans*）lilac-01，クレモリス菌 FC 株，*Saccharomyces cerevisiae* NK-1，ケフィア由来ケフィリ菌，酪酸菌（*Clostridium butyricum*），納豆菌 K-2 株（*Bacillus subtilis* K-2 株）芽胞などが報告されている。

4.2.2 血糖値の上昇，中性脂肪，コレステロールの吸収を穏やかにする食品

ヒトは食事として摂取した炭水化物を直接吸収することができず，唾液や小腸の α-アミラーゼの作用によりマルトースに分解し，さらに小腸粘膜にある α-グルコシダーゼの作用により，単糖であるグルコースに分解しないと吸収することができない（図 4.2）。これと同様に中性脂肪は小腸でリパーゼの作用により加水分解されてから吸収される（図 4.3）。従って，糖の吸収には **α-アミラーゼ**や**α-グルコシダーゼ**を阻害することで，また中性脂肪の吸収にはリパーゼを阻害することによりこれらの吸収を抑制することが可能となる。一方で，ある種の食物繊維は腸管内で膨潤し，炭水化物や中性脂肪，コレステロールを吸着し，そのまま便中に排泄する作用が知られている。ここでは，このような酵素阻害活性を示すものと，食物繊維のような作用とに区分して説明する。

(1) α-アミラーゼ阻害作用を示す食品（血糖値上昇抑制作用）

0.19-小麦アルブミンは可溶性の小麦アルブミンたんぱく質で，電気泳動した際の移動度が 0.19 であることからその名前の由来となっている。この物

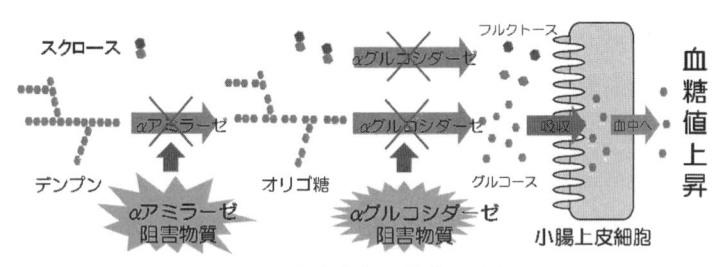

図 4.2　炭水化物の消化・吸収

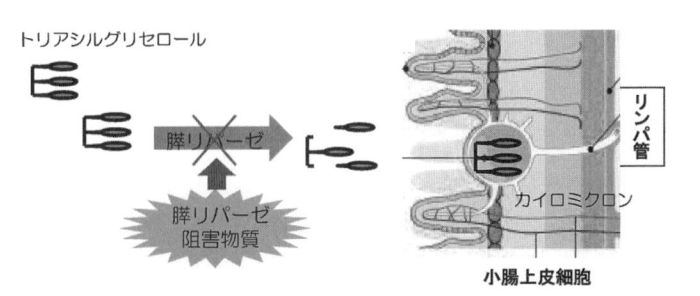

図 4.3　中性脂肪の消化・吸収

質は，唾液，小腸のα–アミラーゼを拮抗阻害し，食事として摂取した炭水化物の分解を抑制し，食後の血糖値の上昇をおだやかにする。この，0.19-小麦アルブミン1分子に対してα–アミラーゼ1分子が結合して阻害するようである。

(2) α–グルコシダーゼ阻害作用を示す食品（血糖値上昇抑制作用）

ヒトは単糖でなければ吸収できないため，2～3糖類を小腸刷子縁膜上に存在する**α–グルコシダーゼ（マルターゼ，イソマルターゼ，スクラーゼ，グルコアミラーゼの活性をもつ）**により分解後吸収するが，そのため本酵素を阻害することにより，血糖値の上昇を抑制することが可能となる（図4.3）。このような性質をもつ食品成分としては，桑の葉由来イミノシュガー，サラシア由来サラシノール，ターミナリアベリリカ由来没食子酸，プーアール茶由来没食子酸，**グアバ葉ポリフェノール**，**L–アラビノース**などが報告されている。なお，グアバ葉由来ポリフェノールは，一部α–アミラーゼ阻害活性を示すようである。

(3) リパーゼ阻害作用を示す食品（中性脂肪吸収抑制作用）

茶カテキン[*1]，あるいは**ウーロン茶重合ポリフェノール（OTPP）**は，小腸でリパーゼの活性を阻害することにより食後の中性脂肪上昇作用を抑制する作用が認められている（図4.3）。また，りんご由来**プロシアニジン**，キウイ由来プロシアニジン，グロビンたんぱく質から酵素分解により得られたグロビン由来バリン–バリン–チロシン–プロリン（VVYP）も同様の作用メカニズムで効果を示すようである。

(4) コレステロール吸収抑制作用を示す食品

1) 植物ステロール，スタノール[*3]

植物ステロールは，植物の細胞膜の構成成分であり，コレステロールと同様，コレステロール骨格をもっている。植物ステロールには，β–シトステロール，カンペステロール，スチグマステロールなどがある。一方，植物スタノールはコレステロールのB環が飽和した物であり，物理化学的な性質がよりコレステロールに構造が似ている特徴がある。コレステロールは腸管内において胆汁酸ミセルに乳化・取り込まれてから生体内に吸収されるが，このコレステロールの取り込みに対して，植物ステロール/スタノールが拮抗し，コレステロールが胆汁酸ミセルに取り込まれなくなるためにそのまま排泄されるためと考えられている。

2) 食物繊維

難消化性デキストリンは，腸管内で炭水化物だけでなく，中性脂肪やコレステロールの吸収を抑制することにより，これらの血中濃度の上昇を抑制すると考えられている。これと同じメカニズムのものにはイソマルトデキストリン等の水溶性食物繊維がある。一方，**キトサン**は陰性に荷電していること

*1 茶カテキン　通常，茶に含まれるカテキンとしては，主なものは(-)-エピガロカテキンガレート，(-)-エピガロカテキン，(-)-エピカテキンガレート，(-)-エピカテキンの4種類があるが，加熱処理により，これらが**エピマー**[*2]化した(-)-ガロカテキンガレート，(-)-ガロカテキン，(-)-カテキンガレート，(-)-カテキンが存在している。

*2 エピマー　複数の不斉炭素原子の存在による立体異性体のうち，ひとつの不斉炭素原子における配置だけが異なるもの（たとえば，D–グルコースとD–ガラクトース）。

*3 植物ステロール/スタノール　生体にとって異物のため，小腸上皮にあるATP結合カセットトランスポーター（ABC）G5/8を介して能動的に排泄される。このABCG5/8に異常があると排泄されなかった植物ステロール（多くはシトステロール）が皮膚や腱などの組織に蓄積・沈着し，黄色腫を形成，また血管壁に蓄積して動脈硬化プラークを形成することがあり，注意が必要である。

からコレステロールの吸収を特異的に抑制することが知られている。

3) その他

この他に，ポリフェノール類である，カテキン類，オリーブ由来ヒドロキシチロソール，プロシアニジン，等も報告されている。

4.2.3 虫歯になりにくい，歯を丈夫にする食品

口腔内常在菌の1種である，ミュータンス菌(*Streptococcus mutans*)は，スクロースなどの糖質を代謝し，細菌が産生する乳酸などの酸により歯の表面が溶け，う蝕(虫歯)となる。そこで，ミュータンス菌により資化されにくい低う蝕性の糖や糖アルコールの**キシリトール**，マルチトール還元パラチノース，エリスリトールは虫歯になりにくいと考えられている。一方，唾液により中和されエナメル質が修復されることを再石灰化というが，**リン酸化オリゴ糖カルシウム(Pos-Ca)**，**第二リン酸カルシウム**，**カゼインホスホペプチド–非結晶リン酸カルシウム複合体(CPP-ACP)**は，リン酸とカルシウムの供給源となるため**再石灰化**を促進し，歯を丈夫にすると考えられている。その他に，**フクノリ抽出物**，**緑茶フッ素**，**ユーカリ抽出物**，乳酸菌も再石灰化や歯周病の抑制作用があると考えられている。

4.2.4 カルシウムの吸収を助ける食品

消化管内で作用するものとしてはミネラル吸収を促進するものがあげられる。その中で，特にカルシウムはリン酸と結合して不溶化し，腸管内での吸収性が著しく低下することが知られており，これを改善するような素材がいくつか報告されている。**カゼインホスホペプチド(CPP)**は，カゼインをトリプシン消化して得られるペプチドであり，カルシウムの吸収を促進することが知られている。**クエン酸リンゴ酸カルシウム(CCM)**はカルシウムをキレートすることで可溶化させ，吸収性を向上すると考えられている。また，フルクトオリゴ糖，乳菓オリゴ糖などのオリゴ糖も大腸でのミネラル吸収促進作用のあることが報告されている。この他に，**MBP (乳塩基性たんぱく質)**やマルトビオン酸 Ca にも同様な作用があるとされている。

4.3 消化管吸収後の標的組織での生理機能を示す食品成分

ここに分類される関与成分としては，腸管で吸収されたあと，血管や骨，眼，肌など標的器官や組織で機能を示すと考えられている食品である。これらの食品成分は，生体への吸収性が問題であり，水不溶性の成分や，配糖体，ポリフェノールの一部は吸収されず血中でほとんど検出できないものもあるため注意が必要である。特に，配糖体については，アグリコンに分解されてから吸収，あるいは生理作用を示すものがあることから，腸管での細菌叢による影響についても留意することが必要である。

4.3.1 体脂肪が気になる方への食品

腸管内で作用する化合物とは異なり，脂肪燃焼の促進等，複雑な作用機構が考えられている。

(1) 茶カテキン（ガレート型カテキンとして）

茶カテキンは，その主成分としては**エピガロカテキンガレート**(EGCg)である。茶カテキンは，肝臓での脂肪燃焼酵素((酸化関連酵素)の遺伝子発現量を 40 %近く増加させ，さらに脂質の，酸化活性が約 3 倍に上昇していることから肝臓での脂質代謝が活発になり，結果として脂質の燃焼によるエネルギー消費の増加が生じるためと考えられている。

(2) 中鎖脂肪酸（オクタン酸，デカン酸）

一般の油脂は，リパーゼの作用によりモノグリセリド(モノアシルグリセロール)と 2 分子の脂肪酸に分解され小腸でトリアシルグリセリドに再合成されてカイロミクロンとしてリンパ管から血中に移行する。しかしながら，中鎖脂肪酸はこれとは異なりリパーゼにより 3 分子の脂肪酸とグリセロール(グリセリン)に完全に分解され，再合成されることなくそのまま門脈を通して肝臓に到達する。従って，体内で燃焼されやすくなり，摂取しても蓄積されにくい性質をもっていると考えられている。

(3) ラクトフェリン

乳に含まれる鉄結合性のたんぱくで，特に初乳に多く含まれており，抗菌性のあることが知られていたが，小腸で吸収されてから前駆脂肪細胞の分化を抑制，ホルモン感受性リパーゼを活性化して脂肪分解作用を示すことが明らかとなり，これらの作用により内臓脂肪が低減されると考えられている。なお，胃のペプシンにより分解を受けることから，腸溶性カプセルコーティング等の加工を行う必要がある。

(4) その他

フコース，ローズヒップ由来ティリロサイド，りんご由来プロシアニジン，コーヒー由来クロロゲン酸，熟成ホップ由来苦味酸，葛の花由来イソフラボン，大豆ベータコングリシニン，ブラックジンジャー由来ポリメトキシフラボン，酢酸等は肝臓や脂肪細胞における脂質代謝や脂肪燃焼に影響を与えることにより，またエラグ酸はアディポネクチンと呼ばれる脂肪細胞から放出されるホルモンの放出促進を介しているようである。

4.3.2 血圧の高めの方への食品

現在，日本においては，高血圧の患者数が 4,300 万人にものぼるといわれ，国民病ともいえる疾患である。このため，多くの製品が開発されてきている。

(1) ペプチド類

ラクトトリペプチド(VPP，IPP)，**カゼインドデカペプチド**，**サーデンペプチド**(バ

リルチロシン），ノリペプチド，ゴマペプチド，大豆ペプチド等があるが，いずれも血圧上昇にかかわる**アンジオテンシン変換酵素**阻害作用によるものである（図4.4）。アンジオテンシン変換酵素は，血圧上昇ホルモンの前駆ペプチドである，アンジオテンシン-Iを血圧上昇作用のあるアンジオテンシン-Ⅱに変換する酵素であり，本酵素を阻害すれば血圧上昇を抑制することができる。いずれも，食品素材をプロテアーゼにより消化して得られるペプチドを機能性成分としている。

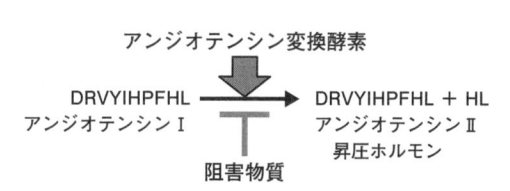

アンジオテンシン変換酵素

DRVYIHPFHL → DRVYIHPFHL ＋ HL
アンジオテンシンI　　　　　アンジオテンシンⅡ
　　　　　　　　　　　　　　昇圧ホルモン
阻害物質

図4.4　アンジオテンシン変換酵素の作用

(2) γ-アミノ酪酸（GABA）

GABA は，グルタミン酸から合成されるアミノ酸の一種で，野菜類，お茶類，発酵食品等の多くの食品に含まれている成分である（図4.5）。GABA は末梢の交感神経から放出される血管収縮作用のあるノルアドレナリンの分泌を抑制することで，血管を拡張させて血圧降下作用を示すと考えられている。

グルタミン酸　　　グルタミン酸脱炭素酵素による　　　GABA
　　　　　　　　　　GABA の生成

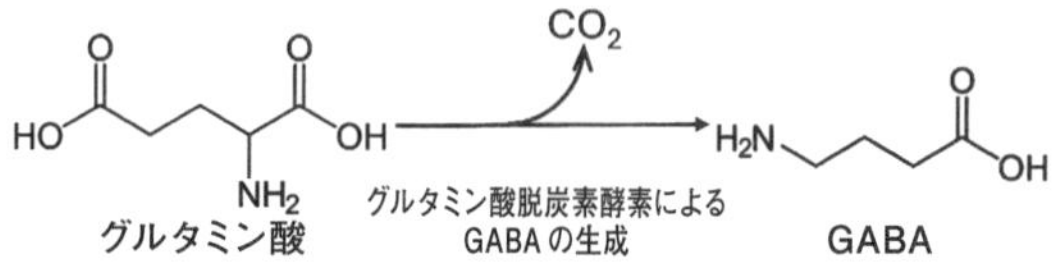

図4.5　GABA（γ-アミノ酪酸）の生合成

(3) 酢　　酸

酢酸は，体内に吸収された後，**一酸化窒素(NO)**[*]を作り出す内皮型 NO 合成酵素(eNOS)を活性化させる可能性が示唆されている。この，eNOS の活性化によって NO が大量に作り出されると，NO は血管拡張作用があるため血管を広げて血圧を下げると考えられている。

(4) ナス由来コリンエステル（アセチルコリン）

ナスには神経伝達物質である，アセチルコリンが含まれており，胃や腸などの消化管に存在する末梢の自律神経の受容体に作用し，ストレス性の交感神経活動を抑制して，血圧を下げる働きを示すと考えられている。

(5) その他

α-リノレン酸，アカシア樹皮由来プロアントシアニジン，モノグルコシルヘスペリジンなども血圧降下作用のあることが報告されている。

[*] 一酸化窒素（NO）　アルギニンから NO 合成酵素により NO とシトルリンが生成される。血管内皮から NO が産生されると血管平滑筋を強力に弛緩させ，血管拡張作用を示す。内皮型と誘導型の NO 合成酵素があり，後者は免疫系細胞のマクロファージに存在し，炎症に関連していると考えられている。

4.3.3 血糖値が高めの方への食品

血糖値が高くなる原因として，インスリンが出ているにもかかわらず，その作用不足となる**インスリン抵抗性**[*1]となり**耐糖能異常**[*2]をきたす。そこで，インスリン抵抗を性改善することで血糖値の上昇を抑制する食品が報告されている。

(1) ジンセノサイド Rg1

ジンセノサイド Rg1 は，三七人参(田七人参)や高麗人参などに含まれるサポニンの一種である。その作用メカニズムとして，インスリンによるグルコース取込み能の上昇や，運動後に上昇する酸化ストレスを軽減することによるインスリン抵抗性の改善など，これらの働きが複合的に働くことで，食後血糖値の上昇を抑制すると考えられている。

(2) ルテオリン

ルテオリンは，インスリン刺激に対するグルコース取り込みの応答を増加させることや，**PPAR-γ**(Peroxisome proliferators-activated receptor-γ)経路を活性化することによって，インスリン抵抗性を改善することで食後の血糖値の上昇を抑制すると考えられている。

(3) ナリンジン

ナリンジンは，グルコース調節酵素の遺伝子発現を介した糖代謝の改善作用，あるいは脂肪細胞からの**アディポネクチン**[*3]放出増加を介したインスリン抵抗性の改善作用などがあり，これらのはたらきが複合的にはたらくことで，空腹時血糖を低下させると考えられている。

(4) バナバ葉由来コロソリン酸

コロソリン酸は血液中の糖の細胞への取り込みに関与する**グルコース輸送体 GLUT4**を誘導する作用，あるいはインスリン受容体のリン酸化を促進し，血液中の糖の取り込みを促進する作用，肝臓への投与においては，糖新生を抑制する一方で解糖を促進するフルクトース-2,6-ビスリン酸を増加させる作用等により効果を示すと考えられている。

4.3.4 コレステロールの高めの方への食品

コレステロールに関しても，小腸内で吸収を抑制するものが多いが，吸収されてからコレステロール代謝に影響を与えて高コレステロール血症を改善する成分が報告されている。

(1) オリーブ由来ヒドロキシチロソール

ヒドロキシチロソールには，活性酸素種に直接作用して無毒化するスカベンジング機能，カタラーゼやヘムオキシゲナーゼ-1 などの抗酸化酵素の発現誘導を介した細胞への酸化ストレス抵抗性の付与機能，活性酸素種を発生させる酵素の阻害を介した活性酸素種産生抑制機能など，抗酸化のメカニズムにより作用を示すと考えられている。

*1 **インスリン抵抗性** 血中のインスリン濃度に見合ったインスリン作用が得られない状態のこと。インスリンに対して作用を抑制する物質の存在，インスリン受容体の減少，またはインスリン受容体を介する細胞内の情報伝達能力が低下した状態が考えられる。空腹時血糖値が正常であってもインスリン分泌が亢進された状態になっている場合がある。これには，遺伝的要因，肥満，運動不足等の要因が考えられる。

*2 **耐糖能異常** 耐糖能異常(impaired glucose tolerance；IGT)とは，境界型であり，体内のインスリンの分泌量が少ない場合や，インスリンの働きが悪くなり血中の糖の量が増加した場合(高血糖状態の場合)に生じる。空腹時の血糖値が 110 〜 125 mg/dL であっても，経口ブドウ糖負荷試験を実施後 2 時間経過した後の血糖値が 140 〜 199 mg/dL の場合に耐糖能異常と診断される。耐糖能異常が軽度の場合，自覚症状がほほないことも多い。これに対し IFG (impaired fasting glucose)とは，空腹時の血糖値が 110 〜 125 mg/dL で経口ブドウ糖負荷試験を実施後 2 時間値が 140 mg/dL 未満のことを示す。

*3 **アディポネクチン** アディポネクチンは，脂肪細胞で特異的かつ最も多量に発現する内分泌因子(アディポサイトカイン)であり，244 アミノ酸からなり，分子量約 30kDa だが，血中では 3 量体，6 量体および 18 量体以上の高分子多量体として存在する。アディポネクチンはその血中濃度は 5 〜 20 μg/mL と高濃度に存在する一方で，脂肪細胞から特異的に分泌されるにもかかわらず，内臓脂肪蓄積・肥満によりその血中濃度が低下し，逆に減量により増加するという特徴をもつ。その生理作用は多彩な臓器保護作用を有しており，メタボリックシンドローム発症・進展におけるキー分子のひとつである。

(2) リン脂質結合大豆ペプチド（CSPHP）

大豆たんぱく質そのものを摂取することで血中コレステロール低下作用を示すことはすでに 1975 年に報告されており，アメリカでは 1999 年栄養表示教育法(NLEA)において「大豆たんぱく質が心臓血管疾患のリスク軽減に有効である」旨のヘルスクレームが許可されたが，1 日 25 g という多量の摂取が必要であった。そこで，より強力なコレステロール低下作用のある成分の検討がなされ，リン脂質を結合した大豆たんぱく質を微生物の中性プロテアーゼで加水分解して得られる，**リン脂質結合大豆ペプチド(CSPHP)** が見いだされた。このペプチドは，胆汁酸ミセルに強力に結合して，胆汁酸ミセルを崩壊させることでコレステロールの吸収を阻害すると考えられている。

(3) 米紅麹ポリケチド

米紅麹ポリケチドは，医薬品のスタチンと同様，肝臓のコレステロール合成に関わる **HMG-CoA 還元酵素** を阻害することで，肝臓でのコレステロールの合成を抑制し，肝臓中のコレステロール濃度を低下させることで，最終的に血中 LDL コレステロール値が低下すると考えられている。

(4) γ-オリザノール

作用メカニズムとして，主にコレステロールの腸管からの吸収抑制作用が関与していると報告されているが，肝臓におけるコレステロールの生合成抑制作用および異化排泄促進作用の関与も示唆されており，これらの複合作用によるものと考えられている。

(5) その他

この他に，キューバ産サトウキビ由来ポリコサノール，カカオフラバノール，柿タンニン，α-リノレン酸，オレイン酸，リコピン，等も報告されている。

4.3.5 血中中性脂肪が高めの方への食品

血中の中性脂肪はグルコースからの脂質合成による影響が大きく，炭水化物やスクロースの過剰摂取により上昇していることが多い。そこで，この脂質合成を抑制するメカニズムが考えられている。

(1) エイコサペンタエン酸（EPA）・ドコサヘキサエン酸（DHA）

EPA および **DHA** は(図 4.6)，脂質合成酵素を活性化する転写因子である SREBP-1c (Sterol regulatory element-binding protein-1c)の核内移行を阻止することにより肝臓での脂肪酸合成を抑制し，また中性脂肪合成酵素の阻害，さらには中性脂肪代謝に関与する核内受容体である PPAR-α (Peroxisome proliferators-activated receptor-α)に結合し，肝臓で

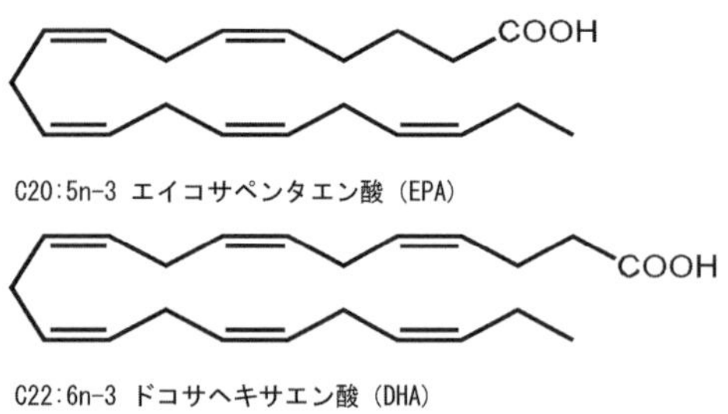

C20:5n-3 エイコサペンタエン酸（EPA）

C22:6n-3 ドコサヘキサエン酸（DHA）

図 4.6 EPA，DHA の構造式

の脂肪酸のβ-酸化を促進することで，中性脂肪産生に必要な脂肪酸が減少し中性脂肪が低下すると考えられている。

4.3.6　肌の潤い，弾力が気になる方への食品

皮膚科学的見地から，主な構成成分である，セラミドやコラーゲン，ヒアルロン酸と，抗酸化成分に大別できる。

(1) グルコシルセラミド（米，こんにゃく，パイナップル，等）

セラミドは，乾燥肌の水分を逃がしにくくし，肌のバリア機能をあげる作用があり，このメカニズムには，皮膚表皮においてセラミドの再構築促進作用や，皮膚バリア機能を増強する作用を示すことで，皮膚角質層水分量を増加させるためと考えられている。なお，経口摂取されたグルコシルセラミドは腸内で加水分解され，スフィンゴイド塩基となった後，体内に吸収されるようである。

(2) ヒアルロン酸 Na

経口摂取したヒアルロン酸は，消化により低分子ヒアルロン酸となるが，これは高分子ヒアルロン酸を合成する際のプライマーとしてはたらき，その一部は，皮膚におけるヒアルロン酸合成を促進し，その高い保水力により肌の水分保持に関与していると考えられている。

(3) コラーゲンおよびそのペプチド

コラーゲンペプチドは，ゼラチンやコラーゲンを加水分解することで低分子化したものであり，主にはヒドロキシプロリン(Hyp)を含むプロリルヒドロキシプロリン(Pro-Hyp)や，プロリルヒドロキシプロリルグリシン(Pro-Hyp-Gly)のトリペプチドである。コラーゲンやこれらのペプチドを経口摂取することにより，吸収されたこれらのペプチドが表皮に移行し，バリア機能を向上させ，皮膚のヒアルロン酸合成酵素の遺伝子発現を上昇させることで肌の弾力を改善すると考えられている。

(4) その他

サケ鼻軟骨由来**プロテオグリカン**，**N-アセチルグルコサミン**，GABA や最近話題の素材である NMN（ニコチンアミドモノヌクレオチド）の他，完熟オクラ種子由来 OF4949-Ⅱ，リコピン，植物性乳酸菌 K-1(*L. casei* 327)，りんご由来プロシアニジン，α-リノレン酸，スルフォラファングルコシノレートも報告されている。

4.3.7　眼の機能が気になる方への食品

機能性表示食品制度ができてから，臓器に対する効果について表現できるようになったことから，眼の機能についても多くの食品成分が報告されてきた経緯がある。ポリフェノール由来の抗酸化成分が多い。

（1）ルテイン，ゼアキサンチン

加齢により，眼の黄斑色素量が減少し，視機能が低下するが，この黄斑色素はルテイン，ゼアキサンチンを中心とした成分で構成されており，これらは生体内で合成されないため，これらを食品として補うことで眼の機能を高められると考えられている。

（2）アスタキサンチン

アスタキサンチンは，抗酸化作用とともに赤血球変形能改善作用と血管拡張作用を示すことで，眼の毛様体の血流改善と，NF-κB シグナル伝達系を介した炎症性サイトカインを抑制する作用をもち，これらの作用によって，長時間の **VDT 作業*** などにより低下した毛様体の機能を回復させ，その結果眼のピント調節機能を改善することで，眼の疲労感，眼の使用による肩や腰の負担を軽減すると考えられている。

（3）アントシアニン

アントシアニンとは，アントシアニジンをアグリコンとし，これに糖が結合したものの総称で多くの化合物が含まれている。これらのアントシアニンは，抗酸化作用を示し，また血管拡張作用があり，眼の毛様体筋付近の血流を改善することにより，毛様体筋の疲労を軽減し，ピント調節機能を改善すると考えられている。

4.3.8　関節の動きが気になる方への食品

加齢により，軟骨の成分が減少することから，これらの成分を補給すると目的で種々の食品成分が報告されている。

（1）グルコサミン，N-アセチルグルコサミン

経口摂取したグルコサミンや N-アセチルグルコサミンは関節内へ移行し，軟骨グリコサミノグリカンの構成因子として軟骨合成を保つとともに，抗炎症作用により軟骨の分解を抑え，関節への負荷があるヒトの関節軟骨の維持に役立ち，膝の違和感を緩和できると考えられている。

（2）コラーゲンおよびそのペプチド

関節は，コラーゲンやプロテオグリカンを含む軟骨基質と，軟骨細胞からなる関節軟骨や滑膜等で構成されているが，コラーゲンやそのペプチドの摂取により関節軟骨の機能を維持する作用や抗炎症作用を示すことで，歩行時のひざの違和感を軽減する機能を発揮すると考えられている。

（3）その他

サケ鼻軟骨由来プロテオグリカン，グルコシルセラミド，エラスチンペプチド等にも報告がある。

4.3.9　骨の健康が気になる方への食品

Ca 吸収を促進する物の他に，骨代謝に直接作用することにより，骨量を

***VDT 作業**　VDT（Visual Display Terminals）機器は，ディスプレイ，キーボード等により構成されるコンピュータの出力装置の1つで，文字や図形，グラフィック，動画などを表示する装置をいうが，この VDT 機器を使用して，データの入力・検索・照合等，文章・画像等の作成・編集・修正等，プログラミング，監視等を行う作業を VDT 作業という。

増やすことが報告されているものがある。

(1) 大豆イソフラボン

　大豆イソフラボンは植物エストロゲンの一種であり，その化学構造は**エストロゲン**に類似していることから，**エストロゲンレセプター(ER)**に結合して弱いエストロゲン様作用を示すことが知られている(図4.7)。骨吸収にかかわる破骨細胞には ER が発現しており，これに作用することで破骨細胞の活性を抑えられることから骨代謝を改善すると考えられている。なお，**エクオール**は**大豆イソフラボン**の1種である**ダイゼイン**から腸内細菌により産生され，より強力なエストロゲン作用を示すことが知られている。ただし，この生産菌を保有しているヒトの割合は，欧米人では 20 ％程度，日本人を含む東アジア人では 50 ％程度と言われている。

(2) β-クリプトキサンチン

　温州ミカンなどに含まれる，β-クリプトキサンチンは，骨芽細胞培養系を用いた実験において，骨形成に関与する各種たんぱく分子の遺伝子発現を増加させ，骨芽細胞の増殖と分化を促進させることで石灰化を増進させるとのことである。また，各種骨吸収促進因子による破骨細胞への分化，形成を抑制し，骨吸収を抑制する作用も示唆されている。

(3) その他

　パプリカ由来カロテノイド，枯草菌(*Bacillus Subtilis*) C-3102 株，等にも報告がある。

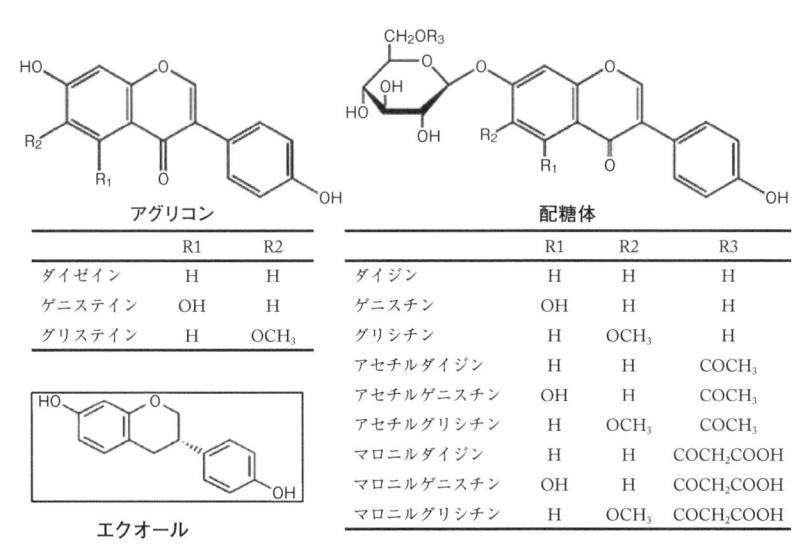

アグリコン	R1	R2
ダイゼイン	H	H
ゲニステイン	OH	H
グリステイン	H	OCH₃

配糖体	R1	R2	R3
ダイジン	H	H	H
ゲニスチン	OH	H	H
グリシチン	H	OCH₃	H
アセチルダイジン	H	H	COCH₃
アセチルゲニスチン	OH	H	COCH₃
アセチルグリシチン	H	OCH₃	COCH₃
マロニルダイジン	H	H	COCH₂COOH
マロニルゲニスチン	OH	H	COCH₂COOH
マロニルグリシチン	H	OCH₃	COCH₂COOH

エクオール

3種類のアグリコンに対して，各アグリコンに結合している糖には3種類あるため，結果として9種類の配糖体が存在する。

図 4.7　大豆イソフラボンの構造

4.3.10 記憶の維持が気になる方への食品

今後，超高齢社会に向かっていく中で，中高年以降の健忘症対策として注目度は高く，また若年層でも記憶力向上のため以下の食品成分が報告されている。

(1) EPA, DHA

EPA, DHA はシナプス細胞膜の流動性を亢進し，膜結合型コレステロール量を減少させることにより，神経細胞のシグナル伝達を亢進する作用を示す。また，記憶の形成に関連するシナプス可塑性を示す海馬の活性が誘導・増強され，またその他の機能からも記憶力の維持につながっていると考えられている。

(2) イチョウ葉由来フラボノイド配糖体

イチョウ葉エキスは，フラボノイド配糖体，テルペンラクトン，ギンコール酸が有効成分とされている。これらは，抗酸化作用や血小板活性化因子(PAF)の抑制作用による血流改善作用，神経保護作用を示し，認知機能の一部である記憶力を維持すると考えられている。

(3) 熟成ホップ由来苦味酸

熟成ホップ由来苦味酸(イソα酸)は，消化管からの迷走神経を介した脳の活性化により，脳内のノルアドレナリン量を増加させ，ノルアドレナリン作動性神経細胞の活性化および脳内炎症を抑制することにより，集中力を上げ注意力の精度の向上をすると考えられている。

(4) 水素分子

気体分子が機能性成分に掲げられる事例は珍しい。いかに水素分子を揮発しないように閉じ込められるかが問題である。作用機序として，水素分子が脳に到達して，ヒドロキシラジカル(·OH)の直接還元および，抗酸化系酵素群(HO-1, SOD, カタラーゼ等)の誘導による抗酸化的に作用して，中枢神経系の抗酸化機構が強化されることでストレス等に起因する酸化ストレスが低減され，気分や不安の解消につながり，睡眠時間延長感が高められると考えられている。

(5) その他

バコパサポニン，クルクミン，エルゴチオネイン，βラクトリン，L-テアニン，鶏由来プラズマローゲン，ナトリード，ホヤ由来プラズマローゲン，ルテイン・ゼアキサンチン，大豆由来ホスファチジルセリン，イミダゾールジペプチド，ラクトノナデカペプチド，ビフィズス菌 MCC1274(*B. breve*)，本わさび由来6-メチルスルフィニルヘキシルイソチオシアネートにも報告がある。

4.3.11 ストレス・睡眠が気になる方への食品

現代社会において，ストレスを感じている方も多く，多くの食品が商品化されている。最近では，それに伴う睡眠不足にも対応した商品が開発されている。脳機能にかかわる食品成分に含まれているものが多い。

(1) GABA

経口摂取した GABA は，血圧に対する作用と同様，末梢神経において GABA (B)受容体を活性化して，ストレス・ホルモンとして知られるノルアドレナリンの放出を抑制し，交感神経系を抑制する一方，副交感神経の亢進作用を示し，これらの作用によって，一時的な精神的ストレスや疲労感の緩和が得られると考えられている。

(2) L-テアニン

L-テアニンは，末梢のグルタミン酸受容体の**アンタゴニスト**[*]として働き，興奮性の神経伝達を阻害し，一方で抑制性の神経伝達物質を増やすことから緊張感を軽減する作用があると考えられている。

*アンタゴニスト　アンタゴニスト，拮抗薬，あるいはブロッカーとも呼ばれる。受容体に対して結合して生理機能を示す物質をリガンドと呼び，これは受容体に結合することでさまざまな作用を示すが，アンタゴニストはこのリガンドに拮抗して受容体には結合するが，それ以降のシグナル伝達が生じない物質である。

(3) その他

イチョウ葉由来テルペンラクトン，バコパサポニン，イソクエルシトリン，ラクトフェリン，ピペリン類，ロスマリン酸，サフラン(クロシン，サフラナール)，ユーグレナグラシリス EOD-1 株由来パラミロン，水素分子，S-アリルシステイン，サフラン由来クロシン，サフラン由来サフラナール，還元型コエンザイム Q10，の他，乳酸菌(ガセリ菌 CP2305 株，乳酸菌 YRC3780 株)にもそのような報告がある。

4.3.12 免疫機能が気になる方への食品

COVID-19 がパンデミックになった際，最も注目された機能性である。この機能性に関する科学的根拠に関しては，日本抗加齢協会にガイドラインが示されており，これに準拠する形で示されている。ここには，免疫系の細胞である樹状細胞の活性化に加え，食細胞活性，NK 細胞活性，T 細胞(CD4T 細胞)増殖性・活性化，分泌型 IgA 抗体濃度を指標にするようにとのことである。素材としては，プラズマ乳酸菌(*L. lactis* strain Plasma)，酢酸菌 GK-1(*G. hansenii* GK-1)，L-92 乳酸菌(*L. acidophilus* L-92)が報告されている。

4.4 保健機能食品の成分と機能

「保健機能食品」は「**栄養機能食品**」「**特定保健用食品**」「**機能性表示食品**」に分類される(図4.8)。これらは，法律的には食品表示基準第 3 条第 2 項，および第 18 条第 2 項により規定されるが，「特定保健用食品」のみ健康増進法第 43 条第 1 項にも規定がある点で異なり，特別用途食品と同じカテゴリーにも含まれていることに注意して欲しい。

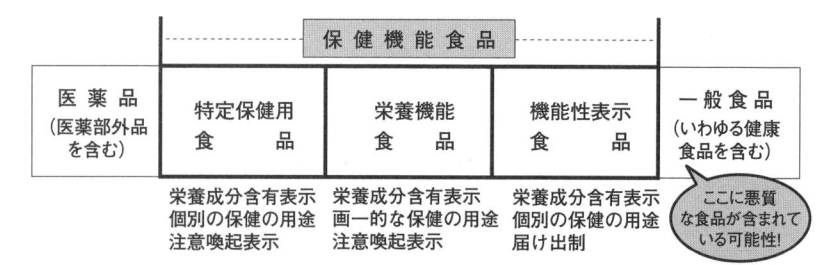

日本における食品の機能性表示

2015年に改訂された「保健機能食品」の中での位置づけ

保 健 機 能 食 品

| 医薬品
(医薬部外品
を含む) | 特定保健用
食 品 | 栄養機能
食 品 | 機能性表示
食 品 | 一般食品
(いわゆる健康
食品を含む) |

| | 栄養成分含有表示
個別の保健の用途
注意喚起表示 | 栄養成分含有表示
画一的な保健の用途
注意喚起表示 | 栄養成分含有表示
個別の保健の用途
届け出制 | ここに悪質
な食品が含まれて
いる可能性！ |

特定保健用食品
- 個別許可型
- 効果・効能及び安全性に関する
  科学的根拠に基づく審査が必要
- 医薬品に近い効能表示が可能

栄養機能食品
- 規格基準型
  (n-3系脂肪酸, 13種のビタミン,
  6種のミネラルのみ)
- 許可, 審査等不要
- 表示は画一的

機能性表示食品
- 消費者庁に許可されてはいない
- 企業責任で効果・効能及び安全性
  に関する科学的根拠が必要
- 医薬品に近い効能表示が可能

図 4.8　保健機能食品の位置づけ

4.4.1　栄養機能食品

　栄養機能性食品は，規格基準型の表示制度であり，国が定めた摂取基準を満たしていれば，決められた文言の表示が可能となる。特に，消費者庁への届出等も不要であり，販売する企業責任で品質の担保を行うことで販売が可能である。また，これに含まれる成分は基本的に栄養成分であることから食品の 1 次機能にかかわる成分ともいえる。これらは，13 種のビタミン，6 種のミネラル，n-3 系脂肪酸で構成されている（表4.3）。なお，ここで表示できる健康強調表示は，機能性表示食品や特定保健用食品で表示されているものとは一致しないものが多いので注意が必要である。

4.4.2　特定保健用食品

　特定保健用食品は，個別審査型の表示制度であり，効果効能，安全性等について消費者庁に届出を行い，食品ごとに審査を受けた後に許可が与えられる食品である。他の食品とは異なり，「消費者庁許可」の文言とともに特定保健用食品のマークを記載することが義務づけられている。

　現在，許可が認められているカテゴリーと表示内容は，**表4.4**にまとめた。これらの他に，**疾病リスク低減表示**が可能であり，カルシウムと骨粗鬆症，

表 4.3　栄養機能食品

脂肪酸（1 種類）	n-3 系脂肪酸
ミネラル（6 種類）	亜鉛，カリウム，カルシウム，鉄，銅，マグネシウム
ビタミン（13 種類）	ナイアシン，パントテン酸，ビオチン，ビタミン A，ビタミン B_1，ビタミン B_2，ビタミン B_6，ビタミン B_{12}，ビタミン C，ビタミン D，ビタミン E，ビタミン K，葉酸

　機能性表示食品では特定保健用食品とは異なり，必ずしも最終製品での効果確認のためヒト臨床試験を必要としない代わり，RCT により実施されたヒト試験を統合して SR，あるいはメタ解析を実施する必要がある。つまり，ある食品の効果を明確にするために，過去に行われた複数の独立した研究論文をできるだけ系統的，網羅的に収集するように配慮し，研究の質についても吟味しなければならない。これには「PRISMA 声明」と言うガイドラインに準拠しなければいけないが，なぜそのレビューがなされたのか，何を行い何が見つかったのか，について透明・完全・正確な記述を作成するための優先項目が示されており，より高い専門性と公平性が求められる作業である。今回，新たに 2020 年版が作成されたことにともない，届出資料もこれに準拠して作成しなければいけなくなった。

表4.4　これまでに特定保健用食品で認められた主な保健の用途の表示内容(例)と関与成分

表示内容	関与成分
「お腹の調子を整える」	各種オリゴ糖類，各種乳酸菌類，各種食物繊維類など
「コレステロールが高めの方に適する」	大豆たんぱく質，リン脂質結合大豆ペプチド，キトサン，植物ステロール，低分子化アルギン酸ナトリウム，サイリウム由来の食物繊維，茶カテキン等
「食後の血糖値の上昇を緩やかにする」	難消化性デキストリン，グアバ茶ポリフェノール，小麦アルブミン，L-アラビノース
「血圧が高めの方に適する」	各種ペプチド類，杜仲(とちゅう)葉配糖体，γアミノ酪酸，酢酸，燕龍(せんろん)茶フラボノイド等
「歯の健康維持に役立つ」	大豆イソフラボン，フラクトオリゴ糖，乳塩基性たんぱく質(MBP)，ビタミン K_2，ポリグルタミン酸等
「血中中性脂肪が気になる方に適する」「体脂肪が気になる方に適する」	グロビン蛋白分解物，中鎖脂肪酸，茶カテキン，EPA，DHA，ウーロン茶重合ポリフェノール，コーヒー豆マンノオリゴ糖，ベータコングリシニン
「カルシウム等の吸収を高める」	カゼインホスホペプチド，カルシウム
「骨の健康維持に役立つ」	パラチノース，マルチトール，エリスリトール，還元パラチノース，キシリトール，フクロノリ抽出物，リン酸 - 水素カルシウム，リン酸化オリゴ糖カルシウム，CPP-ACP，POs-Ca，緑茶フッ素等
「肌の水分を逃しにくい」	グルコシルセラミド

葉酸と神経管閉鎖障害に対してのみであったが，2021 年にこれの運用の方向性の改正が示され，2023 年に DHA，EPA と心血管リスク低減表示が可能となった。

4.4.3　機能性表示食品

　機能性表示食品は，届出型の表示制度であり，商品の発売 60 日前に消費者庁に届出が受理されていれば販売が可能となる制度である。また，消費者庁への届出には，やはり効果効能，安全性等について資料を提出する必要があり，これに不備があった場合には受理されない。

　届出件数は，この制度ができてから毎年 1,000 件近くにのぼるが，機能性成分としてはそれほど増えてはいない。その成分と機能に関しては，多くのものは表4.4 に記載しているが，口内環境を整えるもの(カテキン，コエンザイム Q10，ゲッケイジュ葉エキス，乳酸菌，ラクトフェリン)や，変わったところではフェムテックの膣内環境改善を訴求する食品(乳酸菌 GR-1，RC-14)もあり，新たなカテゴリーの食品も今後開発される可能性がある。

　2005 年 2 月にそれまでの検討会での審議を受けて，疾病リスク低減表示として，「カルシウムと骨粗鬆症」「葉酸と胎児の神経管閉鎖障害」の 2 つの表示が可能となった。しかしながら，2015 年食品表示法改正にともない，機能性表示食品制度が設立されると，特定保健用食品との棲み分けについて議論がなされた結果，疾病リスク低減表示を押し進めてもいいのではないかと言うことで議論がなされた。当初，食塩摂取低減と血圧との関係，等の議論もあったが，摂取を控えた方がいいというような食品が想定できなかったことからペンディングとされた経緯もある。これらを踏まえて，2021 年に「特定保健用食品制度（疾病リスク低減表示）に関する今後の運用の方向性」としてまとめられ，より広く運用ができるようになった。ここでは，非う蝕性糖質甘味料等を含む食品において，むし歯のリスクを低減する旨についても適当とされている。

【演習問題】

問 1　食品成分とその三次機能の組合せである。最も適当なのはどれか。1つ選べ。　　　　　　　　　　　　　　　　　　　　（2024 年国家試験を改変）

(1) 乳糖果糖オリゴ糖 ―――――― 血中コレステロールを減らす。

(2) 難消化性オリゴ糖 ―――――― 歯を丈夫で健康にする。

(3) 酢酸 ―――――――――――― 正常な血圧を保つ。

(4) 植物ステロール ―――――― 骨の健康を保つ。

(5) 大豆イソフラボン ―――――― 体脂肪を減らす。

解答（3）

問 2　特別用途食品および保健機能食品に関する記述である。最も適当なのはどれか。1 つ選べ。　　　　　　　　　　　　　（2024 年国家試験を改変）

(1) 特別用途食品(とろみ調整用食品)は，特別用途食品の類型である病者用食品の 1 つである。

(2) 栄養機能食品は，特別用途食品の 1 つである。

(3) 機能性表示食品は，安全性や機能性の根拠に関する情報を厚生労働省に届け出る必要がある。

(4) 特定保健用食品(条件づき)は，有効性の科学的根拠のレベルには届かないものの，一定の有効性が確認される食品である。

(5) 特定保健用食品の有効性の評価には，システマティックレビューを行えばよい。

解答（4）

📖 **引用参考文献・参考資料**

青柳康夫編：改訂　食品機能学（第 4 版），建帛社（2023）

清水俊雄：食品機能と表示と科学　機能性表示食品を理解する，同文書院（2015）

消費者庁：機能性表示食品の届出情報検索

　https://www.caa.go.jp/policies/policy/food_labeling/foods_with_function_claims/search/（2024.07.02）

中川原俊治編著：食べ物と健康Ⅱ，食品の機能（第3版），三共出版（2023）

日本医師会，日本歯科医師会，日本薬剤師会総監修：健康食品・サプリのすべて（第6版），ナチュラルメディスン・データベース日本語対応版，同文書院（2019）

日本抗加齢学会監修：機能性表示食品 DATA BOOK（第2版），メディカルビュー社（2016）

食品の調理・加工や貯蔵時には，食品成分の物理的，化学的および生物学的な変化が起こり，栄養的価値，風味，色合い，テクスチャーに影響を与える。これらの変化を利用あるいは抑制することにより，食品開発や品質管理が行われている。

5.1 炭水化物の変化

5.1.1 でんぷんの糊化・老化

主食である穀類のでんぷん含量は約 60 ～ 80 ％と高い（表5.1）。でんぷんのアミロース含量，平均粒径，結晶形は，植物種により異なっており，それらが食味・食感，調理加工特性等に影響を及ぼしている。

植物の子実や根茎に貯蔵されている生でんぷん（βでんぷん）は，もともと水に溶けにくい構造をしている。これは，生でんぷんが水素結合で規則的に配列した**結晶領域**（crystalline region）と**非結晶領域**（amorphous region）からなり，水に浸漬するだけでは水分子が結晶領域に入りにくいためである（図5.1）。生でんぷんに十分な水を加えて加熱すると，結晶構造を維持している水素結合が切断され，水分子が入り込んで水和することで空間的に広がった状態に変化する。これをでんぷんの**糊化（α化）**といい，粘度が上がって糊状になる。糊化でんぷん（αでんぷん）は，粘りと透明感があり，食味もよくなる。また，**アミラーゼ**の作用を受けやすくなるため，消化吸収性は著しく向上する。糊化開始温度は食品によって異なるが，一般に 55 ～ 70 ℃で，完全糊化温度はこれよりも数度高い。

一方，α化でんぷんを長時間放置すると，でんぷんの分子間や分子内で再び水素結合が生じることで部分的にミセル構造が形成され，もとのβでんぷんに近い構造に戻る。これをでんぷんの**老化（β化）**という。老化したでんぷんは透明感がなく，硬くて粘度が低下し，消化性も低下する。

でんぷんの老化に影響を与える種々の

表 5.1 炭水化物，でんぷん，食物繊維含量（修正版）

食品	水分	でんぷん	食物繊維
（穀類）			
小麦粉（薄力粉）	14	72.7	2.5
小麦粉（強力粉）	14.5	66.5	2.7
水稲穀粒（玄米）	14.9	70.5	3
水稲穀粒（精白米 / うるち米）	14.9	75.4	0.5
そば粉（全層粉）	13.5	62.7	4.3
とうもろこし（コーングリッツ）	14	74.3	2.4
（いも類）			
さつまいも（皮つき / 生）	64.6	24.1	2.8
じゃがいも（皮つき / 生）	81.1	13.4	9.8

食品の可食部 100 g 当たりの成分値
出所）日本食品標準成分表 2020 年版（八訂）をもとに筆者作成

要因について，以下 1)〜5)に示す。

1) 温度

一般に，水が凍結しない程度の低温が老化しやすい。

2) 水分

50〜60％の時が最も老化しやすいといわれている。

3) アミロース含量

アミロース分子は水素結合を形成しやすく，逆にアミロペクチンの分枝構造は水素結合の形成を妨げると考えられており，低アミロース米やもち米のようにアミロース含量の低い食品は老化しにくい。でんぷんの種類の比較では，タピオカなどのいも類でんぷんに比べ，コーンスターチや小麦など穀物類でんぷんの方が老化しやすい。

4) 共存物質

糖質や一部の乳化剤(モノグリセリド，ショ糖脂肪酸エステル)が老化を抑える作用がある。

5) その他

一般に，アルカリ性より酸性で老化が促進しやすいことが知られている。また，老化を抑制するために，60℃以上での保温，急速脱水乾燥(水分を15％以下にすると老化を抑制する)，－20℃以下で急速冷凍などの方法がある。[*]

5.1.2 でんぷんの糊精化（デキストリン化）

でんぷんをそのまま，あるいは微量の酸を加えて乾熱(120〜180℃)すると，でんぷんのグリコシド結合が切断されると同時に，α-1,2，α-1,3 結合等の新たな結合が形成(グリコシド転移)し，水溶性のデキストリン(焙焼デキストリン)が生成する。この焙焼デキストリンをもとに精製したものが**難消化性デキス**

＊でんぷんの糊化・老化を利用した食品　アルファ化米，せんべい，即席めん類などのでんぷん食品の多くは，α化した食品を急速脱水乾燥して製造されている。一方，はるさめ(リョクトウでんぷん)やビーフン(うるち米を原料)は，でんぷんの老化を利用した食品である。糊化したでんぷんを急冷・乾燥することにより，でんぷん分子間の結合を強化させ，形状の保持や独特の食感を生じさせている。

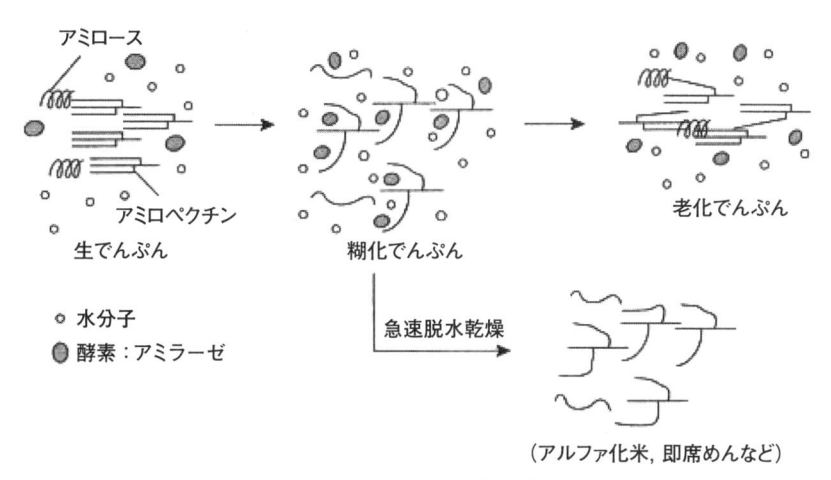

図 5.1　でんぷんの糊化と老化

出所）吉田勉監修，佐藤隆一郎・加藤久典編：食べ物と健康，食物と栄養学基礎シリーズ 10，189，図 6.2，学文社(2012)を改変

トリンであり，ヒトの消化酵素で切れないため，**特定保健用食品**としても利用されている。

5.1.3　ペクチンの軟化と硬化

ペクチンは，D-ガラクツロン酸がα-1,4結合で直鎖状につながった構造を主とした多糖類であり，果実や野菜など植物の細胞壁や細胞壁間に含まれている。ペクチンの6位のカルボキシ基は，部分的に**メチルエステル化**され，メトキシル基(CH_3O-)になっている(図2.22)。

メトキシル酸を7％以上含むもの，すなわちガラクツロン酸の50％以上がメチルエステル化しているもの(メトキシル化度(degree of methoxylation；DM)50％)を高メトキシルペクチンといい，酸性下(pH3.5以下)で糖の添加(糖度50％以上)によりゲル化する。これは，酸性下ではガラクツロン酸のカルボキシ基の解離が抑制され，ペクチン分子間の電気的反発が弱まると同時に，高糖度下での脱水により，水素結合を形成しやすくなり，分子同士が会合するためである。DM値が高いペクチンほどゲル化能は高い。

一方，DM 50％未満の低メトキシルペクチンは，カルシウムなどの二価イオン存在下でゲル化する。これは，エステル化されていない複数のカルボキシ基と金属イオン間にイオン結合が形成され，ペクチン分子が架橋されることによる。低メトキシルペクチン*は，低カロリーの低糖度ジャムやゼリーなどに使われている。

5.1.4　糖のカラメル化

グルコースやスクロースなどの糖質を100℃以上で強く加熱すると，香気性で苦味を有する粘稠な褐色物質が生成する。この反応をカラメル化反応といい，褐色の生成物をカラメルという。このカラメル化反応は，酸性やアルカリ性で促進される。糖類のうち特にカラメル化が起こりやすい糖類は，フルクトースである。この反応は糖のみの非酵素的褐変反応であり，糖とアミノ酸によるアミノ・カルボニル反応とは異なる。

工業的には，糖類(でんぷん，スクロース，グルコースなど)に，酸あるいはアルカリを加えて加熱して作られている。(5.6.1(2)参照)

5.2　脂質の変化

5.2.1　自動酸化

油脂を空気中にさらしておくと，色が変わって劣化する現象が発生する。この変化は，空気中の酸素により，**不飽和脂肪酸**が**自動酸化**され，ヒドロペルオキシド(過酸化脂質)が生じたためである(図5.2)。その他，温度，光，金属，水分等の外的要因により加水分解，酸化，分解，重合などの変化が起こる。この変化により食品に異臭が生じたり，風味，外観等の変化，栄養成分の分

*低メトキシルペクチンの製造
植物組織内でペクチンは，高メトキシペクチンの状態で存在している。そのため，低メトキシペクチンは，高メトキシペクチンから，脱メチル化工程を経て製造される。脱メチル化の工程でアンモニアを使用するため，エステルの一部がアミド化する。アミド化されたガラクツロン酸の割合はアミド基度(Degree of Amidation：DA)で表される。

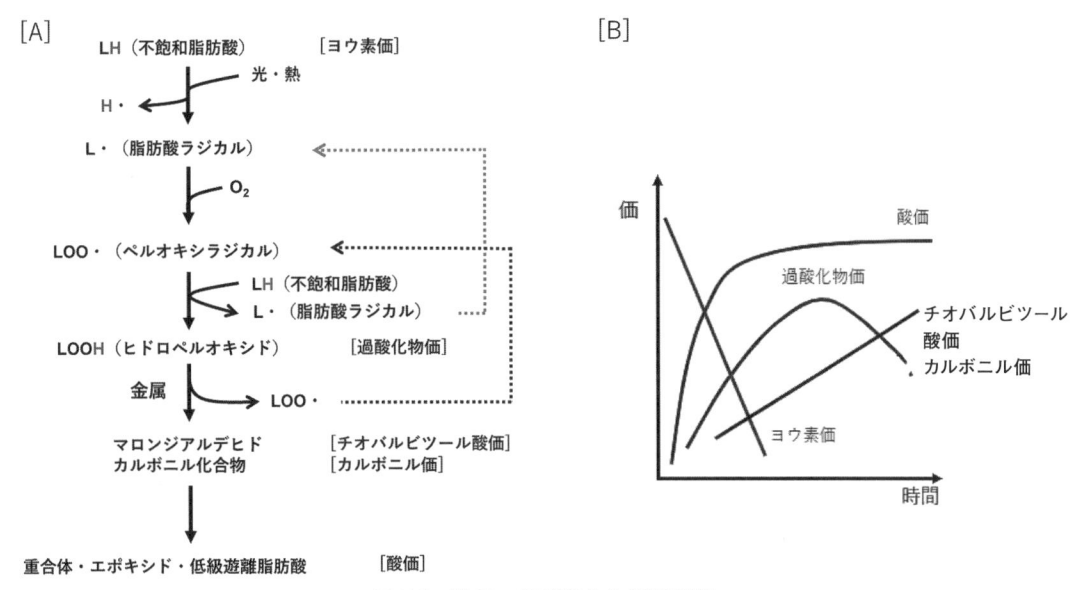

図5.2 脂質の自動酸化と評価項目

出所）メディシン：役に立つ薬の情報―専門薬学，をもとに筆者作成

解が行われ，味覚への影響だけでなく人体に有害な作用を及ぼす。この反応は大きく ① 開始反応，② 成長反応，③ 停止反応に分けられる。

より詳細には，油脂は，酸化反応の進行とともにさまざまな酸化生成物を生ずることが知られている。酸化の初期では 2 つの二重結合に挟まれたメチレン(**活性メチレン基**)の水素(アリル水素)が光や熱などの影響で引き抜かれて**脂質ラジカル**が発生し，それが空気中の酸素分子等と反応することにより**ヒドロペルオキシド**(過酸化脂質)が生成する(**図5.3**)。アリル水素の数が多いほど酸化されやすいため，不飽和度の高い油脂ほど酸化されやすいことになる。具体的には，オレイン酸(二重結合1つ)，リノール酸(二重結合二つで活性メチレン1つ)，リノレン酸(二重結合三つで活性メチレン二つ)で比較した場合，自動酸化のされやすさはおよそ 1：12：25 であり，活性メチレンを多くもつリノレン酸の酸化のされやすさは顕著である。主な多価不飽和脂肪酸の空気中での酸化されやすさは，DHA ＞ EPA ＞アラキドン酸＞リノレン酸＞リノール酸の順となる。

図5.3 ヒドロペルオキシドの生成ルート

酸化の進行とともにヒドロペルオキシドは増加し蓄積するが，同時に熱や酸，アルカリあるいは金属イオンの作用で分解もしていくため蓄積量は極大を経て減少する。分解反応ではヒドロペルオキシドの解裂，ラジカル停止反応やさらに酸化反応が起こり，アルデヒド，ケトン，アルコール，エポキシド，酸化重合物，炭化水素，などの2次生成物が生じる。

5.2.2　光酸化・光増感酸化

光酸化とは紫外線などがもつ光エネルギーによる脂質の直接的酸化反応である。近年ではLED照明が普及し，LEDは蛍光灯と比較して紫外線量が少ないことから，光酸化は生じにくいといわれている。**光増感酸化**とは**光増感物質**[*1]と呼ばれる成分が特定波長の光エネルギーを吸収し，一重項酸素(活性酸素($^1O_2$))を発生し，その一重項酸素が直接不飽和脂肪酸の二重結合を攻撃して起こる酸化のことである。一重項酸素の寿命は短いが，この光増感酸化で生じる一重項酸素は，通常の自動酸化では生じない非共役ジエンヒドロペルオキシドも生成させる。(5.7.2 参照)

5.2.3　熱酸化

揚げ物や炒め物の時に生じ，自動酸化と同様にまずヒドロペルオキシドが生成する。しかし，生成したヒドロペルオキシドは蓄積せず，すぐに熱のため分解して低分子化合物を生成したり，逆に重合して二量体を生成したりするなど，多様な生成物を生じる。このように高温で長期間加熱するとさまざまな物質が生成し，不快なにおいや泡立ち，粘度の上昇などの変化が生じる。この反応のことを熱酸化とよぶ。不快臭はアクロレイン($CH_2=CH\text{-}CHO$)が原因とされており，トリグリセリドのグリセロールの分解で生じる。飽和脂肪酸も酸化されることが特徴である。

5.2.4　金属酸化

微量に混在する金属イオンが，フェントン様反応を起こし，酸化を促進する。触媒活性は，$Cu^+ > Cu^{2+} > Fe^{2+} > Fe^{3+} > Ni^{2+}$ の順番に強くなっており，荷電数の少ない方が強い酸化作用をもつ。

5.2.5　酵素による酸化

マメ科植物(特に大豆)や野菜(トマトやナス)などに含まれる**リポキシゲナーゼ**(106ページ参照)は，不飽和脂肪酸を酸化する酵素である。この酵素は，活性メチレンを有するリノール酸やリノレン酸，アラキドン酸などの不飽和脂肪酸に分子上の酸素を導入することでヒドロペルオキシドを生成させる。大豆などの青臭さはこの酵素により生成した**ヘキサノール**や**ヘキセナール**に起因している。[*2]

5.2.6　脂質の酸化の評価

脂質の酸化を評価する指標は数多くあるが，**過酸化物価(POV)**と，**酸価(AV)**

の規格基準が設定されているものが多い[*1]。

POV[*2]とは，「脂質1kg中の過酸化脂質によりヨウ化カリウムから遊離されるヨウ素量のミリ当量(mEq)のこと」であり，油脂の酸化的劣化度を評価する方法として最も一般的な方法である。油脂の酸化における初期の指標とされている。

POVと並んで良く用いられる評価法が酸価(AV)である。AVは「油脂1g中に含まれている遊離脂肪酸を中和するのに要する水酸化カリウムのmg数」として定義されており，油脂に含まれる遊離脂肪酸を中和滴定によって定量する方法である。現在，食品製造現場で簡易的に測定できるAV用試験紙が販売され使用されている。AVはフライ油の劣化度を評価するのに適した方法であるが，自動酸化や光増感酸化では，遊離脂肪酸の生成量が少ないため，酸化劣化の評価法には不適当である。

カルボニル価(CV)は，油脂の酸化二次生成物であるアルデヒドやケトンといったカルボニル化合物に反応する2,4-ジニトロフェニルヒドラジンを用いて比色定量することによって，総カルボニル量を算出する方法である[*3]。

チオバルビツール酸価(TBA)は，マロンジアルデヒドと縮合反応を行い赤色を呈することから評価する。マロンジアルデヒド以外にも，脂質の酸化によって生じるアルデヒド類と反応して発色するものがあるので，油脂の酸化度を測定する方法としてよく用いられている。同じカルボニル化合物であっても発色が違うことや，再現性に乏しいことなどから，現在では補助的な測定手段の域を出ていない。

5.2.7 酸化防止

酸化防止には，物理的方法と化学的方法がある。前者は冷暗所，褐色瓶で保存，酸素との接触面積を小さくするなどがあり，脱酸素剤(鉄粉の利用)を入れたり，ガスで置換(二酸化炭素置換や窒素置換)する方法を用いたりすることもある。化学的方法は，抗酸化剤を用いたりすることが一般的である。具体的には，天然の抗酸化剤としては，油糧種子に含まれる**トコフェロール**，ゴマに含まれる**セサモール**，たまねぎに含まれる**ケルセチン**などのフラボノイド類，香辛料に含まれる**オイゲノール**などがあげられる(図5.4)。トコフェロールの抗酸化力は，$\delta -> \gamma -> \beta -> \alpha$の順で生体内の生理活性とは逆の順番であり，その防止効果には差がある。またトコフェロール類とビタミンCを共存させると相乗的な抗酸化作用が見られることがあるが，これはトコフェロールラ

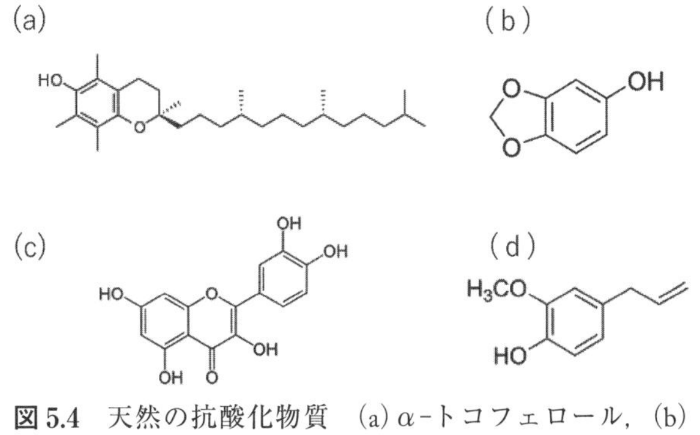

図5.4 天然の抗酸化物質 (a)α-トコフェロール，(b)セサモール，(c)ケルセチン，(d)オイゲノール

*1 **脂質の酸化の評価** たとえば，厚生労働省の「洋生菓子の衛生規範」においては，「油で処理した菓子(油脂分10％以上)では，POVが30以下で，かつ，AVが5以下であること，または，AVが3以下で，かつ，POVが50以下であること。」ということが定められていたり，「即席麺類(油揚げ麺)については，麺に含まれる油脂のAVが3を越え，又はPOVが30を越えるものであってはならない。」という内容が定められたりしており，脂質の酸化の程度を評価することは重要である。

*2 **POV** POVは脂質ヒドロペルオキシドを定量するもので，現在，基準油脂分析試験法には，デンプン指示薬を用いた滴定法(酢酸‐イソオクタン法)の他に，電位差滴定法がある。なお，POVは油脂の自動酸化や光増感酸化による劣化の度合いを評価できるが，フライ油にはヒドロペルオキシドはほとんど残存しないので使用できない。

*3 **カルボニル価** 従来法は溶剤としてベンゼンを使用していたが，現在はブタノールを溶剤として使用する改良法が利用されている。CVは，油脂の自動酸化だけでなく，フライ油の熱酸化の指標にもなりうる。カルボニル化合物は閾値が小さいことから，油脂の臭いに大きく影響するので，CVは官能検査と相関するとされる。

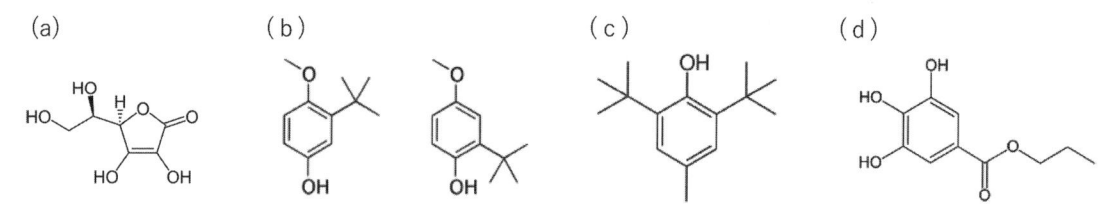

図5.5 合成抗酸化物質　(a)エリソルビン酸，(b) BHA，(c) BHT，(d)没食子酸プロピル

ジカルをビタミンＣが再生し，トコフェロールの抗酸化作用に相乗的な効果を示す。このビタミンＣのような役割を協力剤とよぶ。

　合成抗酸化剤としては**エリソルビン酸**(アスコルビン酸の異性体)，**BHA** (butyl-hydroxy-anisole)や**BHT** (butyl-hydroxy-toluene)，**没食子酸プロピル**などが代表的なものであり，効力や安定性の点で優れている(**図5.5**)。これらは，自動酸化で生じるペルオキシラジカルに水素を与えることによって，他の不飽和脂肪酸からの水素の引き抜きを妨げたり，アルキルラジカルに水素を与えてフリーラジカルを消失させてラジカル連鎖反応を停止させることがメカニズムの1つでもある。これらの合成品の中には発がん性の疑いがあるものもあり，使用の際には注意が必要である。また，金属を捕捉することでも酸化防止できることもあり，クエン酸や酒石酸，エチレンジアミン四酢酸(EDTA)が用いられることもある。

5.3　たんぱく質の変化
5.3.1　変　　性
　たんぱく質は20種類のアミノ酸がペプチド結合により結合した高分子であり，分子内あるいは分子間の水素結合，イオン結合，疎水結合などにより，規則性をもった立体構造を保持している(**図5.6, A**)。

　食品に含まれるたんぱく質は，加熱，乾燥，凍結，撹拌などの物理的要因，あるいは pH 変化，界面活性剤や金属イオンの添加などの化学的要因により，高次な立体構造(二次〜四次)が崩壊し，たんぱく質の**変性**(denaturation)が起こ

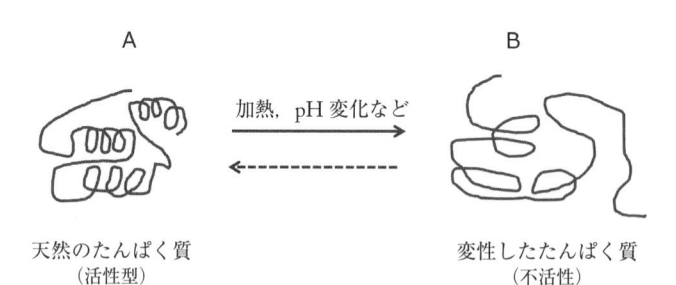

天然のたんぱく質
(活性型)

変性したたんぱく質
(不活性)

図5.6　たんぱく質の変性

る(**図5.6, B**)。変性状態からもとの構造に戻る**可塑性**(**図5.6 破線矢印方向への反応**)を示すこともあるが，一般的には崩れた立体構造はもとの状態に戻らず，たんぱく質の機能性が失われる。そのたんぱく質が酵素の場合，変性によって酵素活性が失われ，これを**失活**という。また，変性により，凝集，凝固，沈殿，ゲル化など

表5.2 たんぱく質の変性を利用した食品

物理的変化	例
熱凝固	ゆで卵，茶わん蒸し
ゲル化	ゼラチンゼリー，煮こごり，かまぼこ
グルテン形成	パン，めん
起泡	メレンゲ
界面活性	湯葉，牛乳の被膜
凍結・乾燥	凍り豆腐

化学的変化	例
酸変性	ヨーグルト，豆腐（グルコノデルタラクトン）
塩類による凝固	豆腐（にがり，$MgCl_2$）
アルカリによる凝固	ピータン

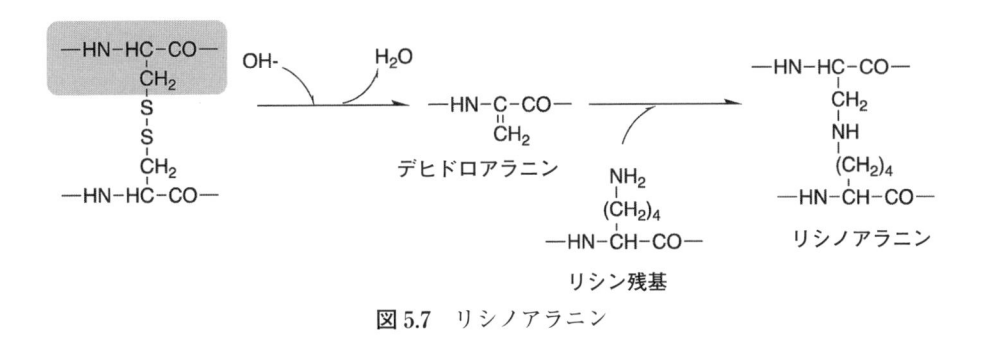

図5.7 リシノアラニン

の現象が引き起こされる。さらに，変性したたんぱく質は，分子間に隙間が生じ，また分子内部の原子団が表面に露出されるため，酵素作用を受けやすくなり，消化性が向上する。

マメ科植物は，たんぱく質分解酵素阻害物質（**トリプシンインヒビター**など）や赤血球凝集活性を有する**レクチン**などを含む。これらのたんぱく質を生のまま（活性のある状態）で摂取すると，ヒトに悪影響を及ぼす可能性があるため，豆類を十分加熱することにより栄養的価値が向上する。調理・加工時に，食品たんぱく質の中で起こる変性を**表5.2**に示す。

たんぱく質をアルカリ条件下で加熱すると，一部のアミノ酸の β 開裂により，デヒドロアラニンが生成する。デヒドロアラニンは，リシン残基の ε アミノ末端と反応し，架橋物質の**リシノアラニン**を生成する（**図5.7**参照）。また，たんぱく質のアルカリ加熱処理により，L-アミノ酸の**ラセミ化**も起こる。これらの反応は，リジンや L-アミノ酸の損失を招くため，たんぱく質の栄養価の低下につながる。

5.3.2 酸　　化

たんぱく質を構成するアミノ酸のうち，メチオニン，システインなどの含硫アミノ酸残基は特に酸化されやすい。これらは，食品の漂白や殺菌などの際に酸化修飾されるだけでなく，ラジカルを形成するため，たんぱく質同士

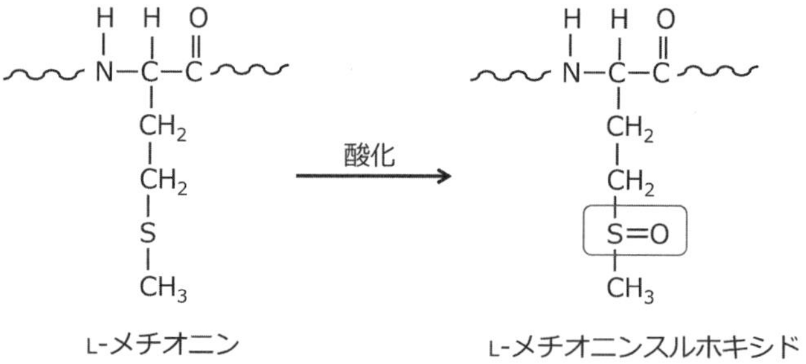

図 5.8　メチオニンの酸化によるメチオニンスルホキシドの生成

出所）中河原俊治編，食べ物と健康 II 第 3 版 食品の機能，35，三共出版(2023)図
　　　2-18 をもとに作成

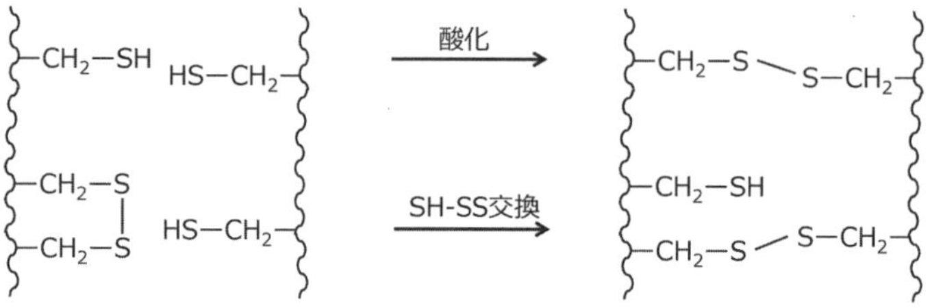

図 5.9　SH-SS 交換反応

出所）長澤治子編，食べ物と健康 食品学・食品機能学・食品加工学(第 3 版)，124，図IV
　　　-1-4，医歯薬出版(2019)をもとに筆者作成

が架橋して重合する。

　メチオニンの硫黄原子は酸素と反応しやすいため，容易に**メチオニンスルホキシド**が生成するが，これは生体内で還元されるため，栄養的な損失はない。この反応は，過酸化脂質との反応で起きやすく，ビタミンB₂の存在下では，**光増感酸化**を受けやすい。

　たんぱく質分子には，シスチン残基に由来する**ジスルフィド(S-S)結合**やシステイン残基の**スルフヒドリル基(SH 基)**が存在する。ペプチド鎖中の SH 基が酸化されると，新たなジスルフィド結合が形成され，**SH-SS 交換反応**が進行する。例えば，小麦の主要たんぱく質であるグルテニンとグリアジンからグルテンが形成する反応においても，小麦たんぱく質の SH 基が酸化され，SH-SS 交換反応が進行することにより，分子内・分子間が架橋され粘弾性のあるグルテンの網目構造が形成すると考えられている。

5.4　ビタミンの変化

5.4.1　脂溶性ビタミン

(1) ビタミン A

*1　共役二重結合　→63 ページ，
　　図 2.38。

　ビタミン A（アルコール型：retinol，**レチノール**）は，**共役二重結合**[*1]（単結合と二重結合が交互に並んだ構造)を有するため，熱や光による影響を受けやすく，酸化されやすい。この反応は，加熱により促進される。

(2) ビタミン E

*2　トコフェロール　→65 ページ，図 2.41。

　食品に含まれるビタミン E は，主に**トコフェロール**[*2]であり，α，β，γ，δ の 4 種類の同族体が存在する。ビタミン E は，不飽和脂肪酸酸化で生じたラジカルに水素を供与し，自らがラジカルとなって脂質の自動酸化を抑制する。ビタミン E ラジカルは，L-アスコルビン酸から電子を受けとり(還元されて)，抗酸化物質(139 ページ 5.2.7)として再利用される。ビタミン E は，熱に対して比較的安定だが，光，過酸化物，アルカリ条件下で酸化されやすい。

5.4.2　水溶性ビタミン

　水溶性ビタミンは，脂溶性ビタミンに比べ，調理過程における損耗が大き

い。**表5.3**に，4種類の野菜のビタミン含量を調理法別に示す。野菜は，ゆでる調理において，食品外へ流出されやすい。

(1) ビタミン B₁

ビタミン B₁(thamine, **チアミン**)[*1]は，酸性では安定だが，アルカリ性条件下できわめて不安定で酸化されやすく，加熱によってさらに分解が促進される。

調理加工でビタミンが増加する例として，野菜のぬか漬けが挙げられる。米ぬか中のビタミン B₁が野菜に浸透することで，生の野菜に比べて数倍高い値になる(**表5.3**参照)。

*1 チアミン →66ページ，図2.43。

(2) ビタミン B₂

ビタミン B₂(riboflavin, **リボフラビン**)[*2]は，熱や酸には比較的安定であるが，アルカリや光により変化しやすい。例えば，ビタミン B₂のよい供給源である牛乳やチーズを光のあたるところに置いておくと，ビタミン B₂が減少する。ビタミン B₂の光による分解は，色や臭いの変化にも関連している。これらの反応は，光照射されたビタミン B₂がスーパーオキシドアニオンや一重項酸素などの活性酸素を生成し，チロシンやトリプトファンなどのアミノ酸の酸化を促進する光増感酸化(138ページ 5.2.2)に関係している。

*2 リボフラビン →66ページ，図2.44。

(3) ビタミン C

食品中の還元型ビタミン C (ascorbic acid, **L-アスコルビン酸**)[*3]は，熱，光，酵素

*3 L-アスコルビン酸 →70ページ，図2.51。

表5.3　野菜類のビタミン含量(調理法別)

			水分	β-カロテン当量	ビタミンK	ビタミンB₁	ビタミンB₂	ナイアシン	ビタミンB₆	葉酸	パントテン酸	ビタミンC
			g	μg				mg		μg	mg	mg
きゅうり	果実	生	95.4	28	34	0.03	0.03	0.2	0.05	25	0.33	14
	漬物	ぬかみそ漬	85.6	18	110	**0.26**	0.05	0.2	0.20	22	0.93	22
だいこん	根 皮なし	生	94.6	0	Tr	0.02	0.01	0.2	0.05	33	0.11	11
		生 おろし	90.5	(0)	0	0.02	0.01	0.2	0.04	23	0.07	7
		ゆで	94.8	0	0	0.02	0.01	0.2	0.04	33	0.08	9
ブロッコリー	花序	生	86.2	900	210	0.17	0.23	1.0	0.30	220	1.42	140
		ゆで	89.9	830	190	**0.06**	**0.09**	**0.4**	**0.14**	**120**	**0.74**	**55**
		電子レンジ調理	85.3	1000	220	0.18	0.25	1.2	0.41	160	1.31	140
		花序 焼き	78.5	1700	380	0.27	0.40	1.7	0.67	450	1.99	150
		花序 油いため	79.2	1200	270	0.20	0.28	1.3	0.52	340	1.47	130
ほうれんそう	葉 通年平均	生	92.4	4200	270	0.11	0.20	0.6	0.14	210	0.20	35
		ゆで	91.5	5400	320	**0.05**	**0.11**	**0.3**	**0.08**	**110**	**0.13**	**19**
		油いため	82.0	7600	510	0.08	0.16	0.5	0.09	140	0.20	21
	冷凍	生	92.2	5300	300	0.06	0.13	0.4	0.10	120	0.15	19
		ゆで	90.6	8600	480	—	**0.06**	**0.2**	**0.05**	**57**	**0.03**	**5**
		油いため	84.6	7200	370	—	0.18	0.6	0.12	150	0.19	16

食品の可食部100g当たりの成分値
「生」に比べて大きく増減した値は**ゴシック体**・アミで示す。
＊ブロッコリーとほうれんそうでは，「生」の含有量に対し，「ゆで」たものの水溶性ビタミン含量は35〜65 %と減少が大きい。冷凍後にゆでると，さらに損失が大きくなる。一方，電子レンジ加熱や油いためでは，ビタミンの損失が少ない。
出所) 日本食品標準成分表2020年版(八訂)を加工して作成

作用により，容易に酸化され，酸化型ビタミンC (dehydroascorbic acid, **デヒドロアスコルビン酸**)になる。デヒドロアスコルビン酸は，生体内でグルタチオンなどによりL-アスコルビン酸に変換されるため，還元型同等の生理活性を有する。ただし，デヒドロアスコルビン酸は熱に不安定で，さらに加熱酸化されると，ビタミンC活性のない**2,3-ジケトグロン酸**となる。

にんじんやきゅうりには，ビタミンC酸化酵素である**アスコルビナーゼ**が特に多く存在しており，調理などで組織が傷つくと酵素が活性化し，L-アスコルビン酸をデヒドロアスコルビン酸へと変化する。この酵素は，pH4以下の酸性，加熱や食塩添加で抑制することができる。

L-アスコルビン酸は還元力が強いため，抗酸化剤として，食品の酸化防止，褐変防止などに利用されている。

5.5　相互作用による変化

食品の調理や加工の工程で，加圧や加熱といった操作により食品中の成分間反応が生じる場合がある。中には，この反応によって有害物質(変異原性物質や発がん物質など)を生じることがある。

(1) ニトロソ化合物

肉製品の色を良く見せるため，加工の際に亜硝酸ナトリウムや硝酸カリウムといった発色剤が利用される。硝酸塩は，体内に摂取した後，**亜硝酸塩**となり胃酸による酸性条件下で，肉や魚に含まれる**第2級アミン**と反応して**N-ニトロソアミン化合物**という発がん性物質が生成される(図5.10)。ただし，食品添加物由来の亜硝酸はごく少量で，それよりも野菜に含まれる硝酸塩が口腔内細菌によって還元され亜硝酸になるほうが多い。ビタミンCにはニトロソアミンの生成抑制効果がある。

(2) ヘテロサイクリックアミン

アミノ酸やたんぱく質を加熱した際に加熱分解物に**ヘテロサイクリックアミン類**が含まれている。これは，焼き魚や焼き肉などの焦げ部分に認められる。ヘテロサイクリックアミンの代表的なものとして，トリプトファン由来の**Trp-P-1**や**Trp-P-2**などがある(図5.11)。なお，ヘテロサイクリックアミンの生成には，**アミノカルボニル反応**(5.6.1)が関与している。

HNO_3 ＋ 亜硝酸　　第2級アミン　　$\xrightarrow{胃酸}$　　ニトロソアミン化合物

図5.10　ニトロソ化合物

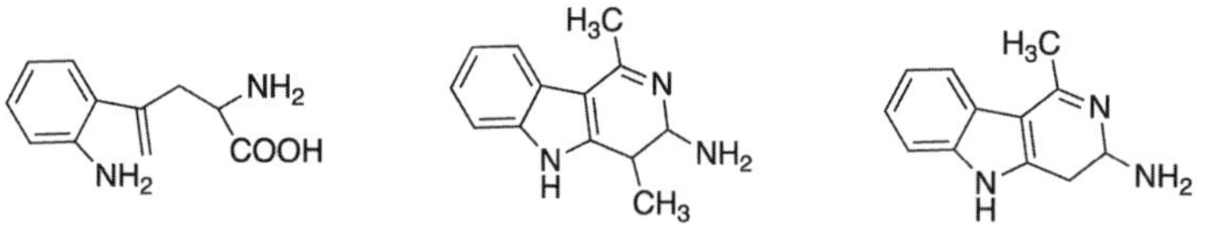

トリプトファン　　　　Trp-P-1　　　　Trp-P-2

図5.11　ヘテロサイクリックアミン

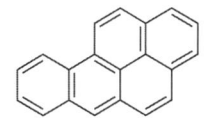

アクリルアミド　　　　　アクロレイン　　　　　ベンゾ[α]ピレン

図5.12　そのほか有害物質

(3) アクリルアミド

炭水化物を多く含む植物性食品(じゃがいもなど)を高温で**過加熱**(ディープフライ)することで**アクリルアミド**と呼ばれる変異原性物質が生成される(図5.12)。アクリルアミドを摂取すると，中枢神経や末梢神経に障害を引き起こす。これまでに，ポテトチップスやフライドポテト，クッキー，コーヒーに含まれることが報告されている。また，炭水化物が関与したアクリルアミドの生成には，**アミノカルボニル反応**(5.6.1)が関与している。

一方，油脂の加熱により生じるアクロレイン(アルデヒドの一種)もアクリルアミドの生成に関与している(図5.12)。ただし，炭水化物が関与する反応とは別である。

(4) ベンゾ[α]ピレン

燻製製品やかつお節，焼き魚や肉の焦げ部分に発がん性物質である**ベンゾ[α]ピレン**が認められる(図5.12)。

5.6　褐　　変

食品の調理，加工時に，食品が黄色や褐色に着色する現象を褐変という。褐変反応は，植物中の酵素が関与する酵素的褐変反応と，酵素によらない非酵素的褐変反応に分けられる。

5.6.1　非酵素的褐変反応

酵素が関与しない褐変反応を非酵素的褐変反応といい，アミノカルボニル反応やカラメル化反応，アスコルビン酸の褐変反応などがある。

(1) アミノカルボニル反応

アミノカルボニル反応は，アミノ基をもつ**アミノ化合物**(アミノ酸，たんぱく質，ペプチド，アミンなど)とカルボニル基をもつ**カルボニル化合物**(還元糖，アルデヒド，ケトンなど)が反応し，複雑な反応経路を経て褐変物質である**メラノイジン**を生成する。この反応の発見者から名前を取って**メイラード反応**とも呼ばれる。

1) 反応機構

この反応は，**初期**，**中期**，**終期**の3段階に分かれている。反応例を**図5.13**(カルボニル化合物の代表例としてグルコースとアミノ酸による反応)に記す。

初期段階では，アミノ化合物のアミノ基とカルボニル化合物のカルボニル

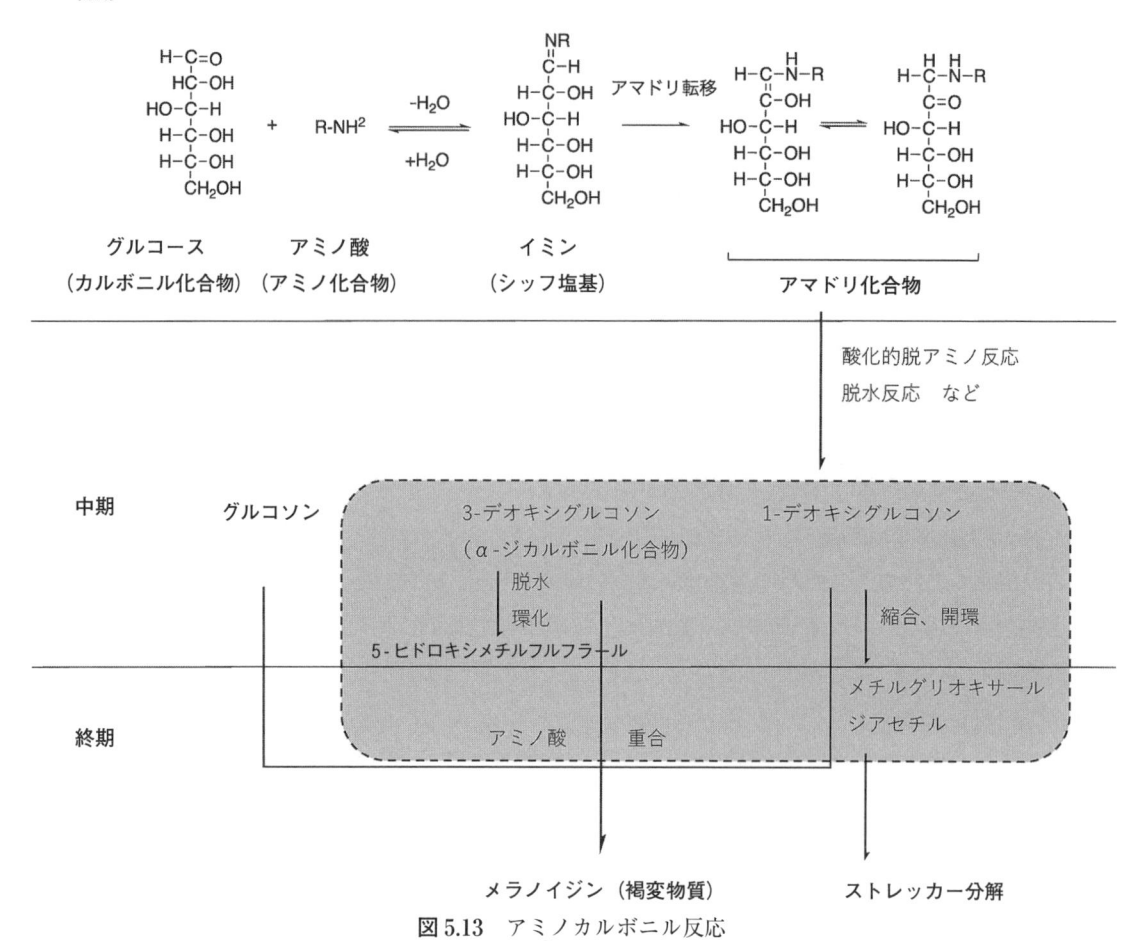

図 5.13　アミノカルボニル反応
(カルボニル化合物の代表例としてグルコースとアミノ酸による反応)

基が反応して窒素配糖体イミン(**シッフ塩基**)を生成する。さらにイミンの二重結合が転位(**アマドリ転位**)し，アミノレダクトンなどのアマドリ化合物を生成する。

　中期段階では，アマドリ化合物に酸化的脱アミノ反応や脱水反応などが起こり，非常に反応性の高い**α-ジカルボニル化合物**(5-ヒドロキシメチルフルフラールやジアセチルなど)が生成する。

　終期段階では，α-ジカルボニル化合物にアミノ酸が重合し，褐変物質である**メラノイジン**を生成する。

　この反応の中期から終期段階にかけて，α-ジカルボニル化合物がアミノ酸と反応し，脱水縮合，脱炭酸反応を経てアルデヒドとアミノレダクトンを生成する。アミノレダクトンはさらにピリジン化合物に変化し，**アルデヒド**や**ピラジン類**のもつ特有の強いにおいを発する。この反応を**ストレッカー分解**[*]という。アルデヒドやピラジン類のような香気成分は，アミノ酸の種類によ

*ストレッカー分解　→ 107 ページ．3.4.2(4)。

って香りが異なり，コーヒー豆を焙煎した際の香りやパンを焼いたときの香りなどである（図 3.21）。

(2) カラメル化反応

ショ糖など糖類を 170 〜 190 ℃に加熱すると，香ばしい香りとともに褐変物質を生成する。この反応を**カラメル化反応**[*]という。ショ糖の場合，160 ℃以上に加熱すると転化してブドウ糖と果糖を生じる。さらに，果糖が脱水され香気成分であるヒドロキシメチルフルフラールを生じる。カラメル色素はプリンなどさまざまな食品に利用される。

*カラメル化反応　→107 ページ, 3.4.2(4)。

(3) 非酵素的褐変反応に影響を与える因子

非酵素的褐変反応に影響を与える因子は以下のものがある。

1) **温度**：高ければ高いほど反応速度が大きくなる。低温(0 〜 10℃)を保つことにより褐変を防止できるが，完全に防止できるわけではない。

2) **pH**：pH が大きくなるほど反応速度が速くなる。特に，還元糖を加熱した場合は，酸性(pH2 以下)あるいはアルカリ性(pH8 以上)で褐変が進む。

3) **水分**：水分活性が 0.65 〜 0.85 の時，褐変が進むことから，**中間水分食品**は褐変しやすいといえる(84 ページ参照)。

4) **金属イオン**：銅や鉄などの金属イオンは褐変を促進する。

5) **糖の種類**：還元糖の種類により反応性が異なる。五炭糖＞六炭糖＞二糖類の順に高い。

6) **アミノ酸の種類**：側鎖にアミノ基をもつアミノ酸(**特にリシン**)は反応性が高い。なお，リシンが反応すると，**有効性リシン**が減少することから**たんぱく質の栄養価**が低下する。

5.6.2　酵素的褐変

植物の組織には酵素が含まれており，切ったりすりおろしたりすることで，植物組織が破壊され酵素が基質と接触し反応が進む。りんごやじゃがいもは，

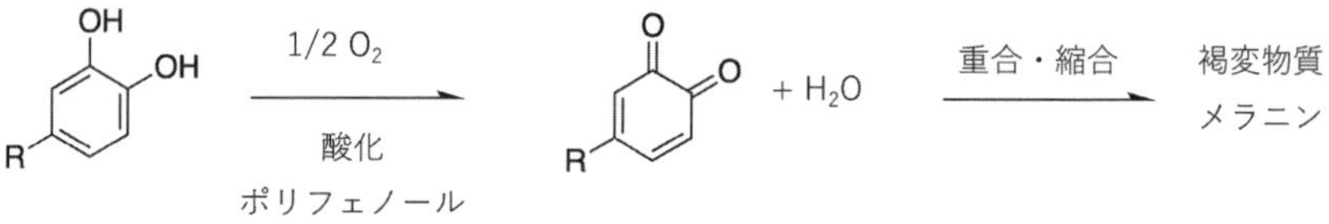

図 5.14 酵素的褐変反応

皮をむいて放置すると，**ポリフェノールオキシダーゼ**と呼ばれる酵素により基質となるフェノール化合物が酸化され褐変する。この反応を酵素的褐変反応という。ポリフェノールオキシダーゼは総称であり，チロシナーゼ，カテコラーゼなどがある。

　ポリフェノールオキシダーゼはカテコール構造(o-ジフェノール化合物)を有するフェノール化合物の反応性が高く，酵素により酸化されo-キノンとなり，さらに重合・縮合して褐変物質である**メラニン**を生成する(**図 5.14**)。この反応が進むことで，色合いが悪くなることから食品が劣化する場合が多く，防止法が重要となる。一方，紅茶はポリフェノールオキシダーゼによりエピガロカテキンやエピカテキンが酸化され，赤褐色の**テアフラビン**を生成したものであり，酵素的褐変を利用した数少ない食品の1つである。

　酵素的褐変の防止法は，酵素のはたらきを抑えることが重要であり，褐変を防止する条件を以下に記す。

(1) **温度**：酵素反応であることから，酵素が失活するような高温で加熱することで褐変を抑制することができる(**ブランチング**)。ただし，加熱により食感が変化する場合がある。低温にすることも酵素反応を緩慢にさせるが，野菜や果物では，**低温障害**[*1]をおこす場合があるため，注意が必要である。

(2) **pH**：pH を下げる。クエン酸(レモン汁など)や酢酸(食酢)などを添加し，**pH を 3 以下**にすることで酵素の働きを抑えることができる。(ポリフェノールオキシダーゼの至適 pH は 4.2 〜 5.8)なお，クエン酸の場合は**キレート剤**[*2]としても働く。

(3) 食塩などの**酵素阻害剤**を用いる。銅イオンなどはキレート剤として酵素反応を阻害する。亜硫酸塩など。

(4) **酸素を除去**する。

(5) **還元剤**により酵素反応を阻害する(アスコルビン酸やなど)。

5.7　光による変化

　光は，食品や栄養成分の酸化に影響を与える因子である。光による酸化は，光酸化と光増感酸化の2種類がある。

*1　**低温障害**　熱帯や亜熱帯を原産地とする青果物では，一般的に 0 〜 10℃のような低温に一定時間以上放置すると，正常な代謝ができなくなり障害を起こすことをいう。(10℃未満：なす，きゅうりなど。10 〜 12℃：バナナ，かぼちゃなど。12 〜 15℃：さつまいもなど)

*2　**キレート剤**　金属イオンが複数の配位座をもつ配位子(多座配位子)と配位結合したイオンを錯イオンといい，錯イオンを形成することで金属イオンは安定化する。このような多座配位子をキレート試薬またはキレート剤と呼び，クエン酸はその代表例である。

5.7.1 光酸化

光酸化とは紫外線などがもつ光エネルギーにより食品中のたんぱく質や脂質など栄養成分が直接酸化反応を起こすものである。紫外線の中でも短波長紫外線(UVC)や中波長紫外線(UVB)の一部がこの反応に関与している。

5.7.2 光増感酸化

光増感酸化では，紫外線の長波長紫外線(UVA)や可視光線の領域にある波長で起こりやすい。食品中の色素成分に光(紫外線)が当たると光エネルギーを吸収し励起される。この励起された色素により三重項酸素($^3O_2$)が励起され，**一重項酸素**($^1O_2$)へ変化する。$^1O_2$ は反応性に富む**活性酸素**であり，これにより酸化反応が進む。この一連の反応を**光増感酸化反応**という。原因となる色素は，クロロフィルやその分解物であるフェオフォルビト，タール系赤色合成色素，ビタミン B_2 があり，これらを**光増感剤**という。クロロフィルは植物油に微量に含まれていることから，光増感酸化をきっかけに植物油に含まれる不飽和脂肪酸の二重結合に $^1O_2$ が付加し脂質の酸化反応が進む。

5.7.3 光による酸化の防止法

光酸化および光増感酸化を防ぐ最も重要な方法は，**光を遮る**ことである。暗所に置くことや，遮光性の容器を用いることも有効である。一方で，生鮮食品の場合は，完全に遮光することが難しい。LED の光は蛍光灯に比べて紫外線量が少ないことから，光酸化は起きにくいが，光増感酸化は起こる。

光増感反応では活性酸素である $^1O_2$ の生成が酸化に大きく影響することから，$^1O_2$ の生成を防ぐことが重要である。そのため，窒素置換や真空パックにより酸素を除去する方法も有効である。また，$^1O_2$ 消去能の高いカロテノイドを酸化防止剤として使用するのも１つの方法である。カロテノイドは色素成分の１つであるが，$^1O_2$ からエネルギーを受け取り，$^3O_2$ に戻す。特にリコピン＞アスタキサンチン＞α-カロテン＞β-カロテンの順に $^1O_2$ 捕捉活性が高い。

5.8　加圧・減圧による変化

(1) 加圧による変化

調理の際に加圧するために，しばしば圧力鍋が用いられる。圧力鍋では，大気圧以上の圧力をかけることから，沸点が高くなり内部温度が約 115 〜 125 ℃に達する。消火後の余熱を利用でき，玄米，豆類，かたい肉などを短時間に軟らかく煮込むことができる。近年，時短料理として利用されることが増えてきた。工業的には，高圧蒸気釜(レトルト)を用い，通常は 115 〜 120 ℃ 20 〜 40 分かけて殺菌し袋詰めされた食品(レトルト食品)がある。カレー，シチュー，ハンバーグ，チャーハンなどさまざまな製品が普及している。

（2）減圧による変化

食品貯蔵の際に，減圧処理を行う減圧貯蔵がある。貯蔵庫内を大気圧の1/10に減圧し食品を貯蔵する方法で，青果物から発生するエチレン（成熟のために発生する植物ホルモン）が吸引除去されるため，CA貯蔵と同じ効果が得られ熟成や老化を遅らせることができる。しかし，コストがかかることから，実用化は困難である。

そのほか，減圧することで沸点が下がる原理を利用した減圧フライで野菜や即席めんなどが製造される。この方法では，炭水化物の高温加熱で生じる**アクリルアミド**が生成されにくいという利点がある。

5.9 酵素による変化

食品はさまざまな酵素の影響を受け変化する。代表的な酵素は，酸化酵素（オキシダーゼ），還元酵素（レダクターゼ），酸化還元酵素（オキシドレダクターゼ），加水分解酵素（デヒドロラーゼ）などがある（表5.4）。

5.9.1 酵素による炭水化物の変化

（1）アミラーゼ

でんぷんを分解する酵素にはα-アミラーゼ，β-アミラーゼ，グルコアミラーゼ，イソアミラーゼがある。

1) **α-アミラーゼ**：でんぷんのα-1,4結合をランダムに加水分解し，デキストリンやマルトースを生成する。

2) **β-アミラーゼ**：でんぷんの非還元末端からα-1,4結合をマルトース単位に加水分解する。大麦，小麦，さつまいもなどに含まれる。

3) **グルコアミラーゼ**：でんぷんの非還元末端からα-1,4結合をグルコース単位に加水分解する。

（2）その他の炭水化物を分解する酵素

イヌリナーゼは多糖類イヌリンをマルトースまで加水分解することから，マルトースの製造に利用される。**インベルターゼ**はスクロースをグルコースとフルクトースに加水分解し，転化糖の製造に用いられる。**グルコイソメラーゼ**は，異性化酵素でグルコースからフルクトースを製造することから，**異性化糖の製造**に用いられる。**ラクターゼ**はラクトースを加水分解する酵素である。そのため，牛乳をラクターゼで処理することによりラクトースを加水分解し，**無乳糖牛乳の製造**に利用される。**ペクチナーゼ**はペクチンを分解する酵素の総称であり，ペクチンをポリガラクツロン酸に分解し，**果汁の清澄化**に利用される。

5.9.2 酵素による脂質の変化

食品中の脂質に影響を与える酵素にリパーゼとリポキシゲナーゼがある。

表 5.4　食品に利用する酵素

関連する食品や成分	酵素	作用	酵素の分類
糖　質	α-アミラーゼ	でんぷんをデキストリンまで分解	加水分解酵素
糖　質	β-アミラーゼ	デンプンをマルトースまで分解 マルトースの製造	加水分解酵素
糖　質	イヌリナーゼ	イヌリンをフルクトースまで分解 果糖の製造	加水分解酵素
糖　質	インベルターゼ	スクロースをグルコースとフルクトースに加水分解 転化糖の製造	加水分解酵素
糖　質	グルコイソメラーゼ	グルコースからフルクトースを生成 異性化糖	異性化酵素
糖　質	ラクターゼ	ラクトース(乳糖)をグルコースとガラクトースに分解 無乳糖牛乳の製造	加水分解酵素
かんきつ	ペクチナーゼ	ペクチンを加水分解 果汁の清澄化	加水分解酵素
かんきつ	ナリンギナーゼ	ナリンギンをナリンゲニンと糖に加水分解 かんきつの苦味除去	加水分解酵素
かんきつ	ヘスペリジナーゼ	ヘスペリジンをヘスペレチンと糖に加水分解 みかん缶詰の白濁防止	加水分解酵素
たんぱく質	キモシン(レンニン)	チーズの製造	加水分解酵素
たんぱく質	プロテアーゼ	ブロメライン(パイナップル)，パパイン(パパイヤ)などたんぱく質を加水分解，肉の熟成に関与	加水分解酵素
核　酸	ATP アーゼ	核酸を加水分解しうま味成分(イノシン酸)を生成	加水分解酵素
脂　質	リパーゼ	脂肪酸とグリセロールに加水分解 バターのフレーバーを生成	加水分解酵素
脂質，香気成分	リポキシゲナーゼ	脂肪酸を酸化し過酸化物を生成。 トマトやキュウリの青臭さ(トマト：ヘキサナール，キュウリ：ノナジエナールなど)，古米臭の原因酵素	酸化還元酵素
ポリフェノール	ポリフェノールオキシダーゼ	ポリフェノールを酸化させ，褐変物質メラニンを生成 りんご，もも，じゃがいもなど(酵素的褐変)	酸化還元酵素
アスコルビン酸	アスコルビン酸オキシダーゼ	アスコルビン酸を酸化	酸化還元酵素
辛味成分	ミロシナーゼ	シニグリン，シナルピンをアリルイソチオシアネートへ加水分解 だいこん，わさび，黒からし，白からし	加水分解酵素
香気成分	アリイナーゼ	アリインからアリシン(にんにくなどの香気成分)を生成	加水分解酵素

(1) リパーゼ

リパーゼは中性脂肪トリアシルグリセロールのエステル結合を加水分解し，脂肪酸を生成する。バターの香りは，リパーゼによる酪酸の生成が関係している。

(2) リポキシゲナーゼ

リポキシゲナーゼは二重結合に挟まれたメチレン基(シス-1,4-ペンタジエン構造，活性メチレン基)に作用し，ヒドロペルオキシドを生成する。ヒドロペルオキシドはさらに分解し，低分子アルデヒドとなり，不快臭の原因につながる。この酵素は野菜や穀物の種子，マメ科植物(特に大豆)に存在する。トマトでは，**ヘキサナール(青葉アルデヒド)**や**ヘキサノール(青葉アルコール)**が，きゅうりでは，**ノナジエナール(スミレ葉アルデヒド)**や**ノナジエノール(キュウリアルコール)**，米で

は古米臭の原因となる香気成分が生じる（図3.15, 3.19）。

5.9.3　酵素によるたんぱく質の変化

たんぱく質分解酵素の総称を**プロテアーゼ**という。プロテアーゼはたんぱく質のペプチド結合を加水分解する酵素で，たんぱく質をペプチドやアミノ酸まで分解することから，肉がやわらかくなったり，旨味が増したりする。果物に多く含まれており，代表的なプロテアーゼは，パイナップルの**プロメライン**，パパイヤの**パパイン**，イチジクのフィシンなどである。また，仔牛の第4胃に含まれる**キモシン（レンニン）**もたんぱく質分解酵素の一種であり，**カゼイン**にキモシンを作用させることにより，カゼインが加水分解され凝固する。この原理を利用してチーズが作られる。

5.9.4　酵素によるそのほか栄養成分の変化

(1) アスコルビン酸オキシダーゼ

L-アスコルビン酸（還元型ビタミンC）を酸化し，デヒドロアスコルビン酸（酸化型ビタミンC）にする酵素をアスコルビン酸オキシダーゼという。**デヒドロアスコルビン酸**[*1]は，さらに加水分解されると酸-ジカルボニル化合物となり，アミノ化合物と反応することで褐変物質を生成する（アミノカルボニル反応）

(2) そのほかの酵素

ポリフェノールオキシダーゼは酸化還元酵素の一種であり，りんごやじゃがいも，モモなどの酵素的褐変反応の原因となる（5.6.2参照）。

クロロフィラーゼは，植物組織に含まれており，切ったり組織が破壊されることで**クロロフィル**[*2]と反応しフィトールが脱離することで**クロロフィリド**（緑色）となる。その後，**フェオフォルバイド**など緑色の退色が進むことから，**ブランチング**[*3]をすることで酵素を失活させ，退色を防ぐことができる。

柑橘に含まれる代表的な酵素にナリンギナーゼとヘスペリジナーゼがある。**ナリンギナーゼ**は苦味成分ナリンギンをナリンゲニンと糖に加水分解し，苦味除去を行う酵素である。また，**ヘスペリジナーゼ**は，ヘスペリジンをヘスペレチンと糖に加水分解し，ミカン缶詰の**白濁防止**に利用される。

わさびや大根，からしに含まれる**シニグリン**や**シナルピン**はミロシナーゼによって**イソチオシアネート類**へ加水分解され，独特のにおいをもつ辛味成分を生成する（3.4.2.(2)図3.18）。

にんにくやたまねぎには**アリイナーゼ**が含まれており，アリインから**アリシン**（ツンとする香り）や，**チオプロパナール-S-オキシド**が生成される（3.4.2.(2)図3.16, 3.17）。

魚や肉を屠殺後，食肉や魚肉のアデノシン三リン酸（ATP）に**ATPアーゼ**が作用し，アデノシン二リン酸（AMP）が生成する。さらに，AMPデアミナーゼによりうま味成分である**イノシン酸（5′-IMP）**が生成される（図5.15）。

（3）酵素反応のコントロール

先に述べたように，酵素には，食品加工において品質を改善するものと，劣化させるものがある。品質を改善するものは，その効果を発揮できるような至適条件(至適温度や至適 pH など)を整えることが大切である。一方，食品の劣化につながる酵素は，そのはたらきを抑えることが重要である。野菜や果物の場合，切ったりすりおろしたりすることで酵素反応が進むことから，食材の取り扱いにも注意が必要である。酵素の働きを抑えるポイントは，酵素的褐変の項(5.6.2)で述べたように pH を低くすること，高温で加熱すること(ブランチング)，酵素阻害剤や還元剤の使用などがある。

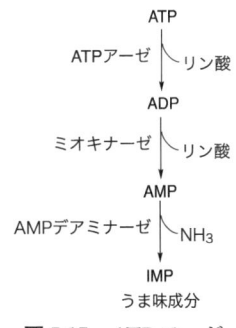

図 5.15 ATP アーゼの作用機構

【演習問題】

問 1 食品成分の変質に関する記述である。最も適当なのはどれか。1つ選べ。

(2022 年国家試験)

(1) ヒスタミンは，ヒスチジンの重合反応によって生成される。

(2) 飽和脂肪酸は，多価不飽和脂肪酸よりも自動酸化が進行しやすい。

(3) 硫化水素は，でんぷんの変質で発生する。

(4) 過酸化物価は，油脂の酸化における初期の指標となる。

(5) K 値は，生鮮食品中におけるアミノ酸の分解の指標となる。

解答 （4）

問 2 食品の変質に関する記述である。最も適当なのはどれか。1つ選べ。

(2020 年国家試験)

(1) ヒスタミンは，ヒアルロン酸の分解によって生成する。

(2) 水分活性の低下は，微生物による腐敗を促進する。

(3) 過酸化物価は，油脂から発生する二酸化炭素量を評価する。

(4) ビタミン E の添加は，油脂の自動酸化を抑制する。

(5) 油脂中の遊離脂肪酸は，プロテアーゼによって生成する。

解答 （4）

問 3 油脂の酸化に関する記述である。正しいのはどれか。1つ選べ。

(2018 年国家試験)

(1) 動物性油脂は，植物性油脂より酸化されやすい。

(2) 酸化は，不飽和脂肪酸から酸素が脱離することで開始される。

(3) 過酸化脂質は，酸化の終期に生成される。

(4) 発煙点は，油脂の酸化により低下する。

(5) 酸化の進行は，鉄などの金属によって抑制される。

解答 （4）

問4 食品中のたんぱく質の変化に関する記述である。誤っているのはどれ
か。1つ選べ。 （2017 年国家試験を改編）

（1）ゼラチンは，コラーゲンを加熱変性させたものである。

（2）ゆばは，大豆たんぱく質を加熱変性させたものである。

（3）ヨーグルトは，カゼインを酵素作用により凝固させたものである。

（4）たんぱく質をアルカリ性で加熱すると，リシノアラニンが生成する。

（5）ピータンは，アルカリによる卵たんぱく質の凝固を利用している。

解答 （3）

問5 食品成分の変化に関する記述である。正しいのはどれか。1つ選べ。

（2016，2019 年国家試験を改編）

（1）ビタミン B_2 は，光照射で分解しない。

（2）だいこんのビタミンCは，にんじんとのもみじおろしで酸化が促進さ
れる。

（3）にんじんのビタミンAは水さらしで溶出する。

（4）きゅうりをぬかみそ漬けにすると，ビタミン B_1 が減少する。

（5）野菜に含まれる水溶性ビタミン類の損失は，ゆでる調理に比べて，電
子レンジ加熱調理で大きい。

解答 （2）

問6 食品の変質に関する記述である。最も適当なのはどれか。1つ選べ。

（2024 年国家試験）

（1）油脂の酸敗は，光により抑制される。

（2）過酸化物価は，油脂の酸敗で生じるアルデヒド量の指標である。

（3）りんごの切断面の褐変は，ポリフェノールオキシダーゼの触媒作用が
関与している。

（4）ヒスタミンは，ヒスチジンの脱アミノ反応により生成する。

（5）わが国では，γ 線照射による殺菌が認められている。

解答 （3）

問7 食品加工に利用される酵素とその基質の組合せである。最も適当なの
はどれか。1つ選べ。 （2024 年国家試験）

（1）カタラーゼ ——————— β-グルカン

（2）ペクチナーゼ ——————— イヌリン

（3）キモシン ——————— カゼイン

（4）グルコースイソメラーゼ —— スクロース

（5）トランスグルタミナーゼ —— ナリンギン

解答 （3）

問8　食品成分の変化に関する記述である。正しいのはどれか。1つ選べ。

（2019 年国家試験）

(1) ビタミン B_2 は，光照射で分解する。
(2) イノシン酸は，脂肪酸の分解物である。
(3) なすの切り口が短時間で褐変するのは，メイラード反応による。
(4) だいこんの辛みが生成するのは，アリイナーゼの反応による。
(5) りんご果汁の濁りは，ミロシナーゼ処理で除去できる。

解答（1）

問9　食品の加工に伴う成分変化に関する記述である。正しいのはどれか。
　　1つ選べ。

（2017 年国家試験）

(1) たんぱく質をアルカリ性で加熱したときには，リシノアラニンが生成
　する。
(2) 清酒製造では，米のデンプンがリパーゼにより糖化する。
(3) 食肉の塩漬では，保水性と結着性が低下する。
(4) 紅茶の発酵過程では，カテキンが分解される。
(5) ナチュラルチーズの製造では，乳清たんぱく質が凝固する。

解答（1）

問10　食品加工に利用される酵素とその利用に関する組合せである。最も
　　適当なのはどれか。1つ選べ。

（2023 年国家試験）

(1) パパイン ————— みかん缶詰製造における白濁原因物質の除去
(2) キモシン ————— 味噌製造における大豆たんぱく質の分解
(3) ペクチナーゼ ——— 転化糖製造におけるショ糖の分解
(4) トランスグルタミナーゼ —— かまぼこ製造におけるゲル形成の向上
(5) グルコースイソメラーゼ —— 柑橘果汁製造における苦味の除去

解答（4）

📖 引用参考文献・参考資料

あいち産業科学技術総合センター食品工業技術センター編：食品脂質の様々な
　劣化反応，あいち産業科学技術総合センター食品工業技術センターニュース，
　6，1-2（2020）

青柳康夫，筒井知己：標準食品学総論（第3版），115，138-143，172-179，医
　歯薬出版（2016）

阿久澤さゆり：調理におけるでんぷんの物性と利用，日本調理科学会誌，45(4)，
　238-243（2012）

和泉秀彦，三宅義明，舘和彦編著：食品学（第2版），栄養科学ファウンデー
　ションシリーズ，160-164，朝倉書店（2019）

医療情報科学研究所編：クエスチョンバンク管理栄養士国家試験問題解説
　2023-2024，メディックメディア，372-373，455-457，465（2023）

春日敦子，青柳康夫：食品の光による栄養成分の損失，市販牛乳，チーズのリ
　ボフラビン含量，日本食生活学会誌，25(2)，79-86（2014）

久保田紀久枝，森光康次郎編：食品学—食品成分と機能性—，新スタンダード

栄養・食物シリーズ 5，122-146，東京化学同人（2022）

坂井二千佳：日本調理科学会誌，54(3)，162-165（2021）

阪本龍司：ペクチンの構造と微生物由来分解酵素，応用糖質科学第，10(4)，222-229（2020）

櫻井芳人監修：新・櫻井総合食品事典，652，同文書院（2012）

桜井芳人編：総合食品事典，253，同文書院（2000）

実教出版編修部編：サイエンスビュー　化学総合資料（四訂版），183，実教出版（2018）

白河潤一，永井竜司：生態におけるメイラード反応の影響，化学と生物，53，299-304（2015）

津田謹輔，伏木亨，本田佳子監修，土居幸雄編：食べ物と健康Ⅱ，食品学各論，Visual 栄養学テキストシリーズ，28，142，中山書店（2018）

中河原俊治編，食べ物と健康Ⅱ（第 3 版），32-35，52-56，70-74，三共出版（2023）

長澤治子編：食べ物と健康 食品学・食品機能学・食品加工学（第 3 版），123-124，127，医歯薬出版（2017）

農畜産業振興機構，前田栄彰：難消化性デキストリンの特性と用途（2015）
https://www.alic.go.jp/joho-d/joho08_000547.html（2024.02.03）

農畜産業振興機構：加工でんぷんの特性と食品への利用法
https://www.alic.go.jp/joho-d/joho08_000553.html（2024.02.03）

畑江敬子，香西みどり編：調理学，新スタンダード栄養・食物シリーズ 6，71，102，東京化学同人（2016）

藤本健四郎，薄木理一郎，金子憲太郎ほか：健康から見た基礎食品学，アイ・ケイコーポレーション（2002）

本間清一，村田容常編：食品加工貯蔵学，新スタンダード栄養・食物シリーズ 7，164，東京化学同人（2016）

水品善之，菊崎泰枝，小西洋太郎編：食品学Ⅰ（第 2 版），栄養科学イラストレイテッド，148-149，羊土社（2021）

水品善之，菊崎泰枝，小西洋太郎編：食品学Ⅰ（第 1 版），栄養科学イラストレイテッド，149-159，羊土社（2018）

メディシン：役に立つ薬の情報―専門薬学
https://kusuri-jouhou.com/creature1/yushi.html（2024.10.14）

文部科学省：日本食品標準成分表（八訂）増補 2023 年（2023）

山崎清一，渋川祥子，市川朝子ほか：NEW 調理と理論（第 2 版），181-201，同文書店（2021）

吉田勉監修，佐藤隆一郎，加藤久典編：食べ物と健康，食物と栄養学基礎シリーズ 4，189；232，学文社（2012）

6 食品の物性

6.1 コロイド；エマルション，ゾル・ゲル

6.1.1 コロイド

食品中では，たんぱく質，脂質，あるいは炭水化物などの成分の多くが**コロイド**(colloid)とよばれる微細な粒子の状態で存在している。コロイドは，分子やイオンよりも大きな直径 $1 \sim 100\,\mathrm{nm}$ の微粒子であり，分子やイオンとは異なる特徴的な性質を備え，食品の調理・加工特性や後述する食品を口に入れた際の物性に大きく影響する。以下に，コロイド分散系およびコロイドの分類と特性について示す。

(1) コロイド分散系

分散系とは，ある物質が気体，液体，固体中に不均一に散らばって浮遊あるいは懸濁している様態である。**コロイド分散系**(colloid dispersion)では，コロイド粒子が分散している気体，液体，固体のことを**分散媒**といい，分散しているコロイド粒子のことを**分散相**という(図6.1)。分散系は，分散相と分散媒の組合せにより分類されており(表6.1)，該当する食品は分散系に応じた固有の形状・外観や物性を備えている。

(2) コロイドの分類

水のような液体にコロイド粒子が分散したものは，コロイド溶液とよばれ，粒子の種類や水に対する親和性の違いにより分類されている。

粒子の種類による分類では，**分子コロイド**，**会合コ**

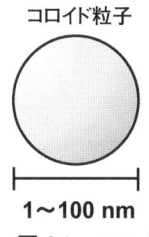
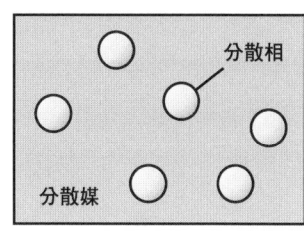

図 6.1 コロイド分散系における分散媒と分散相

表 6.1 コロイド分散系

分散媒	分散相	分散系	食品における例
気体	液体	エアロゾル	香りづけのためのスモーク
	固体	粉末	小麦粉，粉ミルク，かたくり粉
液体	気体	泡沫	ビールの泡，ソフトクリーム，ホイップクリーム
	液体	エマルション	マヨネーズ，牛乳，生クリーム，バター
	固体	ゾル	固まる前のゼラチン・寒天・カラギーナン，豆乳，牛乳，卵液
		ゲル	ゼリー，板こんにゃく，かまぼこ，水ようかん，豆腐，ヨーグルト
		サスペンション	味噌汁，ネクター
固体	気体	固体泡	クッキー，パン，スポンジケーキ，カステラ，メレンゲ
	液体	固体ゲル	吸水膨潤した凍り豆腐，畜肉，魚肉，果肉

ロイド，**分散コロイド**がある。分子コロイドは，たんぱく質やでんぷんなどの高分子量の化合物が単一でコロイド粒子となるものである。会合コロイドは，化合物が複数で会合して**ミセル***を形成することでコロイド粒子となるものであり，セッケン水中の脂肪酸のように低分子量の化合物が会合しているものと牛乳中のカゼインのように高分子量の化合物が会合しているものとがある。分散コロイドは，微細な金属や泥などの不溶性の粒子が分散したコロイドである。

水との親和性の違いによる分類では，**親水コロイド**と**疎水コロイド**がある。親水コロイドは，水に対する親和性が高く，少量の電解質の添加では沈殿しないが，多量の電解質の添加によりコロイド周囲に存在する結合水や分散媒となる自由水が減少することで沈殿する(**塩析**)。豆腐は塩析を利用した食品であり，豆乳中に親水コロイドとして存在するたんぱく質に対し，にがりに含まれる塩化マグネシウムなどを電解質として架橋させることで半網目状に凝固させる。疎水コロイドは，水に対する親和性が低くコロイド自身の電荷による静電的反発力により分散しているため，少量の電解質の添加により電荷が中和されることで沈殿する(凝析)。疎水コロイドの一部には，一定量の親水コロイドが共存すると，親水コロイドが疎水コロイドの周囲を取り囲むことで安定化するものがある。この安定化に寄与する親水コロイドを**保護コロイド**という。チーズは，保護コロイドの分解と凝析を利用した食品である。これは，牛乳中のカゼインミセルにおいて，保護コロイドとしてはたらくκ-カゼインの親水性部分がレンニンにより酵素的に分解されることで疎水コロイドとなり，そこにカルシウムイオンが電解質として作用することによる。

(3) コロイドの特性

コロイド粒子は，分子やイオンなどとは異なり，光を吸収せずに乱反射させるためその溶液は濁っており，その形状や電荷により以下に示す特有の性質を備えている。

半透性とは，コロイドが分子やイオンよりもはるかに大きな直径をもつ粒子であるため，半透膜を通過できない性質のことである。**チンダル現象**とは，コロイド溶液の側面から光をあてると，粒子が光を散乱させるため，光路が光ってみえる現象である。**ブラウン運動**とは，水のような分散媒となる分子の衝突によりコロイド粒子が不規則に運動している現象である。**電気泳動**とは，コロイド溶液に直流電圧をかけると，帯電したコロイド粒子が一方の電極に移動する現象である。これは，コロイド粒子が一般に正または負に帯電していることによるが，この性質によりコロイド粒子は水素結合やイオン結合などにより他の物質と吸着し会合性や，凝集・沈殿性を示す。

6.1.2　エマルション

　水と油のように分散媒と分散相が互いに混ざり合わない液体，あるいは分散相に固体が含まれていてもその粒子の周囲に分散媒粒子が集まることで固体粒子が液体に近い状態となるコロイド分散系は，**エマルション**(emulsion)あるいは乳濁液とよばれる。

(1) エマルションの種類

　水と油からなるエマルションには，分散媒が水で分散相が油(水の中に油が分散)の**水中油滴型**(oil in water：O/W型)と分散媒が油で分散相が水(油の中に水が分散)の**油中水滴型**(water in oil：W/O型)とがある。O/W型エマルションとなる食品には，牛乳，生クリーム，マヨネーズなどがあり，液状で流動性を示す。W/O型エマルションを示す食品には，バター，マーガリン，**ショートニング**[*1]などがあり，固形状で流動性に乏しい。エマルションがO/W型をとるかW/O型をとるかは，水と油の混合比や後述のエマルションの特性および界面活性剤の濃度などにより決定される。

(2) エマルションの特性

　コロイドの安定性は，粒子径が小さくなるほど高くなる。O/W型エマルションでは，油滴の粒子径が大きすぎると油滴同士が凝集してより大きな油滴となり(粒径成長)，最終的に浮遊して水と油が分離する。この現象を**クリーミング**という。牛乳の製造工程では，クリーミングを防止するために**ホモゲナイズ(均質化)**を行い，分散相となる脂肪球の粒子径を小さくしている。

　O/W型エマルションは，強く攪拌・振動すると分散媒と分散相が入れ替わりW/O型エマルションに変化することがある。この現象を**転相**という。バターの製造工程では，O/W型の生クリームの**チャーニング**[*2]により転相が起こり，W/O型のバタークリームとなる。

(3) 乳　化

　界面活性剤は，水となじみやすい親水性領域と油のように水となじみにくい疎水性領域を併せもつ両親媒性構造の化合物である。**臨界ミセル濃度**[*3]を超えて界面活性剤を加えると，界面活性剤は，親水領域を水側に疎水領域を油側に配置したミセルを形成し，水と油が混ざり合ったO/W型あるいはW/O型のエマルションとなる(図6.2)。この現象を**乳化**(emulsification)といい，乳化に利用される界面活性剤を**乳化剤**という。乳化剤は，水と空気を混ざり合わせる作用もあり，分散媒である水に分散相の空気を分散させることで**泡沫**を形成する。

　乳化剤には，リン脂質である**レシチン**やトリテルペノイド配糖体であるサポニンのような低分子のものと，たんぱく質のような高分子のものがあり，それぞれ特徴が異なる。レシチンは，起泡性や乳化性に優れるため泡沫やエ

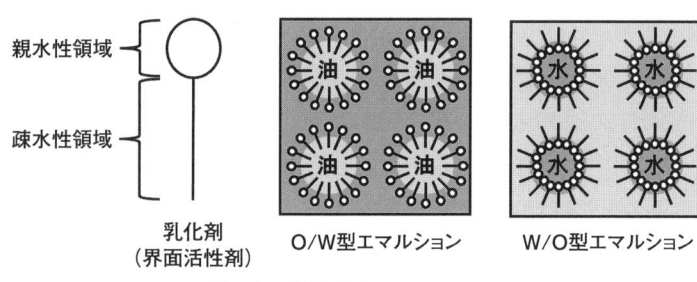

親水性領域

疎水性領域

乳化剤
（界面活性剤）

O/W型エマルション

W/O型エマルション

図 6.2　乳化剤とエマルション

＊サスペンション　分散媒である液体中に分散相として固体粒子が分散しているコロイド分散系のうち，一定時間放置すると固体粒子が沈殿・分離するもので，懸濁液ともよばれる。サスペンションを示す食品には，みそ汁やネクターなどがある。

マルションを作りやすいが，それらの安定性は低く壊れやすい。たんぱく質は，起泡性や乳化性に乏しいため泡沫やエマルションを作りにくいが，それらの安定性は高く壊れにくい。牛乳中では，カゼインが脂肪球の表面を覆うことで，脂肪球同士の接触による粒径成長を抑え，エマルションの安定化に寄与している (57 ページ，2.4.7 乳化参照)。

6.1.3　ゾル・ゲル

分散媒が液体で分散相が固体となるコロイド分散系には，**ゾル**(sol)，**ゲル**(gel)，**サスペンション**＊がある。ゾルとゲルは，流動性の観点から分類したもので，ゾルが液体の性質である粘性(後述)を示すのに対してゲルが固体の性質である弾性や塑性(後述)を示すなど，互いに対比の関係にある。

(1)　ゾル・ゲルの特性

ゾルは，コロイド粒子が液体に分散しその溶液が**流動性**を示すものであり，ゲルは，ゾル中のコロイド粒子が凝集し半固体状になって流動性を失ったものである(**図 6.3**)。ゲルは，物理・化学的刺激によりゾルから派生してゲル化したものである。「ゾルとゲル」の典型的な組み合わせとしては，「牛乳とチーズ」，「豆乳と豆腐」，「卵液と卵焼き」，「ゼラチン溶液とゼラチン(ゼリー)」などがある。ゲル化の際に固まる成分には，たんぱく質やでんぷんなどの高分子化合物が多い。

ゼラチン，寒天，カラギーナンは，加熱により溶解してゾルとなり，冷却により凝固してゲルとなる。これを**熱可逆ゲル**という。一方で，かまぼこやゆで卵のようにたんぱく質の変性・凝集により生じたゲルは，冷却により戻らない**熱不可逆ゲル**である.

(2)　ゲルの形態

ゲルの形態には，沈殿ゲルと網目状ゲルがある(**図 6.3**)。沈殿ゲルは，ゾル中のコロイド粒子同士が凝集し分散媒をあまり含まない状態で凝固したもので，たんぱく質を加熱凝固させたゆで卵や乳たんぱく質を酸性下で凝固させたヨ

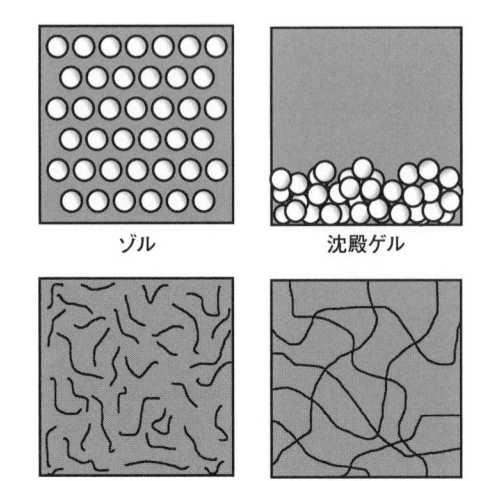

ゾル　　　　沈殿ゲル

ゾル　　　　網目状ゲル

図 6.3　ゾルとゲル

ーグルトなどがある。網目状ゲルは，ゾル中のコロイド粒子が網目構造を形成し水などの分散媒を含んだまま凝固したもので，寒天，ゼラチン，板こんにゃくなどがある。網目状ゲルの内部に水を含んだゲルは，**ヒドロゲル（ハイドロゲル）** ともよばれる。網目状ゲルでは，長時間放置したり力を加えたりすると網目構造から離水する。網目状ゲルが乾燥状態になったものは，**キセロゲル（xerogel）** とよばれる。キセルゲルには，凍り豆腐，棒寒天，板状ゼラチンなどがある。

6.2　レオロジー；ニュートン流動，非ニュートン流動

6.2.1　レオロジー

レオロジー（rheology） とは，物体に外力を加えた際の流動や変形に焦点を当てた科学分野である。液体や固体は，力を加えると流動したり変形したりするが，液体の性質の多くは **粘性（viscosity）** で説明でき，固体の性質の多くは **弾性（elasticity）** で説明できる。しかし，食品では液体と固体の形態や性質を併せもつ **粘弾性（viscoelasticity）** を示すものが多く，後述するテクスチャーには，食品を口に入れ噛み砕いた際に同時に生じる流動・変形具合が大きく影響する。食品のテクスチャーを学ぶ上で，食品レオロジーの理解が重要な理由である。

6.2.2　粘性と流動特性

（1）粘　　性

　液体や気体のような流体に力を加えて動かそうとする場合には，流体内部にこれに抵抗し流れを妨げようとする力が生じる。この性質を粘性といい，流体の流れにくさを表す。

　流体の流れにくさの程度を数値化した物性値は，粘度（粘性率）（Pa·s パスカル秒）η であり，流体を流すために加えた力であるずり応力 P とそのときの流体の速度であるずり速度 D から以下の式により算出される。

$$\text{粘度}\,\eta = \text{ずり応力}\,P \quad \div \quad \text{ずり速度}\,D \qquad \text{式 6.1}$$

上式より，同じ力を加えた際には，流動しにくい流体ほど粘度が高くなることがわかる。なお，粘度は一般に温度が高くなるほど低下する。

(2) ニュートン流動

式 6.1 において，ずり応力 P に比例してずり速度 D が速くなる場合(例：ずり応力が 2 倍になるとずり速度も 2 倍になる場合)には，粘度 η は変化しない。このように，流体に加える力が違っても粘度が変化しない性質を**ニュートン流動**(Newtonian flow)といい，その性質を備えた流体を**ニュートン流体**という。ニュートン流体では，ずり応力に応じて流動するため原点を通る直線となり，粘度が高いほど傾きが大きく，粘度が低いほど傾きが小さくなる(図6.4)。ニュートン流動を示す食品には，水，清涼飲料水，アルコール，しょう油のほか，高い粘性を示すはちみつや水あめなどがある。

(3) 非ニュートン流動

式 6.1 において，ずり応力 P に比例することなくずり速度 D が変化する場合(例：ずり応力が 2 倍になるとずり速度が 2 倍になり，すり応力が 4 倍になるとずり速度が 8 倍になる場合)には，粘度 η が変化する。このように，流体に加える力によって粘度が変化する性質を**非ニュートン流動**(non-Newtonian flow)といい，このような流体を非ニュートン流体という。非ニュートン流体は，グラフに示す通り，点線で示すニュートン流動とは異なる挙動を示す(図6.5)。

塑性流動(plastic flow)は，加える力が小さいときには流動が起こらず，ある程度以上の力を加えると流動し始める性質であり，固体としての性質を備えている。流動し始めるまでの限界の力は，**降伏値**とよばれ，降伏値を超える力を加えないと流動が起こらない。塑性流動のうち，流動し始めた後にニュートン流動のような直線を示すものを**ビンガム塑性流動**，流動し始めた後に直線性のない非ニュートン流動を示すものを**非ビンガム塑性流動**という。ビンガム塑性流動を示す食品には，トマトケチャップやチョコレートなどが，

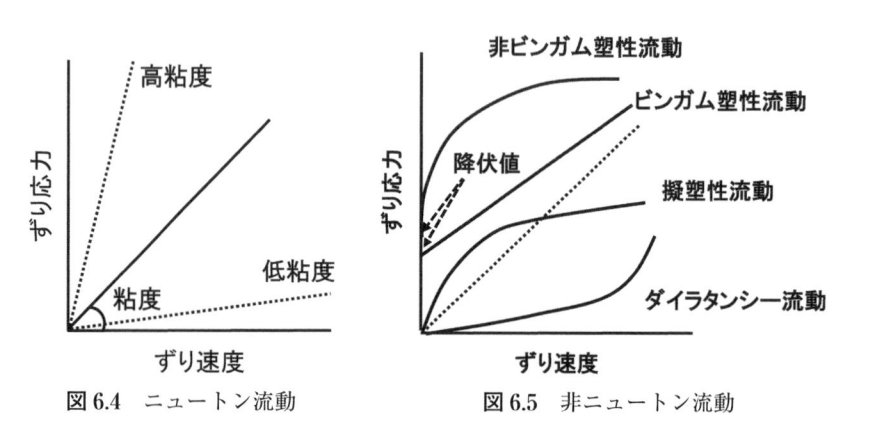

図 6.4　ニュートン流動　　　　図 6.5　非ニュートン流動

非ビンガム塑性流動を示す食品には，マヨネーズやバタークリームなどがある。

擬塑性流動（**pseudoplastic flow**）は，流体に加える力や流動速度が増加した際に，見かけの粘度が低下する性質であり，弱い力では流れにくく塑性流動のような挙動を示すが，強い力を加えると流れやすくなる。擬塑性流動を示す食品には，コンデンスミルク（加糖練乳）や濃縮ジュースなどがある。

ダイラタンシー流動（**dilatancy flow**）とは，流体に加える力や流動速度が増加した際に，みかけの粘度が増加する性質であり，弱い力で流れるが，より強い力を加えると反対に流れにくくなる。ダイラタンシー流動を示す食品には，水溶きかたくり粉などのでんぷん懸濁液がある。

（4）チキソトロピー

チキソトロピー（**thixotropy**）は，攪拌や振とうにより流動性が増加し，静置することで時間とともに流動性が減少する現象・性質である。これは，静置している際に形成される構造体が攪拌や振とうにより破壊され流動しやすくなることによる。マヨネーズやトマトケチャップの容器を逆さまにしても流れにくいが，よく振った後に容器を逆さまにすると流れやすくなる現象が典型例である。チキソトロピーとは反対に攪拌や振とうによって流動性が低下し，静置すると時間とともに流動性が元に戻る**レオペクシー**[*]とよばれる現象・性質もある。

6.2.3 弾性，粘弾性，塑性

固体状の物体は，外力を加えて変形させた後に外力を取り除くとさまざまな挙動を示す。すぐに元に戻る場合には弾性の性質，変形する速度よりも遅い速度で戻る場合には粘弾性の性質，変形が元に戻らない場合には**塑性**の性質となる。

弾性ではフックの法則が適用され，加えた力（応力）P と変形（ひずみ）ε が比例する。このときの比例定数 E が弾性率（Pa, N/m^2）であり，伸び変形の場合にはヤング率，ずり変形の場合には剛性率，圧縮変形の場合には体積弾性率といい，以下の式により算出される。

$$弾性率\ E = 応力\ P \div ひずみ\ \varepsilon \qquad 式6.2$$

弾性と塑性は，同一の食品においてもみられる。板こんにゃくやゼリーは，ある程度までは外力を加えても変形が元に戻り弾性を示すが，ある程度以上の外力を加えると変形が元に戻らなくなり塑性を示す。変形が元に戻らなくなり塑性を示す点は**弾性限界**とよばれる。

粘弾性では，粘性と弾性の両方の性質がみられる。つきたての餅やとろろなどは軟らかく弾性があるが，一定の力を加えると流動性を示して伸び，以後は力を加えていなくても伸びたままとなる（永久ひずみ）。このように内部から押し返してくる応力が緩和される現象を**応力緩和**（**stress relaxation**）といい，

*レオペクシー　逆チキソトロピーともよばれる現象・性質である。攪拌や振動による液体運動により分散したコロイド粒子が相互に接近する際に，ある種の結合に基づく結晶化が起こるために生じる。食品で該当するものは少なく，石膏末やベントナイトなどの無機化合物で認められる。

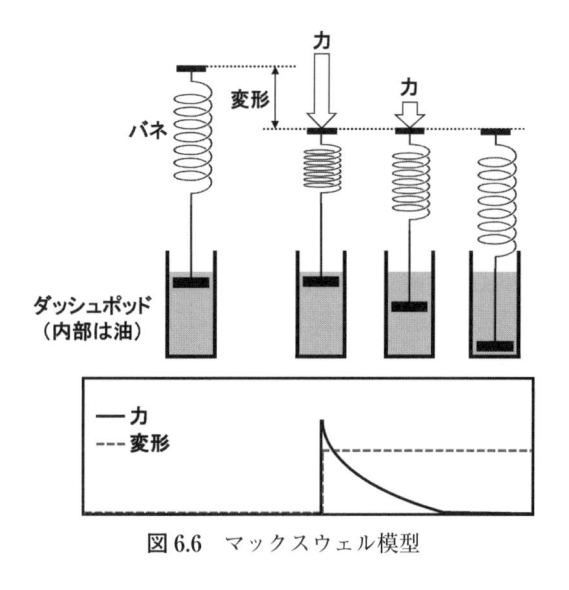

図 6.6 マックスウェル模型

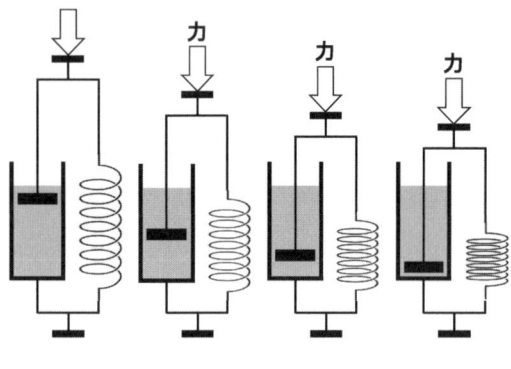

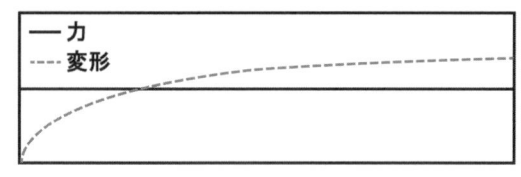

図 6.7 フォークト模型

マックスウェル模型（**Maxwell model**）により表される（図 6.6）。この模型では，粘性はピストンと円筒からなるダッシュポッドに，弾性はバネにそれぞれ置き換えられており，ダッシュポッドとバネが直列につながっている。バネに力を加えるとダッシュポット内ではピストンが抵抗（応力）を受けるため，初めにバネだけが縮む。縮んだ状態を維持しておくと縮んだバネによりピストンがダッシュポットの下部に押し込まれていき，バネは逆に伸びていく。バネが伸びる分だけ，変形を維持するのに必要な力は小さくなる。最初にバネが縮んだ分の変形はすべてピストンの移動に使われバネは完全に戻るため，力を加えなくても変形したままとなる。

ビニール紐は，一定の力を加え続けると，時間経過とともにじわじわと変形していき，力を取り除いても瞬時には変形が回復せずじわじわと元に戻ろうとする。このような現象を**クリープ**（**creep**）といい，**フォークト模型**（**Voigt model**）により表される（図6.7）。この模型では，ダッシュポッドとバネが並列につながっている。上部に一定の力を加えると，ダッシュポット内での抵抗（応力）によりピストンは一定の速度でじわじわと押し込まれていき，バネも次第に縮んでいく。ピストンは一定速度で移動しようとするが，収縮したバネが突っ張る力（応力）により次第に移動速度は遅くなり，最終的にバネが全ての力を支えて止まる。力を取り除くとバネは伸びようとするが，ダッシュポッド内の抵抗にじわじわと戻るため変形の回復が遅くなる。

6.3　テクスチャー

6.3.1　テクスチャープロファイル

テクスチャー（**texture**）とは，ラテン語の「織りなす」に由来し，本来は織物などの組織，構造，触感，風合いなどを表す用語として使用されていた。食品品分野におけるテクスチャーとは，食品が手指，唇，舌，歯，口腔粘膜・咽頭などに触れた際の，手触り，口当たり，舌触り，歯ごたえ，喉越しなどの感覚であり，色，味，香りなどとともに，おいしさの構成要因となっている。

表6.2　ツェスニアクのテクスチャープロファイル

特性	一次要因	二次要因	一般的な用語			
力学的特性	硬さ hardness		柔かい　→　歯ごたえある　→　硬い soft　　　　firm　　　　　　　hard			
	凝集性 cohesiveness	もろさ brit	ポロポロ　→　ガリガリ　→　もろい crumbly　　　crunchy　　　brittle			
		咀嚼性 chewiness	軟らかい　→　強靭 tender　　　tough			
		ガム性 guminess	崩れやすい　→　粉状　→　糊状　→　ゴム状 short　　　　mealy　　pasty　　gummy			
	粘性 viscosity		サラサラした　→　粘っこい thin　　　　　　viscous			
	弾性 springness		塑性のある　→　弾力のある plastic　　　　elastic			
	粘着性 adhesiveness		ネバネバする　→　粘着性　→　ベタベタする sticky　　　　tacky　　gooey			
幾何特性	粒子の大きさと形		砂状　　粒状　　粗粒状 gritty　grainy　coarse			
	粒子の形と方向性		繊維状　細胞状　結晶状 gritty　cellular　crystalline			
その他	水分含量		乾いた　→　湿った　→　水気のある→水気の多い dry　　　moist　　　wet　　　watery			
	脂肪含量 ┌ 油状 　　　　└ グリース状		油っこい oily 脂っこい greasy			

　テクスチャーを食品分野の用語として用いたのは，米国のツェスニアク(Szczesniak)である。ツェスニアクは，食品を食べた際の口当たりや歯ごたえなどの感触を表現する際にこの用語を初めて利用した。また，テクスチャーの構成要素が力学的特徴，幾何学的特徴，その他の特徴の3つの特性からなるとし，テクスチャープロファイルを提唱した(**表6.2**)。英国のシャーマン(Sherman)は，テクスチャーを一面的に捉えるのではなく，食べる前の印象から咀嚼後に残る感覚までの過程においてテクスチャーを多面的に解析する必要があるとし，新たなテクスチャープロファイルを提唱した。現在では，テクスチャーに関する用語が国際規格として定められ，食品の官能分析や商品規格などに利用されている。以下にテクスチャーの代表的な要素を示す。

(1) 硬　さ

　硬さ(N/m^2)は，堅硬性ともよばれ「食品の変形または浸透を行うのに必要な力に関わる力学的テクスチャー属性」と定義される。前述の通り，固形状の食品に力を加えると変形するが，さらに力を加えていくと弾性限界を超えて破壊される。これを破断という。硬さは，食品を一定の力で圧縮し，破断した際に得られる破断力のことであるが，歯切れの悪い食品では，一定の変形を生じさせるのに必要な力とする場合もある。

(2) 凝集性

凝集性は，「物質が破壊する以前に変形する程度に関わる力学的テクスチャー属性」と定義される。食品を構築する成分間の凝集力を凝集性とし，ビスケットのようにもろく崩れやすいものは凝集性が小さく，生のいかやたこのように何度もかまないと細かく噛み切れないものは凝集性が大きい。

(3) 付着性

付着性(j/m^3)は，「口または基質に接着する物体を除去するのに必要な力に関わる力学的テクスチャー属性」と定義される。食品を食べる際に歯や**硬口蓋**などへの付きやすさを示し，もちや団子で大きい。硬さ，凝集性，付着性の3要素は，特別用途食品の「えん下困難者用食品」や「とろみ調製用食品」で規格基準が定められている。

(4) 咀嚼性

咀嚼性は，「粘着性および食品が破片になるまで咀嚼するのに必要な時間または咀嚼数に関わる力学的テクスチャー属性」と定義される。食品を嚥下できる状態まで咀嚼するのに必要なエネルギー量であり，硬さ，凝集性，弾力性(変形が回復する速度や戻る程度)が関与する。

(5) その他

力学的テクスチャー属性には上記の他に，粘着性と食品が破片になるために必要な力に関わる破砕性，柔らかい食品の粘着性の程度を示すガム性，液体の流れや広がりへの抵抗性の程度を示す粘稠性がある。また，形状組成的テクスチャー属性に関わる粒状性や組織性，水や油の知覚など表面テクスチャー属性に関わる湿潤性や油脂性がある。

6.3.2　テクスチャーの分析

テクスチャーの分析は，主観的方法である官能評価と客観的方法である機器測定に分けられる。

官能評価では，訓練された**パネリスト**[*2]がまろやかさ，ふっくらなどの複合的な要素からなる感覚を個々に数値化し，総合的に評価する**テクスチャープロファイル法**が利用される。客観的手法よりも普遍性や再現性に乏しいため，機器による分析と併用されることが多い。

機器測定では，測定する対象や状態に応じてさまざまな機器が利用されるが，総合的な評価を一度に行う際には**テクスチュロメーター**(**texturometer**)が利用される。これは，ヒトの咀嚼運動を模倣した試験機で，ヒトの歯に似せたプランジャーが咀嚼の動きをまねて2回食品を破断することで，プランジャーにかかる抵抗力を測定する。食品の硬さ，凝集性，付着性，咀嚼性，弾力性，ガム性を一度に評価でき，テクスチャープロファイル法とも相関性が高いため，汎用されている。

【演習問題】

問1　食品の物性に関する記述である。最も適当なのはどれか。1つ選べ。

（2020 年国家試験）

（1）大豆油は，非ニュートン流体である。

（2）コンデンスミルクは，擬塑性流動を示す。

（3）メレンゲは，チキソトロピーを示す。

（4）水ようかんは，キセロゲルである。

（5）マヨネーズは，油中水滴(W/O)型エマルションである。

解答（2）

問2　食品の物性に関する記述である。最も適当なのはどれか。1つ選べ。

（2018 年国家試験を改変）

（1）牛乳のカゼインミセルは，半透膜を通過できる。

（2）寒天ゲルは，熱不可逆性のゲルである。

（3）ゼリーは，分散媒が液体で分散相が個体である。

（4）クッキーは，分散媒が個体で分散相が液体である。

（5）ケチャップは，ダイタランシー流動を示す。

解答（3）

問3　食品のテクスチャーに関する記述である。誤っているのはどれか。1
　　つ選べ。　　　　　　　　　　　　　　　　　　　（2017 年国家試験）

（1）味覚に影響を及ぼす。

（2）影響を及ぼす因子として，コロイド粒子がある。

（3）急速凍結は，緩慢凍結に比べ解凍後の変化が大きい。

（4）えん下困難者用食品の許可基準に関係する。

（5）流動性をもったコロイド分散系をゾルという。

解答（3）

問4　食品とその物性に関する記述である。最も適当なのはどれか。1つ選べ。

（2016 年国家試験を改変）

（1）板こんにゃくは，ゾルである。

（2）マヨネーズは，O/W 型エマルションである。

（3）スクロース水溶液は，非ニュートン流動を示す。

（4）でんぷん懸濁液は，チキソトロピー流動を示す。

（5）トマトケチャップは，ダイラタンシー流動を示す。

解答（2）

📖 参考文献・参考資料

川端晶子編著：食品とテクスチャー，光琳選書（2003）

国際規格 ISO 11036: 2020

小林三智子，神山かおる編著：食品物性とテクスチャー，建帛社（2022）

消費者庁：えん下困難者用食品ってなに？

　https://www.caa.go.jp/policies/policy/food_labeling/foods_for_special_dietary_uses/
　assets/food_labeling_cms206_20240301_04.pdf（2024.07.23）

消費者庁：とろみ調整用食品ってなに？

　https://www.caa.go.jp/policies/policy/food_labeling/foods_for_special_dietary_uses/
　assets/food_labeling_cms206_20230927_10.pdf（2024.07.23）

7 食品の表示と規格基準

7.1 食品表示法

販売されている食品には，容器や包装にさまざまな文言や記号，マークなどが印刷されている。これらを食品表示といい，食品に関する多くの情報が記載されている（図7.1，図7.4）。食品を購入したり，摂取したりする際には，食品表示を見ることでその食品の特徴や品質，安全性を知ることができる。それゆえ，食品表

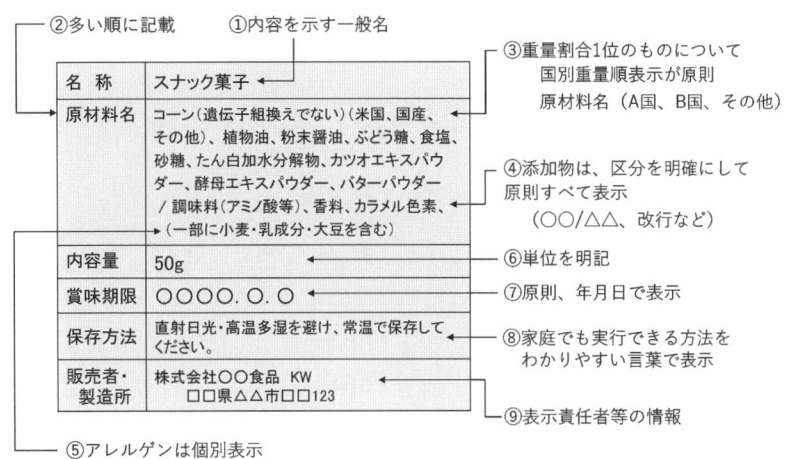

②多い順に記載　①内容を示す一般名

名　称	スナック菓子
原材料名	コーン（遺伝子組換えでない）（米国、国産、その他）、植物油、粉末醤油、ぶどう糖、食塩、砂糖、たん白加水分解物、カツオエキスパウダー、酵母エキスパウダー、バターパウダー／調味料（アミノ酸等）、香料、カラメル色素、（一部に小麦・乳成分・大豆を含む）
内容量	50g
賞味期限	○○○○. ○. ○
保存方法	直射日光・高温多湿を避け、常温で保存してください。
販売者・製造所	株式会社○○食品　KW　□□県△△市□□123

③重量割合1位のものについて国別重量順表示が原則
　原材料名（A国、B国、その他）

④添加物は、区分を明確にして原則すべて表示（○○／△△、改行など）

⑥単位を明記

⑦原則、年月日で表示

⑧家庭でも実行できる方法をわかりやすい言葉で表示

⑨表示責任者等の情報

⑤アレルゲンは個別表示
（一括表示の場合は、原材料名の最後に「一部に○○を含む」と表示）

図 7.1　加工食品の原材料等の表示

出所）筆者作成

示は，食品のことを正確に，わかりやすく伝えることができる内容でなければならない。販売される食品の表示について，基準の策定や必要事項を定めて，消費者や事業者の双方に整合性のある適正な表示を確保することを目的として，**食品表示法**が施行（2015 年）されている。

7.1.1　食品表示基準

消費者が食品を安全に摂取し，自主的かつ合理的に選択するために必要とされる表示についての基準（**食品表示基準**）が策定されている。[*1] 食品表示基準では，食品の名称，原材料，添加物，**アレルゲン**，消費期限（賞味期限），保存方法，熱量と栄養成分の量，原産地，その他食品関連事業者等が表示すべき事項についての基準が定められている。

7.1.2　食品表示基準の適用範囲（表示義務）

食品関連事業者は，食品表示基準に従った表示がされていない食品を販売してはならない。食品表示基準は，容器包装に入れられて販売される加工食品・生鮮食品・添加物に適用される。[*2] また，食品関連事業者以外の者が販売する食品についても，[*3] 食品表示基準に準じた表示をしなければならない。

7.1.3　食品表示基準における食品の区分

食品表示基準では，加工食品，生鮮食品，添加物の 3 区分について一般用

*1　食品表示法の規定による権限は，消費者庁長官に委任されている。

*2　食品表示法では，不特定の者や多数の者に無償で譲渡される場合も販売と同様として取り扱うため，試供品などの不特定の者や多数の者に無償で譲渡される食品にも，食品表示基準が適用される。

*3　反復継続性のない販売を行う者と定義されている。

■食品の区分

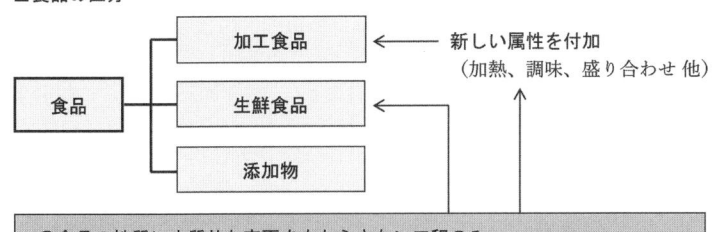

図7.2 食品表示基準における食品の区分

出所）宮田恵多編，食品安全・衛生学，126，図8.2，学文社(2023)

原料：食品になったときには原形をとどめていないもの

材料：食品になったときにも原形をとどめているもの

製造：用いた原料とは本質的に異なる，新たなものつくる工程[*1]

加工：用いた材料の本質は保持されたまま，新たな属性を付加する工程[*2]

(2) 生鮮食品

加工食品以外のものを生鮮食品としており，収穫されたままの農畜水産物および製造・加工されていない食品をいう。

(3) 添加物

食品の製造や加工，保存の目的で食品に添加して使用するものをいう。

7.2 一般用加工品の原材料等の表示

一般用加工食品に共通に表示しなければならない横断的義務表示事項(表7.1，図7.1)と，該当する特定の食品のみに必要な表示(個別的義務表示事項)がある。

7.2.1 共通表示（横断的義務表示事項）

(1) 名称・原材料・原料原産地表示

名称には，その食品の内容を表す一般的な名称を用いる。原材料は，原則として，多い順にすべて表示する。原材料のうち，重量割合1位のものについては**原料原産地表示**が義務化されており，使用量の多い原産地順(**国別重量順表示**)に記載する(表7.2)。なお，原材料のうち使用重量が5％未満の原材料は表示を省略できる。

と業務用に分けて表示義務の範囲や表示方法などの基準を示している(図7.2)。

(1) 加工食品

農畜水産物を原料や材料として，それに加熱調理や調味などの工程を経て製造されたり，異種盛り合わせなどの加工を施されたりした食品をいう。食品表示基準では，原料，材料，製造，加工の用語を以下のように定義している。

---

*1　たとえば，材料として用いた生の農畜水産物は加熱調理すると生ではなくなり，その性質に本質的な変更が生じる工程を受けた加工食品となる。

*2　農畜水産物の整形や破砕，異種混合，盛り合わせなど。たとえば，マグロの赤身と鯛の切身を盛り合わせたものは，新たな属性(異種盛り合わせ)を付加された加工食品となる。一方，マグロの赤身と腹身(とろ)を盛り合わせた場合は同種盛り合わせであり生鮮食品となる。

表7.1　一般加工食品のおもな横断的義務表示事項(抜粋)

名称	一般的な名称(商品名ではない)
原材料	多い順にすべて表示，遺伝子組換え食品の表示
原産地	原材料のうち重量割合1位のもののみ表示
添加物	区分を明確にして，多い順にすべて表示
アレルゲン	特定原材料は必須，特定原材料に準ずるものは推奨
内容量	計量法の規定に準じて表示
期限表示	食品の特性に応じて，消費期限／賞味期限を表示
保存方法	食品の特性に応じて，家庭でも実行できる方法
栄養成分	熱量，たんぱく質，脂質，炭水化物，食塩相当量
販売者名・住所	表示内容に責任をもつ者の名称・住所(連絡先)
製造者名・住所	最終的に衛生状態を変化させた製造(加工)の場所
原産国	輸入食品の場合に記載

出所）食品表示基準をもとに筆者作成

(2) 添加物の表示

　添加物の目的で使用したものは，原則，すべて表示し，原材料と区分を明確にして多い順に記載する。[*]一部の添加物には，物質名とともに用途名の併記が必要なものや，一括名表記ができるものがある（表7.3）。加工補助剤やキャリーオーバーなどの最終食品に添加物の効果が認められない場合，あるいは栄養強化の目的で使用される添加物は表示が免除される。

(3) 特定原材料等の表示

　食品には，アレルギーを引き起こす物質（**アレルゲン**）を含むものがある。アレルゲンの多くは食品に含まれる特定のたんぱく質であり，痒（かゆ）みや発疹，じんましんなどの皮膚症状，喘（ぜん）息のような気管支症状，ときにはアナフィラキ

表7.2　原料原産地の表示方法

表示のタイプ	表示の内容
A国，B国，その他 （国別重量順表示）	使用量の多い順に「，」でつないで表示する 3ヵ国目以上は「その他」と表示する
A国又はB国 （又は表示）	2ヵ国以上の原材料が使用され，それらを切り替えて使う
輸入 （大括り表示）	3ヵ国以上の原材料が使用され，その重量順位が変動する
輸入又は国産 （大括り＋又は表示）	国産を含む4ヵ国以上の原材料が使用され，切り替えて使用する
○○製造 （製造地表示）	原材料が加工食品の場合には，製造地を表示する

例）「輸入，国産」………輸入品＞国産（国産品を必ず使用している）
　　「輸入又は国産」……輸入品＞国産（国産品を使用しているとは限らない）

出所）食品表示基準をもとに筆者作成

＊原材料とは別に添加物の欄を設けるほか，段落を変えたり，スラッシュ（/）で区分を分けたりしなければならない。

表7.3　添加物の用途名併記と一括名表記

表示の種類	添加物
用途名併記が必要[1]	保存料，防カビ剤（防ばい剤），酸化防止剤，甘味料，漂白剤，発色剤，着色料，増粘剤（安定剤・ゲル化剤・糊料）
一括名表記ができる	イーストフード，ガムベース，香料，酸味料，調味料，豆腐用凝固剤，乳化剤，pH調整剤，かんすい，膨張剤，苦味料，光沢剤，軟化剤，酵素
表示が省略できる	加工補助剤（最終食品には残存していない） キャリーオーバー[2]（原材料に用いたが，最終食品では効果を発揮しない） 栄養強化剤[3]（栄養素を栄養強化目的で添加する）
省略不可	アレルゲンを含む添加物[4]

注1）用途名併記が必要な添加物のうち，物質名で用途がわかるものは物質名だけでよい。
　　　表示例）用途名不要：カロテノイド色素，用途名必要：β-カロテン（着色料）
　2）最終食品に添加物を含む原材料が原型のまま存在する場合や，着色料，甘味料等のように添加物の効果が視覚や味覚等の五感に感知できる場合は，キャリーオーバーにならない。
　3）栄養素であっても，栄養強化剤以外の用途で使用する場合は表示を省略できない。
　　　表示例）アスコルビン酸を栄養強化剤として添加する：省略可
　　　　　　　アスコルビン酸を酸化防止剤として添加する：アスコルビン酸（酸化防止剤）
　4）キャリーオーバーであっても表示を省略することはできない。
出所）図7.2に同じ，130，表8.3

表7.4　特定原材料と特定原材料に準ずるもの

特定原材料(8品目)表示義務
えび，かに，くるみ，小麦，そば，卵[1)]，乳[1)]，落花生

特定原材料に準ずる原材料(20品目)推奨表示

いも類：	やまいも
豆　類：	大豆
種実類：	アーモンド，カシューナッツ[2)]，マカダミアナッツ，ごま
果実類：	オレンジ，キウイフルーツ，バナナ，もも，りんご
肉　類：	牛肉，鶏肉，豚肉，ゼラチン
魚介類：	あわび，いか，いくら，さけ，さば

注 1)「乳及び乳製品の成分規格等に関する省令」で定義されている乳・乳製品。
　 2) カシューナッツは，症例数の増加が確認されたことから，特に可能な限り表示を行う。
出所）消費者庁：加工食品の食物アレルギー表示ハンドブック(2024)

*1 「令和3年度食物アレルギーに関連する食品表示に関する調査研究事業報告書」では，近年くるみやカシューナッツなどの木の実を原因物質とする重篤な食物アレルギーが増加していることが報告されている。

*2 「乳及び乳製品の成分規格等に関する省令」(昭和26年厚生省令第52号)で定義されている乳・乳製品。

*3 加工食品では原料の多くに同じ特定原材料を使用していることが多く，個別表示をすると繰り返し表示されるアレルゲンが多くなり消費者が混乱するような場合などで認められている。

*4 「食品期限表示の設定のためのガイドライン」平成17年2月(厚生労働省，農林水産省)

シーショックのように重篤な症状を引き起こすことがある。食品の安全性確保の観点から，特に発症数や重篤度から表示する必要性の高いものを**特定原材料[*1]**として，**えび，かに，くるみ，小麦，そば，卵，乳[*2]，落花生**の8品目が指定されており，これらを含む食品については必ず表示しなければならない。また，特定原材料に準ずるものとして20品目が指定されており，可能な限り表示することとしている(表7.4)。

特定原材料等を含む食品では，該当する原材料ごとの個別表示が原則であるが，個別表示がなじまない場合に限り一括表示が認められている[*3]。アレルゲンを表示する場合は，以下のような様式と文言で表示しなければならない。

個別表示：　原材料名(○○を含む)，添加物名(○○由来)

一括表示：　原材料名の最後に「一部に○○・○○・・・を含む」

特定原材料等の表記には，食品表示基準に定められた表記と異なるが特定原材料等と同じものと理解できる表記(**代替表記**)と，食品名に特定原材料が含まれていることが理解できる表記(**拡大表記**)がある(表7.5)。代替表記や拡大表記に該当する場合は，(○○を含む)の個別表示は不要である。

(4) 期限表示

食品の特性に応じて**消費期限**あるいは**賞味期限**を表示しなければならない(図7.3)。期限設定にあたっては，販売者(表示責任者)が食品の特性，品質変化，衛生状態，保存方法等について，理化学試験や微生物試験などの衛生検査や官能検査などから科学的かつ合理的な可食期間を設定する[*4]。なお，期限表示は，食品が指定された条件で保存されていることを前提として設定されている。

1) 消費期限

消費期限は，品質が急速に劣化しやすい食品に設定される安全性保持の期限で

表7.5　特定原材料の代替表記と拡大表記

特定原材料	代替表記[1)]	拡大表記[2)](例)
えび	海老，エビ	えび天ぷら，サクラエビ
かに	蟹，カニ	上海がに，カニシューマイ，マツバガニ
くるみ	クルミ	くるみパン，くるみオイル，くるみバター
小麦	こむぎ，コムギ	小麦粉，こむぎ胚芽
そば	ソバ	そばがき，そば粉
卵	玉子，たまご，タマゴ，エッグ，鶏卵，あひる卵，うずら卵	厚焼卵，ハムエッグ
乳[3)]	ミルク，バター，バターオイル，チーズ，アイスクリーム	アイスミルク，ガーリックバター，乳糖，プロセスチーズ，乳たんぱく，生乳，牛乳，濃縮乳，加糖れん乳，調整粉乳
落花生	ピーナッツ	ピーナッツバター，ピーナッツオイル

注 1) 特定原材料と同一とであると理解できる表記。
　 2) 食品名に特定原材料が含まれていることが理解できる表記。
　 3)「乳」のアレルゲン表示は「乳成分」と表記する。
出所）図7.2に同じ，131，表8.5

あり，危害が生じる恐れのない期間として，年月日で表示する。消費期限を過ぎると衛生上の危害が発生する恐れがあるので，期限を過ぎた食品等の販売は許されない。消費者においても，期限を過ぎた食品の摂食は避けるべきである。

2）　賞味期限

　賞味期限は，食品の品質保持が十分に可能な期間として，可食期間よりも短く設定される。年月日表示が原則である

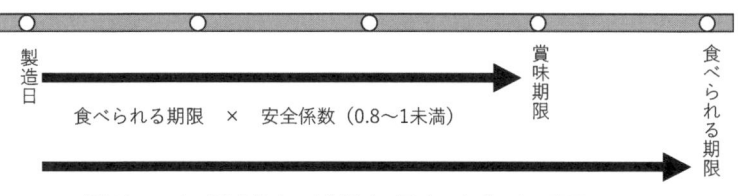

（製造日）- 概ね5日	3ヶ月
消費期限	賞味期限*
危害が生じる恐れのない期間	食品の品質の保持が十分に可能な期間
安全保持の期限（年月日）	品質保持の期限（年月日・年月）

＊ 期限を過ぎても品質が十分保持されていなければならない

食べられる期限　×　安全係数（0.8〜1未満）

製品を用いた試験や検査から製造者が設定した「可食」期間

※指定された保存方法で保存している食品が対象

図 7.3　消費期限と賞味期限

出所）図 7.2 に同じ，129，図 8.4

が，製造日からの賞味期限が 3 ヵ月以上ある場合は年月表示も認められている。消費者庁では，一定の安全性の確保と食品資源の有効活用（フードロスの削減）の観点から，安全係数を 0.8 〜 1 未満として賞味期限を設定することを推奨している。保存期間中に品質が変化しない食塩，砂糖，チューインガム，冷菓，アイスクリームなどは，期限表示は不要である。

(5)　保存方法の表示

　食品の特性に応じて，具体的に消費者にわかりやすい用語を用いて，流通や家庭において実行できる保存方法を表記しなければならない。食品衛生法の規定で保存基準が定められているものは，その基準に基づいて表示されている（**表 7.6**）。

表 7.6　保存方法の基準が定められているもの(抜粋)

品　目	保存の条件					
	-15℃以下	4℃以下	8℃以下	10℃以下	冷蔵等	直射日光を避けて
清涼飲料水(規定に該当するもの)				○		
冷凍果実飲料	○					
非加熱食肉製品(規定に該当するもの)		○				
冷凍食肉(規定に該当するもの)	○					
鶏の液卵			○			
魚肉練り製品(規定に該当するもの)	○			○		
冷凍食品	○					
食肉				○		
生食用食肉		○				
鮮魚(切り身)				○		
生食用かき				○		
ゆでたこ				○		
冷凍ゆでがに	○					
豆腐					○	
即席めん類						○

出所) 図 7.2 に同じ, 128, 表 8.2

表 7.7　栄養成分表示(一般用)

対象となる栄養成分等 [1]	加工食品	生鮮食品	添加物
熱量(エネルギー)たんぱく質脂質炭水化物食塩相当量	義務	任意	義務
飽和脂肪酸食物繊維	推奨	任意	任意
糖質, 糖類 [2]n-3 系脂肪酸n-6 系脂肪酸トランス脂肪酸 [3]コレステロールビタミン類 [4]ミネラル類 [5]	任意	任意	任意

注 1) 食品表示基準別表第 9 に記載のもの(ナトリウムを除く)
　　2) 糖アルコールは除く
　　3) トランス脂肪酸は食品表示基準別表第 9 には記載がないが,「トランス脂肪酸の情報開示に関する指針について」に基づき, 枠内に表示することができる。
　　4) ビタミンは全 13 種類
　　5) ミネラル類は, 亜鉛, カリウム, カルシウム, クロム, セレン, 鉄, 銅, マグネシウム, マンガン, モリブデン, ヨウ素, リン
出所) 図 7.2 に同じ, 138, 表 8.11 を一部改変

(6)　栄養成分表示

1)　栄養成分表示の義務表示

　一般用加工食品については, 消費者の日々の栄養・食生活管理によって健康増進に寄与することを目的として, 栄養成分表示として表示すべき栄養成分が定められている(**表 7.7**)。そのうち, 基本栄養成分 5 項目(熱量, たんぱく質, 脂質, 炭水化物, 食塩相当量)については, 必ずこの順で成分量を表示しなければならない(図 7.4)。その他の対象栄養成分は任意で表示できる。また, 栄養成分表示をする場合は, 併せて食品単位を表示しなければならない。

2)　栄養成分表示の内訳表示

　基本栄養成分 5 項目に加えて, 脂質の**内訳表示**として飽和脂肪酸量を表示することが推奨されており, 併せて n-3 系脂肪酸量と n-6 系脂肪酸量も表示できる。また, トランス脂肪酸量を内訳表示する場合は, 飽和脂肪酸とコレステロールの含量を併せて表示する。炭水化物の内訳表示として食物繊維量が推奨さ

れており，糖質と併せて同時に表示することになっている。さらに，糖質の内訳表示として糖類（単糖と二糖類）を表示できる。基本栄養成分5項目以外のビタミンやミネラルなどを表示する場合は，食塩相当量に続いて枠内に記載する。表示対象の栄養成分以外の成分は，枠外に記載する（図7.4）。

3) 栄養強調表示

食品表示基準では，欠乏や過剰摂取が国民の健康の保持増進に影響を与えている栄養素について**栄養素等表示基準値**が定められている（**表7.8**）。栄養強調表示は，栄養成分の量が基準値以上（未満または以下）である場合にそれを強くアピールできるものであり，**相対表示**と**絶対表示**がある。

相対表示は，強調したい栄養成分の量が他の食品と比べて「強化された」あるいは「低減された」ことを示すものであり，併せて比較対象食品を明示しなければならない（図7.5）。

絶対表示は，補給あるいは適切な摂取ができることを示すものであり，栄養素等表示基準値と比較して10％以上の差があれば表示できる（表7.9）。

糖類とナトリウム塩については，無添加であることを強調できる**無添加表示**がある。糖類や糖類に代わる原材料（ジャムや濃縮果汁など）を使用していないなどの場合には，糖類を添加していない旨（糖類無添加，砂糖不使用）[*1]の表示ができる。ただし，食品の糖類の含量を表示しなければならない。ナトリウム塩やそれに代わる原材料，複合原材料または添加物を使用していない場合は，ナトリウム塩を添加していない旨（食塩無添加[*2]など）の表示ができる。

(7) 表示責任者や製造所の情報

表示について消費者が問い合わせできるように，表示責任者の氏名（会社名）と住所が記載されている。表示責任者と異なっている場合は，製造者等の所

*1, 2 は 176 ページ参照

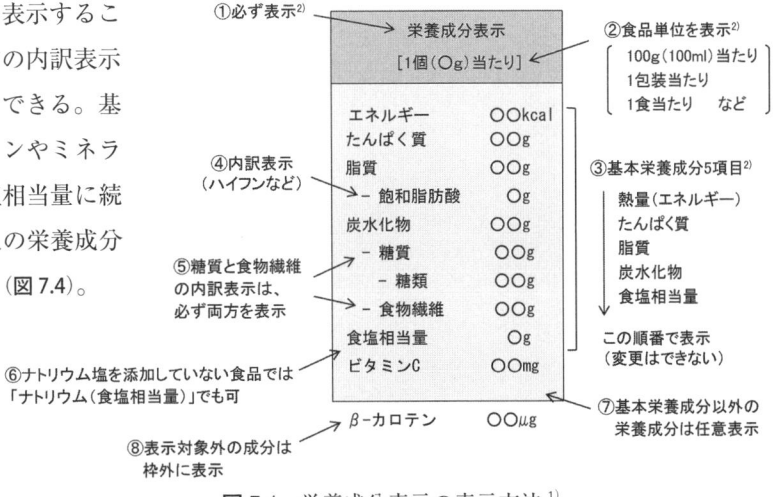

図7.4　栄養成分表示の表示方法[1]

注1) 食品表示基準別記様式3に基づく表示方法
　2) 表示義務のある項目
出所) 図7.2に同じ，139，図8.6

表7.8　栄養素等表示基準値（抜粋）

（　）内の数字：飲料100ml あたり

栄養成分名	高い旨	含む旨・強化された旨
たんぱく質	16.2 g (8.1 g)	8.1 g (4.1 g)
食物繊維	6 g (1.5 g)	3 g (1.5 g)
カルシウム	204 mg (102 mg)	102 mg (51 mg)
ビタミンC	30 mg (15 mg)	15 mg (7.5 mg)

栄養成分名	含まない旨	低い旨・低減された旨
エネルギー	5 kcal (5 kcal)	40 kcal (20 kcal)
脂質	0.5 g (0.5 g)	3 g (1.5 g)
飽和脂肪酸	0.1 g (0.1 g)	1.5 g (0.75 g) [1]
コレステロール	5 mg (5 mg) [2]	20 mg (10 mg) [3]
糖類	0.5 g (0.5 g)	5 g (2.5 g)
ナトリウム	5 mg (5 mg)	120 mg (120 mg)

注1) 当該食品熱量のうち飽和脂肪酸に由来するものが当該食品の熱量の10％以下であるものに限る。
　2) 飽和脂肪酸の量が1.5 g (0.75 g) 未満であって，当該食品熱量のうち飽和脂肪酸に由来するものが当該食品の熱量の10%以下であるものに限る（例外あり[4]）。
　3) 飽和脂肪酸の量が1.5 g (0.75 g) 未満であって，当該食品熱量のうち飽和脂肪酸に由来するものが当該食品の熱量の10%以下であるものに限る（例外あり[4]）。低減された旨の場合は，飽和脂肪酸の量が当該他の食品に比べて1.5 g (0.75 g) 以上のものに限る。
　4) 1食分の量を15 g 以下と表示するものであって，当該食品中の脂肪酸の量のうち飽和脂肪の含有割合が15％以下で構成されているものを除く。
出所) 図7.2に同じ，141，表8.13を一部改変

＊1 糖類および糖類に代わる原
材料または添加物を使用してお
らず，酵素分解などにより産生
された糖類が原材料に含まれる
糖類の量を超えていない場合。

＊2 ウスターソース，しょうゆ，
ピクルス，魚醤，塩蔵魚など。

「強化された」ことを示す表示

「〇〇強化」、「〇〇g増量」、「〇〇％アップ」 など

（たんぱく質、食物繊維、ミネラル[2]、ビタミン[3]）

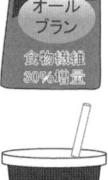

「低減された」ことを示す表示

「〇〇減」、「〇〇％オフ」、「〇〇％カット」 など

（熱量、脂質、飽和脂肪酸、コレステロール、糖類、ナトリウム）

図 7.5 栄養強調表示（相対差[1]）

注1)「増加量」または「減少量」が基準値以上で，25％以上の相対差がある場合のみ表示で
き，比較対象食品を明示しなければならない。 例）当社〇〇比
2) 亜鉛，カリウム，カルシウム，鉄，銅，マグネシウム
3) ビタミンは全13種類
出所) 図 7.2 に同じ，140，図 8.7

表 7.9 栄養強調表示（絶対差[1]）

分類	栄養成分量	具体的な表示例
補給ができる[2]	高い（基準値以上）	「高〇〇」「〇〇たっぷり」「〇〇が豊富」
	含む（基準値以上）	「〇〇源」「〇〇含有」「〇〇入り」「〇〇添加」
適切な摂取ができる[3]	含まない（基準未満）	「無〇〇」「〇〇ゼロ」「ノン〇〇」「〇〇フリー」
	低い（基準値以下）	「微〇」「低〇〇」「〇〇ひかえめ」「〇〇ライト」

注1) 栄養素等表示基準値（表 7.8）と比較して10％以上の差が必要。
2) たんぱく質，食物繊維，亜鉛，カリウム，カルシウム，鉄，銅，マグネシウム，ビタミン13種類。
3) 熱量，脂質，飽和脂肪酸，コレステロール，糖類，ナトリウム。
出所) 図 7.2 に同じ，140，表 8.12 を一部改変

在地と氏名（会社名）も表示される。

(8) 安全性にかかわる表示は省略できない

　容器包装の表示可能な面積が小さい（おおむね 30 mm² 以下）場合は，原材料，
原料原産地，添加物，内容量，栄養成分等，原産国，製造所等の情報を省略
できる。しかし，安全性に関する特定原材料等の表示，期限表示および保存
方法は，いずれの場合でも省略できない。＊ 例外的に，特定原材料であっても
食品に含まれるアレルゲン量が数 μg/g(mL) 未満と極めてわずかであり，抗
原性が認められない場合は表示を省略することができる。

＊アルコール飲料は，製造過程で
特定原材料を使用していても表
示の義務はない。

7.2.2 個別表示（個別的義務表示事項）

(1) 遺伝子組換え食品の表示

1) 遺伝子組換え農産物と遺伝子組換え食品

　ある生物の遺伝子に別の生物の有用な遺伝子を遺伝子組換え技術によって
組込み，新しい性質をもたせた作物（**遺伝子組換え農産物**）や，それを原材料に
した食品を**遺伝子組換え食品**という。除草剤耐性や害虫耐性をもたせた作物

表 7.10　販売・流通が認められている遺伝子組換え作物

遺伝子組換え作物とその加工品			
対象作物	おもな性質	用途(表示必要)	用途(表示不要 [4])
大豆 [1]	特定の除草剤で枯れない 特定の成分を多く含む	豆腐，納豆，味噌，飼料用	醤油，大豆油
とうもろこし	害虫に強い 特定の除草剤で枯れない	飼料，スターチ，コーンスナック菓子，コーングリッツ，他	コーンフレーク，とうもろこし油
ばれいしょ	害虫に強い ウィルス病に強い	ポテトスナック菓子ばれいしょでん粉，他	
なたね	特定の除草剤で枯れない		菜種油
綿実	害虫に強い 特定の除草剤で枯れない		綿実油
アルファルファ	特定の除草剤で枯れない	主原料である食品	
てん菜	特定の除草剤で枯れない	調理用てん菜が主原料	砂糖
パパイヤ	ウィルス病に強い	食品用	
からしな	特定の除草剤で枯れない		製油用
特定遺伝子組換え農産物とその加工食品			
対象作物	おもな性質	用途(表示必要)	用途(表示不要 [4])
大豆	ステアリドン酸産生	大豆油 [5]	
とうもろこし	高リシン産生	飼料用	
なたね	高 EPA 産生 [2]，高 DHA 産生 [3]	飼料用	

注 1) 枝豆および大豆もやしを含む
　 2) 高エイコサペンタエン酸産生
　 3) 高ドコサヘキサエン酸産生
　 4) 組換え遺伝子や生成した新たなたんぱく質が製造工程で除去(分解)されており，技術的に検出できない場合には表示義務はない。
　 5) 高ステアリドン酸遺伝子組換え大豆が原材料の場合は，組換え DNA や生成したたんぱく質が除去(分解)されていても表示が必要。
出所) 食品表示基準をもとに筆者作成

が加工用や飼料用などに輸入されている。[*1,2] 国内では，安全性に問題がないと評価(食品安全委員会)された遺伝子組換え食品(遺伝子組換え農産物 9 作物とそれらを原料にした遺伝子組換え食品として 33 食品群)が流通している(**表 7.10**)。また，遺伝子組換え技術によって，従来のものと特定の栄養素組成が著しく異なる**特定遺伝子組換え農産物**(3 作物)とそれを原料にした**特定遺伝子組換え食品**(加工食品)もある。

2)　分別生産流通管理と表示

　遺伝子組換え農産物と非遺伝子組換え農産物とを，生産，流通および加工の各段階で管理者が分別管理することを**分別生産流通管理**という。分別生産流通管理されている遺伝子組換え農産物やその加工食品を用いた場合は，「遺伝子組換え」等の表示が義務化されている。遺伝子組換え農産物と非遺伝子組換え農産物が分別管理されていないものを用いた場合は，「遺伝子組換え不分別」の表示義務がある(**表 7.11**)。また，大豆やとうもろこしとその加工品では，意図せざる混入が 5 ％以下の場合に「適切に分別生産管理された旨」の表示が認められている。分別生産流通管理され遺伝子組換え農産物が混入

*1　遺伝子組換え作物の栽培や食品原料としての流通等での使用はカルタヘナ法[*2] による規制対象であり，日本国内では遺伝子組換え作物の商業栽培は行われていない。

*2　遺伝子組換え生物等が野生動植物等へ影響を与えないよう管理するための法律。国際的に協力して生物の多様性の確保を図るために遺伝子組換え生物等の使用等を規制している。

表 7.11　遺伝子組換え食品および特定遺伝子組換え食品の表示

	表示の種類	対象農作物および対象食品[1]
遺伝子組換え食品	「遺伝子組換え」	分別生産流通管理が行われている遺伝子組換え食品(表示義務)
	「遺伝子組換え不分別」	遺伝子組換え食品と非遺伝子組換え食品の分別生産流通管理が行われていないもの(表示義務)
	「適切に分別生産流通管理された」	分別生産流通管理をして，意図せざる混入を 5%以下に抑えている大豆やとうもろこし，それらを原料とする加工食品[2](任意表示)
	「遺伝子組換えでない[3]」	分別生産流通管理をして，遺伝子組換えの混入がない大豆やとうもろこし，それらを原材料とする加工食品(任意表示)
特定遺伝子組換え食品	(表示例)「○○○○産生遺伝子組換え」	特定分別生産流通管理が行われた特定遺伝子組換え農産物とそれを原材料とする加工食品(表示義務[4])
	(表示例)「○○○○産生遺伝子組換えのものを混合」	特定遺伝子組換え農産物と非特定遺伝子組換え農産物が混合された農産物を原材料とする加工食品(表示義務[4])

注 1) 加工食品については，主原材料でない場合(重量割合が上位 3 位以下で，かつ原材料に占める重量割合が 5% 未満)は表示を省略できる。
　 2) 大豆およびとうもろこし以外の対象農産物については，意図せざる混入率の定めはない。
　 3) 遺伝子組換えの混入がないことが確認される場合のみ，「遺伝子組換えでない」の表示ができる。ただし，遺伝子組換え農産物が存在しない米や小麦などは，「遺伝子組換えでない」などの表示はできない。
　 4) 特定遺伝子組換え食品は，組換え遺伝子や生成した新たなたんぱく質が技術的に検出できない場合でも表示義務がある。
出所) 食品表示基準をもとに筆者作成

していない作物には，任意で「遺伝子組換えでない」等の表示ができる(**表 7.11**)。ただし，遺伝子組換え農産物が存在しない作物(米や小麦など)については，優良誤認防止の観点から「遺伝子組換えでない」などの表示はできない。

3)　遺伝子組換え食品の表示免除

食用油やしょうゆなど，組換えられた DNA とそれ由来のたんぱく質が加工工程で除去・分解されて検出できない食品については，遺伝子組換えについての表示義務はない(特定遺伝子組換え食品を除く)。これは，非遺伝子組換え農産物からつくられたものと品質においての差異はないからである(**表 7.11**)。また，表示可能面積が小さい場合(7.2.1 (8)参照)や遺伝子組換え農産物が主な原材料(原材料の上位 3 位以内で，かつ，全重量の 5 ％以上を占める)ではない場合も表示が免除される。

(2) アスパルテームを含む食品と表示

甘味料の**アスパルテーム**[*]は，L-フェニルアラニン化合物である。フェニルケトン尿症(フェニルアラニン代謝異常症)の患児はフェニルアラニンの摂取を制限する必要があることから，食品を選択する際の参考になるように「**L-フェニルアラニン化合物を含む**」との表示が必要である。

7.3　一般用生鮮食品の表示

7.3.1　共通表示 (横断的義務表示事項)

容器包装に入れられた生鮮食品については，容器包装の見やすい部分に名称，原産地，アレルゲン(該当する食品のみ)，内容量，食品関連事業者等の情報を表示しなければならない(**表 7.12**)。バラ売りなどの生鮮食品では，その

＊アスパルテーム　L-アスパラギン酸と L-フェニルアラニンが結合したジペプチド(100 ページ，図 3.8 参照)。

食品の近くか見やすい位置に表示することになっている。表示方法は一般用加工食品と同様である。原産地については，国産品は都道府県名で表示するが，有名産地などは市町村名，地域名や海域(瀬戸内海産など)で表示できる。畜産品では，国内での飼養期間と国外での飼養期間によって，長いほうが原産地となる。輸入品は，原産国を表示することになっている(有名地域でも可)。

7.3.2 個別表示 (個別的義務表示事項)

(1) 農産物の個別表示

1) 玄米や精米の表示

「玄米」，「もち精米」，「うるち精米」，「精米」，「胚芽精米^{*1}」の中から，その内容を表す名称が表示される。

2) 放射線照射作物

放射線照射されたじゃがいも^{*2}は，照射した年月日と放射線照射されたものであることを表示しなければならない。

3) 遺伝子組換え農産物

対象となる9作物については，分別生産流通管理に関する事項を表示しなければならない(7.2.2 参照)。

4) その他

収穫後に防ばい剤(防かび剤)を使用した作物には，その旨を表示しなければならない。しいたけは，栽培方法を表示しなければならない。

(2) 畜産物の個別表示

1) 畜　肉

原則，「牛」，「馬」，「豚」，「めん羊」，「鶏」等その動物名を表示し，内蔵は「牛肝臓」などと表示する。微生物汚染が内部に及ぶ処理を行った食肉には，「飲食に供する際にその全体について十分な加熱を要する旨」を表示しなければならない。生食用牛肉(ユッケ，タルタルステーキ，牛刺し，牛タタキなど)は，次の①と②の表示を義務付けている。

① 一般的に食肉の生食は食中毒のリスクがある旨

② 子供や高齢者，その他食中毒に対する抵抗力の弱い者は食肉の生食を控えるべき旨^{*3}

表7.12　一般生鮮食品の表示(抜粋)

横断的義務表示事項 (共通表示義務)		・名称 ・原産地 ・アレルゲン(該当する食品) ・内容量 ・食品関連事業者等の氏名・住所
個別的義務表示事項	農産物[1]	・放射線を照射した食品(該当する食品) ・遺伝子組換え農産物に関する事項(該当する9作物) ・期限表示(該当する食品) ・保存方法(該当する食品) ・栽培方法(しいたけに限る) ・その他
	畜産物[1]	・十分な加熱を要する旨(生食用牛肉のみ) ・期限表示(該当する食品) ・基準に合った保存方法(該当する食品) ・その他
	水産物[1]	・解凍した旨 ・養殖された旨 ・期限表示 ・基準に合った保存方法 ・その他

注1) 食品表示基準別表22に，該当する食品ごとに表示しなければならない事項(個別的義務表示事項)が記載されている。
出所) 食品表示基準をもとに筆者作成

*1 うるち精米のうち，胚芽を含む精米の製品に占める重量の割合が80%以上のものを「胚芽精米」，80%未満を「うるち精米」または「精米」と表示する。

*2 食品への放射線照射は，じゃがいもの発芽阻止目的でコバルト60(60 Co)のγ照射(吸収線量150 Gy 以下)が認められている。

*3 「子供」，「高齢者」，「その他食中毒に対する抵抗力の弱い者」を示す3つの言葉をすべて記載して注意喚起をしなければならない。

容器包装に入れずに生食用牛肉を販売する場合は，店舗(飲食店等)の見やすい場所に同様の表示をしなければならない。

2) 鶏　　卵

鶏の殻付き卵(生食用)の賞味期限は，常温保存期間(流通，小売)と冷蔵保存期間 7 日間(家庭)を合わせた生食可能期間として設定されている。賞味期限を経過した後は，飲食する際に加熱殺菌を要する旨を表示しなければならない。

(3) 水産物の個別表示

養殖されたものには「養殖されたものである旨」を，凍結させたものを解凍したものには「解凍した旨」を表示しなければならない。また，切り身やむき身にした魚介類の生食用のものには「生食用である旨」，冷凍したものには「生食用であるかないかの別」を表示しなければならない。

7.4　食品表示に関係する禁止事項
7.4.1　虚偽誇大表示と優良誤認表示の禁止

産地偽装や健康食品の虚偽誇大表示や広告など，消費者をあざむいたり誤認をさせたりする表示については，食品表示法のみならず，景品表示法，食品衛生法や健康増進法等の関係法令と補完してそれらを防止している。

(1) 食品表示法に基づく禁止事項

原産地，原材料，添加物，アレルゲン，期限等の食品表示基準に従っていない表示や虚偽表示，優良または有利と誤認させる不当表示について，計画的に監視指導が行われている(食品表示基準第 9 条 1 項，第 23 条 1 項)。

(2) 景品表示法に基づく禁止事項

消費者の利益保護の観点から，食品の品質や規格などの表示について，消費者が他のものと比べて優良であると誤認するような**優良誤認表示**を禁止している(第 5 条)。実際は使用していないのに，有名ブランドの原材料を使用しているかのように誤解を与える表示などが該当する。

(3) 食品衛生法に基づく禁止事項

食品や添加物，器具および容器包装について，公衆衛生に危害を及ぼす恐れがある虚偽誇大表示・広告を禁止している(第 20 条)。虚偽誇大表示によって，重大な健康被害を引き起こす恐れがあれば違反となり，食品の自主回収，営業停止や営業禁止，営業許可の取り消しなどの処分の対象となる場合がある。

(4) 健康増進法に基づく禁止事項

食品に含まれる機能性関与成分等について，著しく事実と異なる表示や国などの行政機関による許可を受けたものと誤認させる表示など，健康の保持増進効果等についての虚偽誇大表示を禁止している(第 65 条 1 項)。

*1 医薬品，医療機器等の品質，有効性及び安全性の確保等に関する法律

*2 「健康食品に関する景品表示法及び健康増進法上の留意事項について」消費者庁(2023)

(5) 医薬品医療機器等法[*1]に基づく禁止事項

いわゆる健康食品などで，医薬品的な効能表示や用法用量などの消費者に医薬品と誤認させるような表示は，医薬品医療機器等法に抵触するので認められない[*2]。

7.5 食品の規格基準等

7.5.1 JAS規格（日本農林規格等）

JAS規格は，農林水産品や食品の品質や仕様，サービス・マネジメントを一定の範囲や水準に揃えるための基準を定めた国家規格(農林水産大臣)であり，品位，成分，生産情報，流通行程，取扱方法，試験方法等の規格が定められている。JAS認証制度によって，事業者等は国が認めた第三者機関(JAS認証機関)による審査・登録を経てJAS認証を受けるとJASマークを使用できる(図7.6)。

(1) 一般的なJAS規格

食品に関するJASでは，飲食料品，油脂，農産物，畜産物，水産物などを対象に，成分や品質等についての規格があり，JAS認証を受けた事業者は，適合した農畜産品や食品に**JASマーク**を貼付できる。

(2) 有機JAS規格（有機農産物等のJAS規格）

農産物，畜産物，加工食品，飼料，藻類について，有機JAS規格に適合した生産が行われていることの有機JAS認証を受けた事業者が，有機JASマークを使用できる。有機JASマークは，できるだけ農薬や化学肥料などの化学物質に頼らないことを基本として生産された食品を表すもので，マークを貼付した有機農産物や食品のみに「有機」や「オーガニック」などの名称を用いることができる。

(3) 特色JAS規格

こだわりのある生産・製造方法，特色ある原材料の使用，あるいは特別な取り組みなど，高付加価値のある生産行程についての規格であり，適合の認証を受けた事業者は，特色JASマークを使用できる。**特色JAS**

JASマーク	JAS認証を受けた事業者は，自らが生産・製造した食品の品質や生産行程等がJAS規格に適合するかうどうかの検査（格付）を行い，適合した食品にはJASマークを貼付できる。
有機JASマーク	農産物の場合は，栽培前から2年以上，かつ栽培期間中も禁止された農薬や化学肥料を使用していない（施設や用具への飛散や混入もない）ほ場（田，畑，果樹園等）で，遺伝子組換えされていない種子を用いて栽培されたものであることを示す。
特定JASマーク	付加価値の高い特色ある生産行程についての規格に適合していることを示す。例えば，熟成畜産物加工品の製造工程，生産情報の公表，特別な管理方法，他にも障害者が生産や製造に携わる行程に対する基準などがある。
試験方法JASマーク	農畜水産物に含まれる機能性関与成分等を，JAS規格に準拠した定量試験方法で測定した結果であることを証明する。試験証明書に使用できる。

図7.6 JASマーク

出所）農林水産省：JAS制度(概要・マーク等)についてをもとに筆者作成

マークを表示することで，その食品の優れた特色や品質等に対するこだわり，特別な取組みなどを消費者にアピールすることができ，ブランド化や販売の向上が期待できる。

(4) 試験方法 JAS 規格

機能性関与成分等について，国際基準(ISO 規格)に基づいて統一的な分析・測定方法を規格化したもので，この規格に準拠した定量試験方法で測定した結果を証明するものとして，試験証明書に**試験方法 JAS マーク**を表示できる。測定された機能性関与成分量の信頼性確保や客観的比較により，産地や生産・加工技術の優位性をアピールでき競争力の向上につながる。

7.5.2　果実飲料の規格

果実飲料は JAS 規格で成分規格が定められており，食品表示基準では成分規格と適合した基準がある。また，公正競争規約[*1]では容器包装のデザインについての表示基準が示されている(**表 7.13**)。消費者に優良誤認させるような不当表示として，「生」や「フレッシュ」，「天然」や「自然」などの用語は使用が禁止されている。[*2]

7.5.3　乳・乳製品等の規格

乳や乳製品，これらを主原料とする食品の規格基準は，乳等省令[*3]で詳細に定められている(**表 7.14**)。乳には，おもに原料として用いられる生乳，生山羊乳，生めん羊乳や生水牛乳と，飲用乳として用いられる牛乳，特別牛乳[*4]，殺菌山羊乳，成分調整乳，低脂肪乳，無脂肪乳加工乳などがある。乳製品は，これらを原料として製造されるチーズ，バター，クリーム，練乳，アイスクリーム，粉乳，調製液状乳，発酵乳，乳酸菌飲料および乳飲料などの総称で

*1　果実飲料等の表示に関する公正競争規約

*2　果実飲料は製造過程で加熱処理されているため，「生」や「フレッシュ」は不当表示となる。「天然」や「自然」は，原料果実が栽培果樹から収穫されているため不当表示となる。出所)「果実飲料等の表示に関する公正競争規約」における規定の解釈について(不当表示編)

*3　乳等省令 → 172 ページ側注 *2 参照

*4　国の認証を受けた施設(全国に数か所)で搾乳した生乳を処理して製造された牛乳であり，加熱殺菌されずに販売可能なものもある。

表 7.13　果汁飲料の規格と表示

名称	成分規格および表示等 [1]	容器包装(パッケージ)に描く果実の絵 [1]		
		スライス断面 果汁のしずく	リアルな果実	図案化した 平面的な絵
果実ジュース	果汁 100% [2] 濃縮還元果汁は(濃縮還元)の表示	○	○	○
野菜・果実 ミックスジュース	野菜汁＋果汁＝100% [2] 名称は 50% 以上のものを前に表示	○	○	○
果汁入り飲料	果汁 10%～100% 未満 ○○%△△果汁入の表示	×	○ [3]	○ [4]
その他の飲料	果汁 5% 以上 10% 未満 果汁 10% 未満の表示	×	×	○ [4]
無果汁飲料	果汁 5% 未満あるいは含まない 果汁○%の表示または無果汁の表示	×	×	○ [4]

注 1) JAS 1075，食品表示基準別表第 3 および第 4，果汁飲料の表示に関す公正競争規約施行規則
　　2) 重量割合 5% 未満での砂糖類やはちみつ類の添加は可(ただし「加糖」の表示が必要)
　　3) 果皮に付着した透明な水滴は表示可
　　4) 図案化しても果実のスライス断面の絵は不可
出所) JAS 1075，食品表示基準別表第 3 および第 4，果汁飲料の表示に関する公正競争規約施行規則をもとに筆者作成

表 7.14　牛乳の種類と成分規格(抜粋)

	牛乳 [1]	特別牛乳 [1]	成分調製牛乳 [1]	低脂肪乳 [1]	無脂肪乳 [1]	加工乳 [2]	乳飲料 [3]
無脂乳固形分	8.0 %以上	8.5 %以上	8.0 %以上	8.0 %以上	8.0 %以上	8.0 %以上	乳固形分
乳脂肪分	3.0 %以上	3.3 %以上	—	0.5 〜 1.5 %	0.5 %未満	—	3 %以上
比重(15 ℃において)	1.028 以上	1.028 以上	—	1.030 以上	1.030 以上	—	—
酸度(乳酸として)	0.18 %以下 [4]	0.17 %以下 [4]	0.21 %以下			0.18 %以下	—
細菌数(1 ml あたり)	50,000 以下	30,000 以下	50,000 以下				30,000 以下
大腸菌	陰性						
製造方法の基準	63 ℃ 30 分間の加熱殺菌 [5] または同等以上の殺菌効果を有する方法で加熱殺菌する						
保存方法の基準	殺菌後，直ちに 10 ℃以下で保存する [6]						

注 1) 生乳を加熱殺菌したもので，水や添加物を混ぜることは禁止されている。
　 2) 生乳に，クリームや脱脂粉乳などの乳・乳製品(17 品目)を加えているもの。
　 3) 牛乳に，乳・乳製品以外のカルシウムや鉄などのミネラル，ビタミン，果汁などを加えた乳製品であり，牛乳ではない。
　 4) ジャージー種の牛の乳のみを原料とするものは，0.20 %以下。
　 5) 特別牛乳については，63 ℃〜 65 ℃，30 分間で加熱殺菌すること。
　 6) 常温保存可能品(LL 牛乳など)については，常温を超えない範囲で保存すること。
出所) 乳及び乳製品の成分規格等に関する省令をもとに筆者作成

ある。

7.5.4　食品の国際規格

(1) Codex（コーデックス）規格

Codex 規格は，**Codex 委員会**(国際食品規格委員会[*1])によって策定された食品や添加物の規格やガイドライン等である。食品の国際取引において，国ごとの規格基準の違いが貿易の障壁になることが多く，それを解消するための国際的に通用する平準化された規格基準として用いられている。Codex 規格には，農畜産物・その加工品，魚類・水産品，乳・乳製品，ナチュラルミネラルウォーター，ココア製品・チョコレート，食品添加物などの個別食品の標準規格，食品表示や食品衛生に関する各種ガイドラインや食品残留農薬基準値などがある。

(2) ISO（国際標準化機構）規格

ISO 規格は，国際的な取引をスムーズにするための平準化の基準となるものである。ISO 規格には，製品を対象とした規格と品質管理などのしくみを対象にした規格(品質マネジメントシステム規格)がある。食品に関する ISO 規格として，**ISO22000**[*2] や ISO9001-HACCP などの品質マネジメントシステム規格があり，どちらも HACCP[*3] の食品衛生管理システムを取り入れた食品安全管理を実践するための国際規格となっている。

7.6　特別用途食品・保健機能食品の規格基準と表示

7.6.1　食品の分類と保健機能食品の位置づけ

　食品は，薬事法で規定される医薬品や医薬部外品を除いて人々が日常生活で食物として摂取するものの総称である。この食品の価値は，生命を維持する機能(一時機能：栄養機能)やおいしさなどを感じさせる機能(二次機能：感覚機

*1　世界貿易機関(WTO)からの要請により，国連食糧農業機関(FAO)と世界保健機構(WHO)が合同で設立した食品規格等を定める実施機関がCodex 委員会であり，国際間での公正な食品取引を促進し，消費者の健康を保護することを目的としている。

*2　ISO22000 は食品の安全性を保証する規格であり，ISO9001-HACCP は食品の安全性と併せて顧客満足度を満たす品質を保証する規格である。

*3　**HACCP（Hazard Analysis Critical Control Point）** 食品製造工程において発生が想定される危害要因(ハザード)を分析し，その発生を防止するために重要な工程を計画的に監視することで，効率的に安全性を確保する方法のこと。

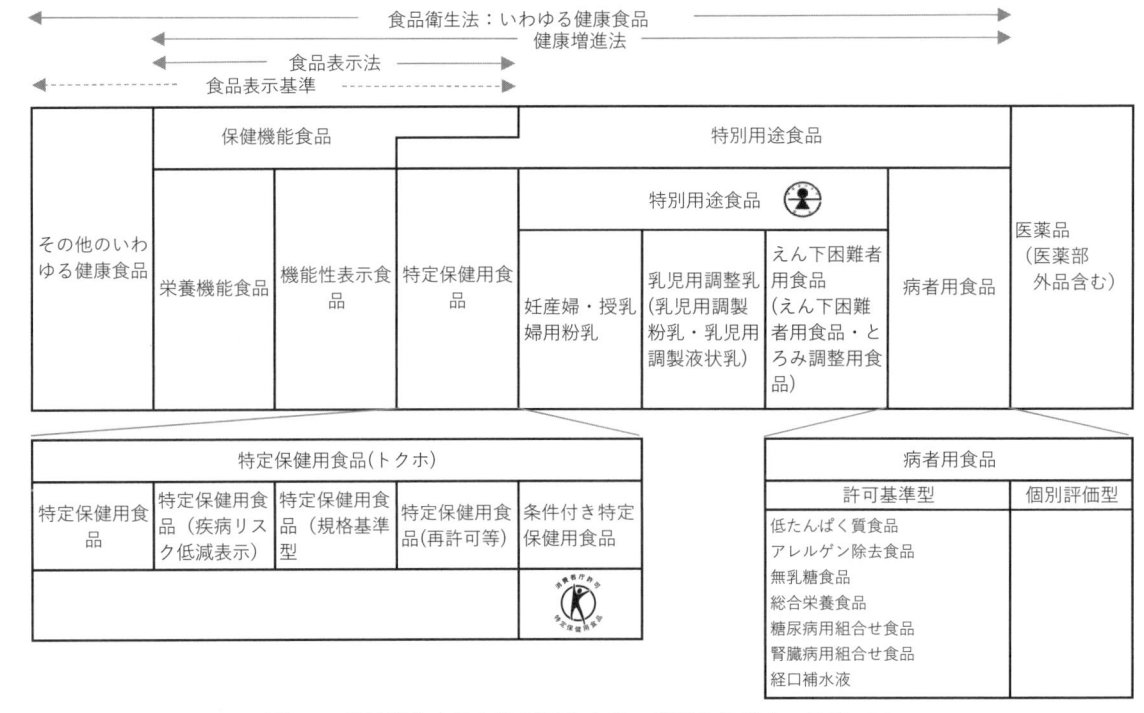

図7.7 保健機能食品と特別用途食品の種類と法律上の位置づけ

出所）消費者庁：特別用途食品について，消費者庁特別用途食品のマークをもとに筆者作成

能)の他に，近年では人体の恒常性を維持し，健康の維持・回復・疾病の予防やリスク低減などにおいて好ましい働きを発揮する機能(三次機能・生体調節機能)が見出されている(4章1，表4.1参照)。消費者庁などにおいては，食品(食)の機能性やおのおのの役割について消費者が目的に合った使用が行えるようにそれぞれ表示を行い理解しやすいように働きかけている(図7.7)。

(1) 特別用途食品

特別用途食品(特定保健用食品を除く)では，妊産婦，授乳婦，乳児，幼児，えん下困難者(とろみ調整食品を含む)，病者などの健康の保持・回復などに適するという特別の用途について表示を行う。特別用途食品として食品を販売するには，その表示について消費者庁長官の許可を受けなければならない(健康増進法第43条第1項)。また，表示の許可に当たっては，規格または要件への適合性について，国の審査を受ける必要がある。当該食品には「特別用途食品」のマークが表示される(図7.8)。なお，特別用途食品表示許可件数の内訳は表7.15に示した。

1) 病者用食品

病者用食品には，「許可基準型病者用食品」と「個別評価型病者用食品」がある。「許可基準型病者用食品」は，7食品群(低たんぱく質食品・アレルゲン除去食品・無乳糖食品・総合栄養食品・糖尿病用組合せ食品・腎臓病用組合せ食品・経口

補水液)あり，各食品群の許可基準による評価が行われ，表示許可（許可マーク）を受ける必要がある。また，個別評価型病者用食品は，個別に科学的な評価を行うことにより病者用食品としての表示を認められ，表示許可（許可マーク）を受けたものである（図7.7）。

許可基準型病者用食品

・**低たんぱく質食品**：低たんぱく質食品は，たんぱく質摂取制限を必要とする疾患（腎臓疾患等）に適した食品

・**アレルゲン除去食品**：アレルゲン除去食品は，特定の食品アレルギーの原因物質である特定のアレルゲンを不使用または除去したもの

・**無乳糖食品**：無乳糖食品は，食品中の乳糖またはガラクトースを除去した食品

・**総合栄養食品**：総合栄養食品は，食事として摂取すべき栄養素をバランスよく配合した食品。疾患等により通常の食事で十分な栄養を摂ることが困難な者に適した特別用途食品（病者用食品）の1つである

・**糖尿病用組合せ食品**：糖尿病用組合せ食品は，糖尿病の食事療法を実践および継続するのに適した食品

・**腎臓病用組合せ食品**：腎臓病用組合せ食品は，腎臓病の食事療法を実践および継続するのに適した食品

・**経口補水液**：経口補水液は，感染性胃腸炎による下痢・嘔吐に伴う脱水状態の際に，水と**電解質**[*]の補給のために利用できる食品

2) 妊産婦・授乳婦用粉乳

妊産婦，授乳婦用に適する食品であり，妊娠中・授乳婦に欠乏しやすいビタミンや鉄・カルシウムなどの栄養補給としての用途を目的とした粉乳であるが，2024（令和6）年6月24日現在では許可件数は0件である。

3) 乳児用調製乳

乳児用調整粉乳は，母乳代替食品であり，乳児の発育に必要な栄養条件を満たすよう，特別に製造された食品

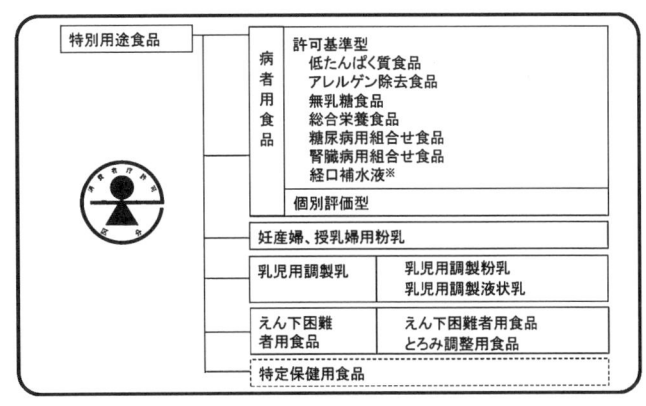

図7.8　特別用途食品

出所）図7.7に同じ
※令和5年5月19日から追加

[*]**電解質**　溶液中でカチオン（＋荷電）とアニオン（−荷電）に解離する物質であり，酸・アルカリ・塩の多くは電解質である。さらに電解質は，身体にとって重要な役割（細胞の浸透圧を調節・筋肉細胞や神経細胞の働きに関わるなど）を果たしている。

表7.15　特別用途食品[1] 表示許可件数内訳
（令和6年6月24日現在）

食品群			表示許可件数
病者用食品	許可基準型	低たんぱく質食品	13
		アレルゲン除去食品	5[2]
		無乳糖食品	4[3]
		総合栄養食品	7（14）
		糖尿病用組合せ食品	0
		腎臓病用組合せ食品	2
		経口補水液	4
	個別評価型		15
妊産婦，授乳婦用粉乳			0
乳児用調製乳		乳児用調製粉乳	9
		乳児用調製液状乳	4
えん下困難者用食品		えん下困難者用食品	23（41）
		とろみ調整用食品	15
合計			101[4]（126）

注）表示許可件数とは，健康増進法第43条第1項の規定に基づき特別用途食品の表示許可をした件数である。なお，総合栄養食品及びえん下困難者用食品については，同等性が認められる複数の商品を1製品群として許可しており，括弧内の数字は商品数ベースである。
1）特定保健用食品を除く。
2）無乳糖食品としても許可しているもの3件含む。
3）アレルゲン除去食品としても許可しているもの3件含む。
4）アレルゲン除去食品及び無乳糖食品として許可しているもの3件については，それぞれの食品群で計上しているため，表示許可品数は98件。
出所）図7.7に同じ

（粉ミルク，液体ミルク）のことである。

4） えん下困難者用食品

えん下困難者用食品は，飲み込みに不安がある人や食事中のむせ（誤えん）が気になる人などにおいて，確実にえん下が可能となるものではないが，えん下を容易にし，誤えんや窒息を防ぐために，硬さなどを調整した食品である。また，とろみ調整用食品は，えん下を容易にし，誤えんを防ぐために，液体にとろみをつける食品である。

(2) 特定保健用食品

特定保健用食品（通称：トクホ）は，身体の生理学的機能や生物学的活動に影響を与える保健効能成分（関与成分）を含み，食生活において，特定の保健の目的で摂取するものに対し，その摂取により当該保健の目的が期待できる旨の表示（保健の用途の表示）をする食品である。食品を特定保健用食品（条件付き特定保健用食品を含む）として販売するには，食品（製品）ごとに生理的機能や特定の保健機能を示す有効性や安全性について健康増進法第43条第1項の規定に基づき国が審査を行い，食品ごとに消費者庁長官が許可を行っている。表示事項は，基準および健康増進法に規定する特別用途表示の許可等に関する内閣府令（平成21年内閣府令第57号）に定められた内容表示が示されている（**表7.16，7.20 参照**）。具体的には，食品表示以外に，許可証票（または，承認証票），許可等を受けた表示の内容，特定保健用食品である旨，一日あたりの摂取目安量，摂取の方法，摂取する上での注意事項，バランスの取れた食生活の普及啓発を図る文言などである。

なお，当初の特定保健用食品は，健康増進法で規定される特別用途食品の1つとして取り扱われてきたが，2001（平成13）年4月に保健機能食品制度ができたことに伴い，食品衛生法に規定する**保健機能食品**（特定保健用食品・栄養機能食品・機能性表示食品の3種があり，食品衛生法：施行規則第21条と健康増進法の2つの法律で規定されている）の一つとしても取り扱われることになった。特定保健用食品は，有効性の評価（**消費者委員会**）と安全性の評価（**食品安全委員会**の新開発食品専門委員会）が行われている。

特定保健用食品の区分は，審査方法の違いにより，次のように区分される。

① 特定保健用食品

許可等（健康増進法第43条第1項の許可または同法第63条第1項）では承認を受けて，食生活において特定の保健の目的で摂取をする者に対し，その摂取により当該保健の目的が期待できる旨の表示をする。

② 特定保健用食品（規格基準型）

特定保健用食品として許可基準実績が十分であるなど科学的根拠が蓄積されている関与成分について規格基準（**表7.16**）を定め，消費者庁におい

表7.16 特定保健用食品(規格基準型)制度における規格基準

区分	関与成分	一日摂取目安量に含まれる関与成分の量	保健の用途の表示	摂取をする上での注意事項
	第1欄	第2欄	第3欄	第4欄
I（食物繊維）	難消化性デキストリン（食物繊維として）	3g～8g	○○(関与成分)が含まれているのでおなかの調子を整えます。	摂り過ぎあるいは体質・体調によりおなかがゆるくなることがあります。多量摂取により疾病が治癒したり，より健康が増進するものではありません。他の食品からの摂取量を考えて適量を摂取して下さい。
	ポリデキストロース（食物繊維として）	7g～8g		
	グアーガム分解物（食物繊維として）	5g～12g		
II（オリゴ糖）	大豆オリゴ糖	2g～6g	○○(関与成分)が含まれておりビフィズス菌を増やして腸内の環境を良好に保つので，おなかの調子を整えます。	摂り過ぎあるいは体質・体調によりおなかがゆるくなることがあります。多量摂取により疾病が治癒したり，より健康が増進するものではありません。他の食品からの摂取量を考えて適量を摂取して下さい。
	フラクトオリゴ糖	3g～8g		
	乳果オリゴ糖	2g～8g		
	ガラクトオリゴ糖	2g～5g		
	キシロオリゴ糖	1g～3g		
	イソマルトオリゴ糖	10g		
III（難消化性デキストリン）	難消化性デキストリン（食物繊維として）	4g～6g※	食物繊維(難消化性デキストリン)の働きにより，糖の吸収をおだやかにするので，食後の血糖値が気になる方に適しています。	血糖値に異常を指摘された方や，糖尿病の治療を受けておられる方は，事前に医師などの専門家にご相談の上，お召し上がり下さい。摂り過ぎあるいは体質・体調によりおなかがゆるくなることがあります。多量摂取により疾病が治癒したり，より健康が増進するものではありません。
IV（難消化性デキストリン）	難消化性デキストリン（食物繊維として）	5g※	食事から摂取した脂肪の吸収を抑えて排出を増加させる食物繊維(難消化性デキストリン)の働きにより，食後の血中中性脂肪の上昇をおだやかにするので，脂肪の多い食事を摂りがちな方，食後の中性脂肪が気になる方の食生活の改善に役立ちます。	摂り過ぎあるいは体質・体調によりおなかがゆるくなることがあります。多量摂取により疾病が治癒したり，より健康が増進するものではありません。他の食品からの摂取量を考えて適量を摂取して下さい。
V（難消化性デキストリン）※区分I・IIIの組合せ	難消化性デキストリン（食物繊維として）	4g～6g※	難消化性デキストリンの働きにより，・おなかの調子を整えるので，お通じの気になる方に適しています。・糖の吸収をおだやかにするので，食後の血糖値が気になる方に適しています。	血糖値に異常を指摘された方や，糖尿病の治療を受けておられる方は，事前に医師などの専門家にご相談の上，お召し上がり下さい。摂り過ぎあるいは体質・体調によりおなかがゆるくなることがあります。多量摂取により疾病が治癒したり，より健康が増進するものではありません。他の食品からの摂取量を考えて適量を摂取して下さい。
VI（難消化性デキストリン）※区分III・IVの組合せ	難消化性デキストリン（食物繊維として）	5g※	難消化性デキストリンの働きにより，・糖の吸収をおだやかにするので，食後の血糖値が気になる方に適しています。・食後の血中中性脂肪の上昇をおだやかにするので，脂肪の多い食事を摂りがちな方，食後の中性脂肪が気になる方の食生活の改善に役立ちます。	血糖値に異常を指摘された方や，糖尿病の治療を受けておられる方は，事前に医師などの専門家にご相談の上，お召し上がり下さい。摂り過ぎあるいは体質・体調によりおなかがゆるくなることがあります。多量摂取により疾病が治癒したり，より健康が増進するものではありません。他の食品からの摂取量を考えて適量を摂取して下さい。
VII（難消化性デキストリン）※区分I・IVの組合せ	難消化性デキストリン（食物繊維として）	5g※	難消化性デキストリンの働きにより，・おなかの調子を整えるので，お通じの気になる方に適しています。・食後の血中中性脂肪の上昇をおだやかにするので，脂肪の多い食事を摂りがちな方，食後の中性脂肪が気になる方の食生活の改善に役立ちます。	摂り過ぎあるいは体質・体調によりおなかがゆるくなることがあります。多量摂取により疾病が治癒したり，より健康が増進するものではありません。他の食品からの摂取量を考えて適量を摂取して下さい。
VIII（難消化性デキストリン）※区分I・III・IVの組合せ	難消化性デキストリン（食物繊維として）	5g※	難消化性デキストリンの働きにより，・おなかの調子を整えるので，お通じの気になる方に適しています。・糖の吸収をおだやかにするので，食後の血糖値が気になる方に適しています。・食後の血中中性脂肪の上昇をおだやかにするので，脂肪の多い食事を摂りがちな方，食後の中性脂肪が気になる方の食生活の改善に役立ちます。	血糖値に異常を指摘された方や，糖尿病の治療を受けておられる方は，事前に医師などの専門家にご相談の上，お召し上がり下さい。摂り過ぎあるいは体質・体調によりおなかがゆるくなることがあります。多量摂取により疾病が治癒したり，より健康が増進するものではありません。他の食品からの摂取量を考えて適量を摂取して下さい。

※1日1回食事とともに摂取する目安量
出所)消費者庁：特定保健用食品制度の概要より作成

て規格基準に適合か否かの審査を行い，許可（消費者委員会の個別審査なし）する。

③ 条件付き特定保健用食品

特定保健用食品の審査で要求している有効性の科学的根拠のレベルには届かないものの，一定の有効性が確認（**表7.17**）され，限定的な科学的根拠である旨の表示をすることを条件として，許可対象と認められた食品である。なお，許可表示は，「○○を含んでおり，根拠は必ずしも確立されていませんが，△△に適している可能性がある食品です。」などで示す。

④ 特定保健用食品（疾病リスク低減表示）

関与成分の疾病リスク低減効果が医学的・栄養学的に確立されている場合，疾病リスクの低減に関する表示をする食品である。疾病リスク低減表示として現時点で科学的根拠が医学的・栄養学的に広く認められ確立されているものを**表7.18**に示した。

⑤ 特定保健用食品（再許可等）

すでに許可等が行われた特定保健用食品と比較して，許可等を受けた者の変更，商品名の変更，風味（香料または着色料等の添加物によるものをいう。）の変更，その他，「消費者委員会新開発食品調査部会における特定保健

表7.17　条件付き特定保健用食品における科学的根拠の考え方

試験 作用機序	無作為化比較試験		非無作為化比較試験 （有意水準5%以下）	対照群のない介入試験 （有意水準5%以下）
	有意水準5%以下	有意水準10%以下		
明確	特定保健用食品	条件付き特定保健用食品	条件付き特定保健用食品	
不明確	条件付き特定保健用食品	条件付き特定保健用食品		

出所）表7.16に同じ

表7.18　特定保健用食品(疾病リスク低減表示)関与成分

関与成分	保健の用途の表示	摂取をする上での注意事項
カルシウム （食品添加物公定書等に定められたものまたは食品等として人が摂取してきた経験が十分に存在するものに由来するもの） 一日摂取目安量に含まれる関与成分の量：300 mg 〜 700 mg	この食品はカルシウムを豊富に含みます。日頃の運動と適切な量のカルシウムを含む健康的な食事は，若い女性が健全な骨の健康を維持し，歳をとってからの骨粗鬆症になるリスクを低減する可能性があります。	一般に疾病は様々な要因に起因するものであり，カルシウムを過剰に摂取しても骨粗鬆症になるリスクがなくなるわけではありません。
葉酸（プテロイルモノグルタミン酸） 一日摂取目安量に含まれる関与成分の量：400 μg 〜 1,000 μg	この食品は葉酸を豊富に含みます。適切な量の葉酸を含む健康的な食事は，女性にとって，神経管閉鎖障害※を持つ子どもが生まれるリスクを低減する可能性があります。 〔注釈として，以下を表示する。 ※神経管閉鎖障害とは，妊娠初期に脳や脊髄のもととなる神経管と呼ばれる部分がうまく形成されないことによって起こる神経の障害です。葉酸不足のほか，遺伝などを含めた多くの要因が複合して発症するものです。〕	一般に疾病は様々な要因に起因するものであり，葉酸を過剰に摂取しても神経管閉鎖障害を持つ子どもが生まれるリスクがなくなるわけではありません。

出所）表7.16に同じ

用食品の審議手続きに関する確認事項」(平成21年12月25日新開発食品調査部会長決定)の軽微な変更がなされたものである。

これまでの特定保健用食品の累積許可数を**図7.9**に示し，2024(令和6)年7月8日現在で許可されている特定保健用食品(1,039件)の関与成分分類ごとの表示許可内容を**表7.19**に示した。

(3) 栄養機能食品

栄養機能食品とは，特定の栄養成分の補給のために利用される食品で，栄養成分の機能を表示するものをいい，対象食品は消費者に販売される容器包

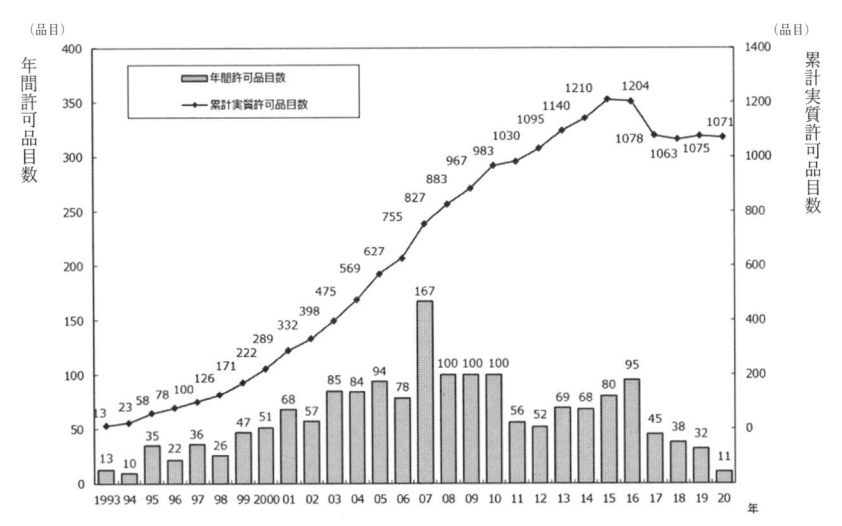

図7.9 特定保健用食品 表示許可・承認品目の推移

※データ：2020年12月末現在 ※累積自室許可品目数＝累積許可品目数―同失効品目数
出所) (公財)日本健康・栄養食品協会：特定保健用食品の市場および表示許可の状況，をもとに一部改変

表7.19 2024(令和6)年7月8日現在で許可されている特定保健用食品(1,038件)の関与成分分類ごとの表示許可内容

(件)

期待効果 関与成分	許可食品	整腸作用	体脂肪低減	血糖値 上昇抑制	血清脂質 代謝改善	血圧調節	骨の健康	歯の健康	肌の健康 (肌乾燥)
乳酸菌類	62	59	1	0	0	2	0	0	0
オリゴ糖・糖アルコール 配糖体・ポリフェノール	250	76	102	6	30	16	8	26	4
食物繊維	474	225	19	165	105	1	0	0	0
たんぱく質・ペプチド アミノ酸	161	2	2	5	38	75	5	34	0
油脂・脂肪酸・有機酸	30	0	12	0	22	2	0	0	0
ビタミン	1	0	0	0	0	0	1	0	0
ミネラル 高吸収性ミネラル	60	0	0	0	0	0	28	32	0
総計	1038	362	136	176	195	96	42	92	4

注1. 一つの商品(関与成分)で複数の複数の期待効果の表示が許可されている場合，それぞれカウントしている。
注2. とくに(　)書きで成分分類が記載されている場合(例えば，CPP自体はたんぱく質であるが，"Caとして"とされている場合)は，(　)書き内に従って分類，それ以外は分子構造等で分類した。
出所) 消費者庁：特別用途食品についてをもとに作成

装に入れられた一般用加工食品および一般用生鮮食品である。

　栄養機能食品として販売するためには，一日当たりの摂取目安量に含まれる当該栄養成分量が，定められた上・下限値の範囲内にある必要があるほか，栄養機能食品の規格基準が定められた当該栄養成分の機能だけでなく注意喚起表示等も表示する必要がある（食品表示基準第 7 条および第 21 条：**表7.20**）。また，栄養機能食品は個別の許可申請を行う必要がない自己認証制度となっており，特定保健用食品，栄養機能食品及び機能性表示食品以外の食品に，食品の持つ効果や機能を表示することはできない（食品表示基準第 9 条）。機能の表示をすることができる栄養成分は，n-3 系脂肪酸 1 種・ビタミン 13 種・ミネラル 6 種である（**表7.21-1・表7.21-2**）。

(4) 機能性表示食品

　機能性表示食品の定義は，食品表示法（平成 25 年法律第 70 号）第 4 条第 1 項の規定に基づく食品表示基準（平成 27 年内閣府令第 10 号）において，「疾病に罹

表 7.20　栄養機能食品の表示項目および表示例

表示項目	必須	表示例（ビタミン C）
商品名	○	商品名：●▲　栄養機能食品（ビタミン C） ビタミン C は，皮膚や粘膜の健康維持を助けるとともに，抗酸化作用を持つ栄養素です。「食生活は，主食，主菜，副菜を基本に，食事のバランスを。」
名称	○	□□□□□□
原材料名	○	○○，△△
内容量	○	○○ g
賞味期限	○	枠外□□に記載
保存方法	○	○○
製造者	○	○○株式会社
栄養成分表示	○	栄養成分表示（1 本当たり） エネルギー○ kcal，たんぱく質○ g，脂質○ g，炭水化物○ g，食塩相当量○．○ g，ビタミン C ○○ mg
1 日当たりの摂取目安量	○	1 日当たりの摂取目安量：1 本
摂取の方法	○	摂取方法：1 日当たり 1 本を目安にお召し上がりください。
摂取する上での注意事項	○	摂取をする上での注意事項：本品は，多量摂取により疾病が治癒したり，より健康が増進するものではありません。1 日の摂取目安量を守ってください。 1 日当たりの摂取目安量に含まれる機能に関する表示を行っている栄養成分の量が栄養素等表示基準値（18 歳以上，基準熱量 2,200 kcal）に占める割合：ビタミン C　○％
調理または保存の方法	○	調理または保存の方法：保存は高温多湿を避け，開封後はキャップをしっかり閉めて早めにお召し上がり下さい
その他	○	（特定の対象者に対し注意を必要とするものにあっては，当該注意事項） 本品は，特定保健用食品と異なり，消費者庁長官による個別審査を受けたものではありません。

※○印は特定保健用食品として特に定められている義務表示事項
出所）消費者庁：早わかり食品表示ガイド（事業者向け）〜食品表示基準に基づく表示〜（令和 6 年 4 月版）より作成

表 7.21-1　栄養機能食品の規格基準

栄養成分	1日当たりの摂取目安量に含まれる栄養成分量		栄養機能表示	注意喚起表示
	下限値	上限値		
n-3 系脂肪酸	0.6 g	2.0 g	n-3 系脂肪酸は，皮膚の健康維持を助ける栄養素です。	本品は，多量摂取により疾病が治癒したり，より健康が増進したりするものではありません。1日の摂取目安量を守ってください。
亜鉛	2.64 mg	15 mg	亜鉛は，味覚を正常に保つのに必要な栄養素です。 亜鉛は，皮膚や粘膜の健康維持を助ける栄養素です。 亜鉛は，たんぱく・核酸の代謝に関与して，健康の維持に役立つ栄養素です。	本品は，多量摂取により疾病が治癒したり，より健康が増進したりするものではありません。亜鉛の摂り過ぎは，銅の吸収を阻害するおそれがありますので，過剰摂取にならないよう注意してください。1日の摂取目安量を守ってください。乳幼児・小児は本品の摂取を避けてください。
カリウム	840 mg	2,800 mg	カリウムは，正常な血圧を保つのに必要な栄養素です。	本品は，多量摂取により疾病が治癒したり，より健康が増進したりするものではありません。1日の摂取目安量を守ってください。 腎機能が低下している方は本品の摂取を避けてください。
カルシウム	204 mg	600 mg	カルシウムは，骨や歯の形成に必要な栄養素です。	本品は，多量摂取により疾病が治癒したり，より健康が増進したりするものではありません。1日の摂取目安量を守ってください。
鉄	2.04 mg	10 mg	鉄は，赤血球を作るのに必要な栄養素です。	
銅	0.27 mg	6.0 mg	銅は，赤血球の形成を助ける栄養素です。 銅は，多くの体内酵素の正常な働きと骨の形成を助ける栄養素です。	本品は，多量摂取により疾病が治癒したり，より健康が増進したりするものではありません。1日の摂取目安量を守ってください。乳幼児・小児は本品の摂取を避けてください。
マグネシウム	96 mg	300 mg	マグネシウムは，骨や歯の形成に必要な栄養素です。 マグネシウムは，多くの体内酵素の正常な働きとエネルギー産生を助けるとともに，血液循環を正常に保つのに必要な栄養素です。	本品は，多量摂取により疾病が治癒したり，より健康が増進したりするものではありません。多量に摂取すると軟便（下痢）になることがあります。1日の摂取目安量を守ってください。乳幼児・小児は本品の摂取を避けてください。
ナイアシン	3.9 mg	60 mg	ナイアシンは，皮膚や粘膜の健康維持を助ける栄養素です。	本品は，多量摂取により疾病が治癒したり，より健康が増進したりするものではありません。1日の摂取目安量を守ってください。
パントテン酸	1.44 mg	30 mg	パントテン酸は，皮膚や粘膜の健康維持を助ける栄養素です。	
ビオチン	15 μg	500 μg	ビオチンは，皮膚や粘膜の健康維持を助ける栄養素です。	

患していない者(未成年者，妊産婦(妊娠を計画している者を含む。)及び授乳婦を除く。)に対し，機能性関与成分によって健康の維持及び増進に資する特定の保健の目的(疾病リスクの低減に係るものを除く。)が期待できる旨を科学的根拠に基づいて容器包装に表示をする食品」であって，事業者の責任において，当該食品に関する表示の内容，安全性及び機能性の根拠に関する情報，生産・製造及び品質の管理に関する情報，健康被害の情報収集体制等を販売日の 60 日前までに消費者庁長官に届け出たもの」とされている。また，機能性表示食品は，国による審査がないことが特定保健用食品との相違点であるが，事業者の責任において摂取に関する安全性を確保していることを前提とし，科学的根拠に基づいた機能性表示(表示例：本品は，□□が含まれるので△△の機能があります。)された食品であり，消費者庁長官に届け出た内容を表示しなければな

表 7.21-2　栄養機能食品の規格基準

栄養成分	1日当たりの摂取目安量に含まれる栄養成分量		栄養機能表示	注意喚起表示
	下限値	上限値		
ビタミン A	231 μg	600 μg	ビタミン A は，夜間の視力の維持を助ける栄養素です。 ビタミン A は，皮膚や粘膜の健康維持を助ける栄養素です。	本品は，多量摂取により疾病が治癒したり，より健康が増進したりするものではありません。1日の摂取目安量を守ってください。 妊娠3か月以内又は妊娠を希望する女性は過剰摂取にならないよう注意してください。
ビタミン B₁	0.36 mg	25 mg	ビタミン B₁ は，炭水化物からのエネルギー産生と皮膚や粘膜の健康維持を助ける栄養素です。	本品は，多量摂取により疾病が治癒したり，より健康が増進したりするものではありません。1日の摂取目安量を守ってください。
ビタミン B₂	0.42 mg	12 mg	ビタミン B₂ は，皮膚や粘膜の健康維持を助ける栄養素です。	
ビタミン B₆	0.39 mg	10 mg	ビタミン B₆ は，たんぱく質からのエネギーの産生と皮膚や粘膜の健康維持を助ける栄養素です。	
ビタミン B₁₂	0.72 μg	60 μg	ビタミン B₁₂ は，赤血球の形成を助ける栄養素です。	
ビタミン C	30 mg	1,000 mg	ビタミン C は，皮膚や粘膜の健康維持を助けるとともに，抗酸化作用を持つ栄養素です。	
ビタミン D	1.65 μg	5.0 μg	ビタミン D は，腸管でのカルシウムの吸収を促進し，骨の形成を助ける栄養素です。	
ビタミン E	1.89 mg	150 mg	ビタミン E は，抗酸化作用により，体内の脂質を酸化から守り，細胞の健康維持を助ける栄養素です。	
ビタミン K	45 μg	150 μg	ビタミン K は，正常な血液凝固能を維持する栄養素です。	本品は，多量摂取により疾病が治癒したり，より健康が増進したりするものではありません。1日の摂取目安量を守ってください。 血液凝固阻止薬を服用している方は本品の摂取を避けてください。
葉酸	72 μg	200 μg	葉酸は，赤血球の形成を助ける栄養素です。 葉酸は，胎児の正常な発育に寄与する栄養素です。	本品は，多量摂取により疾病が治癒したり，より健康が増進したりするものではありません。1日の摂取目安量を守ってください。 葉酸は，胎児の正常な発育に寄与する栄養素ですが，多量摂取により胎児の発育がよくなるものではありません。

出所）消費者庁：知っていますか？　栄養機能食品より作成

らないなどの義務表示事項(**表7.22**)が定められている。さらに，消費者は消費者庁ウェブサイト(機能性食品について)から各製品の届け出内容を閲覧することができる。これらの届出の中から特に注目されつつある機能性表示食品の届け出数とその関与成分について**表7.19**に示した。また，各成分の機能性については，4章2を参照すること。

(5) いわゆる健康食品

　健康食品という言葉は，法令上の定義はなく，一般に広く健康の保持増進に資する食品として販売・利用されるものの総称として用いられている。いわゆる健康食品の品質・安全性の確保は事業者の責任である。いわゆる健康

表 7.22　機能性表示食品の表示項目及び表示例

表示項目	表示例(便通)
商品名	機能性表示食品　　届出番号：□□　　商品名：●▲
名称	□□□□□□
原材料名	○○，△△，（一部に□□を含む）
内容量	90 g（1 粒 500 mg × 180 粒）
賞味期限	○○，△△，□□
保存方法	直射日光，高温多湿の場所を避けて保存してください。
製造者名及び所在地	○○株式会社　東京都△△区・・・
届出表示	届出表示：本品には◇◇が含まれるので，□□の機能があると報告されています。 「本品は，事業者の責任において特定の保健の目的が期待できる旨を表示するものとして，消費者庁長官に届出されたものです。ただし，特定保健用食品と異なり，消費者庁長官による個別審査を受けたものではありません。」 「食生活は，主食，主菜，副菜を基本に，食事のバランスを。」
栄養成分表示	栄養成分表示(1 日当たりの摂取目安量(2 粒)当たり) エネルギー○ kcal，たんぱく質○ g，脂質○ g，炭水化物○ g，食塩相当量○．○ g
1 日当たりの摂取目安量	1 日当たりの摂取目安量：1 日当たり 2 粒を目安にお召し上がりください。
機能性関与成分(一日当たりの摂取目安量当たり)	機能性関与成分(一日当たりの摂取目安量当たり)：1,000 mg（2 粒当たり） 一日当たりの摂取目安量：2 粒
摂取の方法	摂取方法：水またはぬるま湯と一緒にお召し上がりください。
摂取する上での注意事項	摂取をする上での注意事項：本品は多量摂取により疾病が治癒したり，より健康が増進するものではありません。
調理又は保存の方法	調理又は保存の方法：直射日光を避け，涼しいところに保存してください。
その他	「本品は，疾病の診断，治療，予防を目的としたものではありません。」 「本品は，疾病に罹患している者，未成年者，妊産婦(妊娠を計画している者を含む。)及び授乳婦を対象に開発された食品ではありません。」 「疾病に罹患している場合は，医師に，医薬品を服用している場合は医師，薬剤師に相談してください。」 「体調に異変を感じた際は，速やかに摂取を中止し，医師に相談してください。」
お問い合わせ先	お問い合わせ先：0120-＊＊＊＊-＊＊＊

出所）表 7.21 に同じ

　食品における錠剤やカプセル形状の製品問題(成分濃縮・各製品ごとの成分量のばらつき・不純物の混入など)を防ぎ，安全に一定品質を保ち製造されるための製造工程管理基準として適正製造規範(Good Manufacturing Practice：GMP)が定められているが現在は GMP 採用は事業者の任意であることから，必ずしも GMP に基づいて製造されているわけではない。

7.7　器具・容器包装の規格基準と表示

　食品衛生法では，器具・容器包装について次のように定義されている。器具とは，「飲食器，割ぽう具その他食品又は添加物に直接接触する機械，器具その他のものをいう。ただし，農業及び水産業における食品の採取の用

に供される機械，器具その他の物は含まれない。」一方，容器包装とは，「食品又は添加物を入れ，又は包んでいる物で，食品又は添加物を授受する場合そのままで引き渡すものをいう。」というように食品に大きくかかわるものである。また，2018(平成30)年の食品衛生法等の一部改正する法律により，安全性を評価した物質のみを使用可能とするポジティブリスト制度が導入され，2020(令和2)年から施行された。

7.7.1 器具・容器包装の安全性の規格基準

(1) ガラス

ガラスは二酸化ケイ素を主成分としてソーダ石灰等を混ぜ，高温で溶解して作られる。一般的に皿やコップのような食品用として使用されるのはソーダ石灰ガラスである。調理器具や実験器具のような耐熱性をもつものとしてホウケイ酸ガラスが使用される。また，鉛が添加されると輝きのよいガラスができるため，高級クリスタルガラスには鉛が使用されている。鉛を含んでいるため微量ではあるが酸化鉛を溶出する可能性があるため，溶出試験を行う必要性がある。

(2) 陶磁器・ホウロウ

陶磁器はアルミニウムやケイ素を主成分とする粘土や陶土を成形し，高温で焼成したもので，表面に釉薬をかけ，顔料を用いて色づけされる。

ホウロウは鉄などの金属の表面に釉薬*を塗り 750℃ ～ 850℃の短時間で焼き付けたものである。これらに使用される釉薬や顔料には鉛やカドミウムを含むものがあり，焼成温度が低い製品では溶出する可能性がある。

たとえば，液体を満たしたときにその深さが 2.5 cm 以上の加熱調理用器具(容量 3L 未満)では，鉛は 0.4 μg/mL 以下，カドミウムは 0.07 μg/mL 以下など規格が決められている。

＊釉薬　陶磁器に色をつけ，吸水性をなくすなどのさまざまなはたらきがある。それらの性能は，釉薬の主成分である二酸化ケイ素（シリカ），酸化アルミニウム（アルミナ），アルカリのバランスにより変化する。

(3) プラスチック製品

プラスチックとは，合成樹脂とも呼ばれ，軽量で腐食しにくく，成形しやすい等の利点がある。一方で種類によって使用温度の制約，傷つきやすさなどの欠点もある。

合成樹脂は熱に対する性質の違いから熱可塑性樹脂と熱硬化性樹脂に分類される。

1)　熱可塑性樹脂

加熱により自由に形を変えられるが，冷却すると形を保ち，再び硬くなるもので，ポリエチレン，ポリプロピレン，ポリ塩化ビニル，ポリスチレン，ポリ塩化ビニリデン，ポリエチレンテレフターレート，ナイロン，ポリカーボネートなどがある。

2)　熱硬化性樹脂

　加熱すると高分子化合物を形成し，硬化してもとの形に戻らないもので，フェノール樹脂，メラミン樹脂，エポキシ樹脂，ユリア樹脂などがある。

3)　プラスチック製品の安全性

　プラスチック自体は高分子であるため安全性にほとんど問題はないが，使用法によっては添加剤や未反応の原料**モノマー**[*]がプラスチック製品に残存し，それらが溶出する可能性もある。原料のモノマーのなかに発がん性を有する塩化ビニルや，内分泌かく乱作用の1つとされるビスフェノール A がポリカーボネートから溶出する可能性もあるため限度値が定められている。規格試験は，器具および容器包装に使用されている製品に有害物質が規格値を超えて含有しているかどうかの材質試験と器具および容器包装から規格値を超えて有害物質が溶け出すことが無いかを確認する溶出試験がある。有害物質が溶出することによって食品が汚染されることがないよう，食品衛生法によって材質や目的に応じた規格基準が定められている。

7.7.2　表　　示

(1) 識別表示

　消費者が容易に分別排出できるようにすることを目的として，「容器包装に係る分別収集及び再商品化の促進等に関する法律(以下「容器包装リサイクル法」という。)」で再商品化義務が定められている特定容器包装のうち定められたマークにより識別表示を施すことが義務化されている。

　識別表示義務者となるのは，① 容器の製造事業者，② 容器包装の製造を発注する事業者(概ね利用事業者)，③ 輸入販売事業者である。

(2) 識別マーク

　識別表示の目的は，消費者が容器包装廃棄物を適切に分別排出できるようにすることで，市町村の分別収集を促進することにある(**図7.10**)。

*モノマー　モノマーの「モノ」は「一つ」を、ポリマーの「ポリ」は「多数」を意味する。モノマー(monomer)が多数結合した高分子のことをポリマー(polymer)と呼ぶ。例えばモノマーのエチレンがポリマーになるとポリエチレンとなる。

容器包装廃棄物を消費者が適切に分別排出できるように、資源有効利用促進法では、事業者に容器包装の識別表示を義務づけています。

これが識別表示の対象となる容器包装です。

識別表示の対象となる「ペットボトル」には、平成29年4月から料理酒、クッキングワインなどのアルコール発酵調味料が追加されます。

紙製容器包装

（段ボールと飲料用紙パックでアルミが使われてないものを除く）

プラスチック製容器包装

（飲料・酒類・特定調味料用ペットボトルを除く）

飲料・酒類用スチール缶

飲料・酒類用アルミ缶

PET

飲料・酒類・特定調味料用ペットボトル

（内容積が150ml未満のものを除く）

■識別表示義務の対象となる事業者　　容器の製造事業者　　容器包装の製造を発注する事業者　　輸入販売事業者

識別表示は、容器包装リサイクル法の再商品化義務と異なり、小規模事業者にも義務づけられています。

※特定調味料には、しょうゆ、しょうゆ加工品、みりん風調味料、食酢、調味酢、ドレッシングタイプ調味料、アルコール発酵調味料（平成29年4月〜）が含まれます。

図 7.10　容器包装の識別マーク

出所）農林水産省：容器包装の識別表示について，識別表示が必要な容器等

【演習問題】

問 1　食品表示に基づく一般用加工食品の表示に関する記述である。最も適当なのはどれか。1つ選べ。　　　　　　　　　　（2024 年国家試験）

(1)　100 g 当たりの熱量が 25 kcal の場合，「0」と表示することができる。

(2)　たんぱく質は，「低い旨」の強調表示に関する基準値がある。

(3)　飽和脂肪酸の量の表示は，推奨されている。

(4)　食品添加物は，使用料が少ない順に表示しなくてはならない。

(5)　大豆を原材料に含む場合は，アレルゲンとしての表示が義務づけられている。

解答（3）

問 2　食品表示基準に基づく一般用加工食品の表示に関する記述である。最も適当なのはどれか。1つ選べ。　　　　　　　　（2023 年国家試験）

(1)　品質が急速に劣化しやすい食品には，賞味期限を表示しなければならない。

(2)　食物繊維量は，表示が推奨されている。

(3)　食塩相当量の表示値は，グルタミン酸ナトリウムに由来するナトリウムを含まない。

(4)　大麦を原材料に含む場合は，アレルゲンとしての表示が義務づけられている。

(5)　分別生産流通管理された遺伝子組換え農作物を主な原材料とする場合は，遺伝子組換え食品に関する表示を省略することができる。

解答（2）

問3 食品表示基準に基づく一般用加工食品の表示に関する記述である。**誤っている**のはどれか。1つ選べ。 (2022年国家試験)

(1) 消費期限は，未開封で，定められた方法により保存した場合において有効である。

(2) 使用した食品添加物は，原材料と明確に区別して表示する。

(3) 加工助剤は，食品添加物の表示が免除される。

(4) 原材料として食塩を使用していない場合も，食塩相当量の表示が必要である。

(5) 原材料として砂糖を使用していない場合は，糖類の含有量にかかわらずノンシュガーと表示することができる。

解答 (5)

問4 食品表示基準に基づく一般用加工食品の表示に関する記述である。**誤っている**のはどれか。1つ選べ。 (2021年国家試験)

(1) 品質の劣化が極めて少ないものは，消費期限または賞味期限の表示を省略することができる。

(2) 飽和脂肪酸の量の表示は，推奨されている。

(3) 100 g 当たりのナトリウム量が 5 mg 未満の食品には，食塩を含まない旨の強調表示ができる。

(4) 栄養機能食品では，原材料の栄養成分量から得られた計算値を，機能成分の栄養成分表示に用いることができる。

(5) 卵を原材料に含む場合は，アレルゲンの表示が義務づけられている。

解答 (4)

問5 食品表示基準に基づく一般用加工食品の表示に関する記述である。正しいのはどれか。1つ選べ。 (2020年国家試験)

(1) 原材料名は，50 音順に表示しなくてはならない。

(2) 期限表示として，製造日を表示しなくてはならない。

(3) 灰分の含有量を表示しなくてはならない。

(4) 食物繊維の含有量を表示する場合は，糖類の含有量を同時に表示しなくてはならない。

(5) 落花生を原材料に含む場合は，含有する旨を表示しなくてはならない。

解答 (5)

問6 食品の容器包装に関する記述である。正しいのはどれか。1つ選べ。 (2012年国家試験)

(1) プラスチック容器のリサイクル識別表示マークは，1種類である。

(2) PET は，プロピレンを原料として製造される。

(3) ガラスは，容器包装リサイクル法の対象外である。

(4) ラミネートは，2種類以上の包装素材を層状に成型したものである。

(5) アルミニウムは，プラスチックに比べて光透過性が高い。

解答 (4)

問7 特別用途食品および保健機能食品に関する記述である。誤っているのはどれか。1つ選べ。　　　　　　　　　　　　　　（2021年国家試験を改変）

(1) 特別用途食品としての表示には，消費者庁長官の許可が必要である。

(2) 機能性表示食品としての表示には，国の許可は不要であるが，消費者庁長官への届け出をする必要がある。

(3) 栄養機能食品としての表示には，国の許可は求められない。

(4) 機能性表示食品には，「食生活は，主食，主菜，副菜を基本に，食事のバランスを。」と表示しなくてはならない。

(5) 特定保健用食品の審査では，関与成分に関する研究レビュー（システマティックレビュー）で機能性を評価する。

解答（5）

問8 特定保健用食品の関与成分と保健の用途に関する表示の組合せである。誤っているのはどれか。1つ選べ。　　　　　　　　　　　（2021年国家試験）

(1) サーデンペプチド ―――――――― ミネラルの吸収を助ける食品

(2) c-アミノ酪酸（GABA）―――――― 血圧が高めの方に適した食品

(3) 難消化性デキストリン ――――― 血糖値が気になる方に適した食品

(4) 低分子化アルギン酸ナトリウム ――― おなかの調子を整える食品

(5) キトサン ―――――――― コレステロールが高めの方に適した食品

解答（1）

問9 栄養機能食品として表示が認められている栄養成分と栄養機能表示の組合せである。正しいのはどれか。1つ選べ。　　　　　　（2019年国家試験）

(1) n-3系脂肪酸 ――――「動脈硬化や認知症の改善を助ける栄養素です」

(2) 鉄 ――――――「赤血球を作るのに必要な栄養素です」

(3) ビタミンE ――――「心疾患や脳卒中の予防を助ける栄養素です」

(4) マグネシウム ―――「動脈硬化や認知症の改善を助ける栄養素です」

(5) ビタミンD ―――『骨や歯の形成に必要な栄養素です』

解答（2）

📖 **参考文献・参考資料**

環境省：容器包装リサイクル法
https://www.env.go.jp/recycle/yoki/a_1_recycle/recycle_02.html（2024.07.03）

経済産業省：識別表示
https://www.meti.go.jp/policy/recycle/main/data/mark/index.html（2024.02.01）

経済産業省：容器包装表示のQ&A
https://www.meti.go.jp/policy/recycle/main/admin_info/law/02/faq/answer_17.html（2024.07.03）

厚生労働省：食品用器具・容器包装のポジティブリスト制度について（2025年5月31日まで）https://www.mhlw.go.jp/stf/newpage_05148.html（2024.02.01）

厚生労働省検疫所：材質規格（ガラス製，陶磁器製，ホウロウ引き）
https://www.forth.go.jp/keneki/osaka/syokuhin-kanshi/apparatusstandard_rubber.html（2024.02.01）

国立研究開発法人医薬基盤・健康・栄養研究所：特定保健用食品の種類,
　https://hfnet.nibiohn.go.jp/specific-health-food/type/（2024.02.01）
消費者庁：栄養機能食品について
　https://www.caa.go.jp/policies/policy/food_labeling/foods_with_nutrient_function_
　claims/（2024.02.28）
消費者庁：えん下困難者用食品ってなに？
　https://www.caa.go.jp/policies/policy/food_labeling/foods_for_special_dietary_uses/
　assets/food_labeling_cms206_20240301_04.pdf（2024.02.28）
消費者庁：「機能性表示食品」って何？
　https://www.caa.go.jp/notice/assets/150810_1.pdf（2024.02.28）
消費者庁：機能性表示食品について
　https://www.caa.go.jp/policies/policy/food_labeling/foods_with_function_claims/
　（2024.02.28）
消費者庁：機能性表示食品の届出情報検索
　https://www.caa.go.jp/policies/policy/food_labeling/foods_with_function_claims/
　search（2024.02.28）
消費者庁：機能性表示食品を巡る検討会報告書（令和 6 年 05 月 27 日）
　https://www.caa.go.jp/notice/other/caution_001/review_meeting_001/assets/
　consumer_safety_cms206_240527_01.pdf（2024.06.01）
消費者庁：〈事業者向け〉食品表示法に基づく栄養成分表示のためのガイドラ
　イン（2022）
　https://www.caa.go.jp/policies/policy/food_labeling/nutrient_declearation/business/
　assets/food_labeling_cms206_20220531_08.pdf（2024.02.28）
消費者庁：知っていますか？　栄養機能食品
　https://www.caa.go.jp/policies/policy/food_labeling/health_promotion/pdf/food_
　labeling_cms206_20200730_02.pdf（2024.02.28）
消費者庁：食品表示基準 Q & A（2023）
　https://www.caa.go.jp/policies/policy/food_labeling/food_labeling_act/assets/food_
　labeling_cms201_240401_212.pdf（2024.06.01）
消費者庁：食品表示基準における栄養機能食品とは
　https://www.caa.go.jp/policies/policy/food_labeling/health_promotion/pdf/food_
　labeling_cms206_20200730_03.pdf（2024.02.28）
消費者庁：特定保健用食品制度の概要
　https://www.caa.go.jp/policies/policy/food_labeling/foods_for_specified_health_
　uses/assets/food_labeling_cms206_221110_03.pdf（2024.06.01）
消費者庁：特定保健用食品について
　https://www.caa.go.jp/policies/policy/food_labeling/foods_for_specified_health_uses
　（2024.06.01）
消費者庁：特別用途食品とは
　https://www.caa.go.jp/policies/policy/food_labeling/foods_for_special_dietary_uses/
　assets/food_labeling_cms206_230519_01.pdf（2024.02.28）
消費者庁：特別用途食品について
　https://www.caa.go.jp/policies/policy/food_labeling/foods_for_special_dietary_uses/
　（2024.02.28）
消費者庁：特別用途食品のマーク
　https://www.caa.go.jp/policies/policy/food_labeling/health_promotion/pdf/foods_
　index_4_161013_0002.pdf（2024.02.28）

消費者庁：特別用途食品　表示許可件数内訳（令和 6 年 6 月 24 日現在）

 https://www.caa.go.jp/policies/policy/food_labeling/foods_for_special_dietary_uses/assets/food_labeling_cms206_240624_01.pdf（2024.06.24）

消費者庁：乳児用調製粉乳ってなに？

 https://www.caa.go.jp/policies/policy/food_labeling/foods_for_special_dietary_uses/assets/food_labeling_cms206_20230927_07.pdf（2024.02.28）

消費者庁：早わかり食品表示ガイド（事業者向け）〜食品表示基準に基づく表示〜（令和 6 年 4 月版）

 https://www.caa.go.jp/policies/policy/food_labeling/information/pamphlets/assets/food_labeling_cms201_240902_02.pdf（2024.09.02）

消費者庁：別添 1　特定保健用食品の審査等取扱い及び指導要領（最終改正令和 6 年 8 月 23 日）消食表第 741 号

 https://www.caa.go.jp/policies/policy/food_labeling/foods_for_specified_health_uses/notice/assets/food_labeling_cms206_20240823_02.pdf（2024.08.23）

ZENKEN（株）：健康美容 Expo，https://www.e-expo.net/functional/（2024.07.30）

東京都：栄養成分表示ハンドブック（2023）

 https://www.hokeniryo.metro.tokyo.lg.jp/shokuhin//hyouji/kyouzai/files/eiyouseibun_handbook.pdf（2024.02.28）

宮田圭太編：食品安全・衛生学，125-147，学文社（2023）

（公財）日本健康・栄養食品協会：特定保健用食品の市場および表示許可の状況

 https://www.jhnfa.org/topic386.pdf（2024.02.01）

（一財）日本健康食品規格協会：GMP について

 http://www.jihfs.jp/03.html（2024.02.28）

農林水産省：JAS（Japanese Agricultural Standards，日本農林規格）

 https://www.maff.go.jp/j/jas/（2024.02.28）

農林水産省：容器包装の識別標示について

 https://www.maff.go.jp/j/shokusan/recycle/youki/y_sikibetu/（2024.02.01）

付　　表

付表 1　たんぱく質

たんぱく質の食事摂取基準
（推定平均必要量、推奨量、目安量：g/日、目標量：％エネルギー）

性別	男性				女性			
年齢等	推定平均必要量	推奨量	目安量	目標量[1]	推定平均必要量	推奨量	目安量	目標量[1]
0〜5 （月）	−	−	10	−	−	−	10	−
6〜8 （月）	−	−	15	−	−	−	15	−
9〜11 （月）	−	−	25	−	−	−	25	−
1〜2 （歳）	15	20	−	13〜20	15	20	−	13〜20
3〜5 （歳）	20	25	−	13〜20	20	25	−	13〜20
6〜7 （歳）	25	30	−	13〜20	25	30	−	13〜20
8〜9 （歳）	30	40	−	13〜20	30	40	−	13〜20
10〜11 （歳）	40	45	−	13〜20	40	50	−	13〜20
12〜14 （歳）	50	60	−	13〜20	45	55	−	13〜20
15〜17 （歳）	50	65	−	13〜20	45	55	−	13〜20
18〜29 （歳）	50	65	−	13〜20	40	50	−	13〜20
30〜49 （歳）	50	65	−	13〜20	40	50	−	13〜20
50〜64 （歳）	50	65	−	14〜20	40	50	−	14〜20
65〜74 （歳）[2]	50	60	−	15〜20	40	50	−	15〜20
75 以上 （歳）[2]	50	60	−	15〜20	40	50	−	15〜20
妊婦（付加量） 初期					+0	+0	−	−[3]
中期					+5	+5	−	−[3]
後期					+20	+25	−	−[4]
授乳婦（付加量）					+15	+20	−	−[4]

[1] 範囲に関しては、おおむねの値を示したものであり、弾力的に運用すること。
[2] 65 歳以上の高齢者について、フレイル予防を目的とした量を定めることは難しいが、身長・体重が参照体位に比べて小さい者や、特に 75 歳以上であって加齢に伴い身体活動量が大きく低下した者など、必要エネルギー摂取量が低い者では、下限が推奨量を下回る場合があり得る。この場合でも、下限は推奨量以上とすることが望ましい。
[3] 妊婦（初期・中期）の目標量は 13〜20％エネルギーとした。
[4] 妊婦（後期）及び授乳婦の目標量は 15〜20％エネルギーとした。

付表 2.1　炭水化物

炭水化物の食事摂取基準（％エネルギー）

性別	男性	女性
年齢等	目標量[1,2]	目標量[1,2]
0〜5 （月）	−	−
6〜11 （月）	−	−
1〜2 （歳）	50〜65	50〜65
3〜5 （歳）	50〜65	50〜65
6〜7 （歳）	50〜65	50〜65
8〜9 （歳）	50〜65	50〜65
10〜11 （歳）	50〜65	50〜65
12〜14 （歳）	50〜65	50〜65
15〜17 （歳）	50〜65	50〜65
18〜29 （歳）	50〜65	50〜65
30〜49 （歳）	50〜65	50〜65
50〜64 （歳）	50〜65	50〜65
65〜74 （歳）	50〜65	50〜65
75 以上 （歳）	50〜65	50〜65
妊婦		50〜65
授乳婦		50〜65

[1] 範囲に関しては、おおむねの値を示したものである。
[2] エネルギー計算上、アルコールを含む。ただし、アルコールの摂取を勧めるものではない。

付表 2.2 食物繊維

食物繊維の食事摂取基準（g/日）

性別	男性	女性
年齢等	目標量	目標量
0～5 （月）	−	−
6～11 （月）	−	−
1～2 （歳）	−	−
3～5 （歳）	8以上	8以上
6～7 （歳）	10以上	9以上
8～9 （歳）	11以上	11以上
10～11 （歳）	13以上	13以上
12～14 （歳）	17以上	16以上
15～17 （歳）	19以上	18以上
18～29 （歳）	20以上	18以上
30～49 （歳）	22以上	18以上
50～64 （歳）	22以上	18以上
65～74 （歳）	21以上	18以上
75以上 （歳）	20以上	17以上
妊婦		18以上
授乳婦		18以上

付表 3.1 脂　　質

脂質の食事摂取基準（％エネルギー）

性別	男性		女性	
年齢等	目安量	目標量[1]	目安量	目標量[1]
0～5 （月）	50	−	50	−
6～11 （月）	40	−	40	−
1～2 （歳）	−	20～30	−	20～30
3～5 （歳）	−	20～30	−	20～30
6～7 （歳）	−	20～30	−	20～30
8～9 （歳）	−	20～30	−	20～30
10～11 （歳）	−	20～30	−	20～30
12～14 （歳）	−	20～30	−	20～30
15～17 （歳）	−	20～30	−	20～30
18～29 （歳）	−	20～30	−	20～30
30～49 （歳）	−	20～30	−	20～30
50～64 （歳）	−	20～30	−	20～30
65～74 （歳）	−	20～30	−	20～30
75以上 （歳）	−	20～30	−	20～30
妊婦			−	20～30
授乳婦			−	20～30

[1] 範囲に関しては、おおむねの値を示したものである。

付表 3.2　飽和脂肪酸

飽和脂肪酸の食事摂取基準（%エネルギー）[1,2]

性別	男性	女性
年齢等	目標量	目標量
0〜5 （月）	−	−
6〜11 （月）	−	−
1〜2 （歳）	−	−
3〜5 （歳）	10 以下	10 以下
6〜7 （歳）	10 以下	10 以下
8〜9 （歳）	10 以下	10 以下
10〜11 （歳）	10 以下	10 以下
12〜14 （歳）	10 以下	10 以下
15〜17 （歳）	9 以下	9 以下
18〜29 （歳）	7 以下	7 以下
30〜49 （歳）	7 以下	7 以下
50〜64 （歳）	7 以下	7 以下
65〜74 （歳）	7 以下	7 以下
75 以上 （歳）	7 以下	7 以下
妊婦		7 以下
授乳婦		7 以下

[1] 飽和脂肪酸と同じく、脂質異常症及び循環器疾患に関与する栄養素としてコレステロールがある。コレステロールに目標量は設定しないが、これは許容される摂取量に上限が存在しないことを保証するものではない。また、脂質異常症の重症化予防の目的からは、200 mg/日未満に留めることが望ましい。

[2] 飽和脂肪酸と同じく、冠動脈疾患に関与する栄養素としてトランス脂肪酸がある。日本人の大多数は、トランス脂肪酸に関する世界保健機関（WHO）の目標（1%エネルギー未満）を下回っており、トランス脂肪酸の摂取による健康への影響は、飽和脂肪酸の摂取によるものと比べて小さいと考えられる。ただし、脂質に偏った食事をしている者では、留意する必要がある。トランス脂肪酸は人体にとって不可欠な栄養素ではなく、健康の保持・増進を図る上で積極的な摂取は勧められないことから、その摂取量は1%エネルギー未満に留めることが望ましく、1%エネルギー未満でもできるだけ低く留めることが望ましい。

付表 3.3　*n*-6 系，*n*-3 系脂肪酸

n-6 系脂肪酸の食事摂取基準（g/日）

性別	男性	女性
年齢等	目安量	目安量
0〜5 （月）	4	4
6〜11 （月）	4	4
1〜2 （歳）	4	4
3〜5 （歳）	6	6
6〜7 （歳）	8	7
8〜9 （歳）	8	8
10〜11 （歳）	9	9
12〜14 （歳）	11	11
15〜17 （歳）	13	11
18〜29 （歳）	12	9
30〜49 （歳）	11	9
50〜64 （歳）	11	9
65〜74 （歳）	10	9
75 以上 （歳）	9	8
妊婦		9
授乳婦		9

n-3 系脂肪酸の食事摂取基準（g/日）

性別	男性	女性
年齢等	目安量	目安量
0〜5 （月）	0.9	0.9
6〜11 （月）	0.8	0.8
1〜2 （歳）	0.7	0.7
3〜5 （歳）	1.2	1.0
6〜7 （歳）	1.4	1.2
8〜9 （歳）	1.5	1.4
10〜11 （歳）	1.7	1.7
12〜14 （歳）	2.2	1.7
15〜17 （歳）	2.2	1.7
18〜29 （歳）	2.2	1.7
30〜49 （歳）	2.2	1.7
50〜64 （歳）	2.3	1.9
65〜74 （歳）	2.3	2.0
75 以上 （歳）	2.3	2.0
妊婦		1.7
授乳婦		1.7

付表 4　脂溶性ビタミン

ビタミンAの食事摂取基準（μgRAE/日）[1]

性別	男性				女性			
年齢等	推定平均必要量[2]	推奨量[2]	目安量[3]	耐容上限量[3]	推定平均必要量[2]	推奨量[2]	目安量[3]	耐容上限量[3]
0～5　（月）	−	−	300	600	−	−	300	600
6～11　（月）	−	−	400	600	−	−	400	600
1～2　（歳）	300	400	−	600	250	350	−	600
3～5　（歳）	350	500	−	700	350	500	−	700
6～7　（歳）	350	500	−	950	350	500	−	950
8～9　（歳）	350	500	−	1,200	350	500	−	1,200
10～11　（歳）	450	600	−	1,500	400	600	−	1,500
12～14　（歳）	550	800	−	2,100	500	700	−	2,100
15～17　（歳）	650	900	−	2,600	500	650	−	2,600
18～29　（歳）	600	850	−	2,700	450	650	−	2,700
30～49　（歳）	650	900	−	2,700	500	700	−	2,700
50～64　（歳）	650	900	−	2,700	500	700	−	2,700
65～74　（歳）	600	850	−	2,700	500	700	−	2,700
75 以上　（歳）	550	800	−	2,700	450	650	−	2,700
妊婦（付加量）　初期					+0	+0	−	−
中期					+0	+0	−	−
後期					+60	+80	−	−
授乳婦（付加量）					+300	+450	−	−

[1] レチノール活性当量(μgRAE)=レチノール(μg)＋β-カロテン(μg)×1/12 ＋α-カロテン(μg)×1/24＋β-クリプトキサンチン(μg)×1/24＋その他のプロビタミンAカロテノイド(μg)×1/24
[2] プロビタミンAカロテノイドを含む。
[3] プロビタミンAカロテノイドを含まない。

ビタミンDの食事摂取基準（μg/日）[1]

性別	男性		女性	
年齢等	目安量	耐容上限量	目安量	耐容上限量
0～5　（月）	5.0	25	5.0	25
6～11　（月）	5.0	25	5.0	25
1～2　（歳）	3.5	25	3.5	25
3～5　（歳）	4.5	30	4.5	30
6～7　（歳）	5.5	40	5.5	40
8～9　（歳）	6.5	40	6.5	40
10～11　（歳）	8.0	60	8.0	60
12～14　（歳）	9.0	80	9.0	80
15～17　（歳）	9.0	90	9.0	90
18～29　（歳）	9.0	100	9.0	100
30～49　（歳）	9.0	100	9.0	100
50～64　（歳）	9.0	100	9.0	100
65～74　（歳）	9.0	100	9.0	100
75 以上　（歳）	9.0	100	9.0	100
妊婦			9.0	−
授乳婦			9.0	−

[1] 日照により皮膚でビタミンDが産生されることを踏まえ、フレイル予防を図る者はもとより、全年齢区分を通じて、日常生活において可能な範囲内での適度な日光浴を心掛けるとともに、ビタミンDの摂取については、日照時間を考慮に入れることが重要である。

ビタミンEの食事摂取基準（mg/日）[1]

性別	男性		女性	
年齢等	目安量	耐容上限量	目安量	耐容上限量
0〜5　（月）	3.0	−	3.0	−
6〜11　（月）	4.0	−	4.0	−
1〜2　（歳）	3.0	150	3.0	150
3〜5　（歳）	4.0	200	4.0	200
6〜7　（歳）	4.5	300	4.0	300
8〜9　（歳）	5.0	350	5.0	350
10〜11　（歳）	5.0	450	5.5	450
12〜14　（歳）	6.5	650	6.0	600
15〜17　（歳）	7.0	750	6.0	650
18〜29　（歳）	6.5	800	5.0	650
30〜49　（歳）	6.5	800	6.0	700
50〜64　（歳）	6.5	800	6.0	700
65〜74　（歳）	7.5	800	7.0	700
75 以上　（歳）	7.0	800	6.0	650
妊婦			5.5	−
授乳婦			5.5	−

[1] α-トコフェロールについて算定した。α-トコフェロール以外のビタミンEは含まない。

ビタミンKの食事摂取基準（μg/日）

性別	男性	女性
年齢等	目安量	目安量
0〜5　（月）	4	4
6〜11　（月）	7	7
1〜2　（歳）	50	60
3〜5　（歳）	60	70
6〜7　（歳）	80	90
8〜9　（歳）	90	110
10〜11　（歳）	110	130
12〜14　（歳）	140	150
15〜17　（歳）	150	150
18〜29　（歳）	150	150
30〜49　（歳）	150	150
50〜64　（歳）	150	150
65〜74　（歳）	150	150
75 以上　（歳）	150	150
妊婦		150
授乳婦		150

付表5 水溶性ビタミン

ビタミンB₁の食事摂取基準（mg/日）[1,2]

性別	男性			女性		
年齢等	推定平均必要量	推奨量	目安量	推定平均必要量	推奨量	目安量
0～5 （月）	−	−	0.1	−	−	0.1
6～11 （月）	−	−	0.2	−	−	0.2
1～2 （歳）	0.3	0.4	−	0.3	0.4	−
3～5 （歳）	0.4	0.5	−	0.4	0.5	−
6～7 （歳）	0.5	0.7	−	0.4	0.6	−
8～9 （歳）	0.6	0.8	−	0.5	0.7	−
10～11 （歳）	0.7	0.9	−	0.6	0.9	−
12～14 （歳）	0.8	1.1	−	0.7	1.0	−
15～17 （歳）	0.9	1.2	−	0.7	1.0	−
18～29 （歳）	0.8	1.1	−	0.6	0.8	−
30～49 （歳）	0.8	1.2	−	0.6	0.9	−
50～64 （歳）	0.8	1.1	−	0.6	0.8	−
65～74 （歳）	0.7	1.0	−	0.6	0.8	−
75 以上 （歳）	0.7	1.0	−	0.5	0.7	−
妊婦（付加量）				+0.1	+0.2	−
授乳婦（付加量）				+0.2	+0.2	−

[1] チアミン塩化物塩酸塩（分子量＝337.3）相当量として示した。
[2] 身体活動レベル「ふつう」の推定エネルギー必要量を用いて算定した。

ビタミンB₂の食事摂取基準（mg/日）[1]

性別	男性			女性		
年齢等	推定平均必要量	推奨量	目安量	推定平均必要量	推奨量	目安量
0～5 （月）	−	−	0.3	−	−	0.3
6～11 （月）	−	−	0.4	−	−	0.4
1～2 （歳）	0.5	0.6	−	0.5	0.5	−
3～5 （歳）	0.7	0.8	−	0.6	0.8	−
6～7 （歳）	0.8	0.9	−	0.7	0.9	−
8～9 （歳）	0.9	1.1	−	0.9	1.0	−
10～11 （歳）	1.1	1.4	−	1.1	1.3	−
12～14 （歳）	1.3	1.6	−	1.2	1.4	−
15～17 （歳）	1.4	1.7	−	1.2	1.4	−
18～29 （歳）	1.3	1.6	−	1.0	1.2	−
30～49 （歳）	1.4	1.7	−	1.0	1.2	−
50～64 （歳）	1.3	1.6	−	1.0	1.2	−
65～74 （歳）	1.2	1.4	−	0.9	1.1	−
75 以上 （歳）	1.1	1.4	−	0.9	1.1	−
妊婦（付加量）				+0.2	+0.3	−
授乳婦（付加量）				+0.5	+0.6	−

[1] 身体活動レベル「ふつう」の推定エネルギー必要量を用いて算定した。
特記事項：推定平均必要量は、ビタミンB₂ の欠乏症である口唇炎、口角炎、舌炎などの皮膚炎を予防するに足る最小量からではなく、尿中にビタミンB₂ の排泄量が増大し始める摂取量（体内飽和量）から算定。

ナイアシンの食事摂取基準（mgNE/日）[1,2]

性別	男性				女性			
年齢等	推定平均必要量	推奨量	目安量	耐容上限量[3]	推定平均必要量	推奨量	目安量	耐容上限量[3]
0～5 （月）[4]	−	−	2	−	−	−	2	−
6～11 （月）	−	−	3	−	−	−	3	−
1～2 （歳）	5	6	−	60 （15）	4	5	−	60 （15）
3～5 （歳）	6	8	−	80 （20）	6	7	−	80 （20）
6～7 （歳）	7	9	−	100 （30）	7	8	−	100 （30）
8～9 （歳）	9	11	−	150 （35）	8	10	−	150 （35）
10～11 （歳）	11	13	−	200 （45）	10	12	−	200 （45）
12～14 （歳）	12	15	−	250 （60）	12	14	−	250 （60）
15～17 （歳）	14	16	−	300 （70）	11	13	−	250 （65）
18～29 （歳）	13	15	−	300 （80）	9	11	−	250 （65）
30～49 （歳）	13	16	−	350 （85）	10	12	−	250 （65）
50～64 （歳）	13	15	−	350 （85）	9	11	−	250 （65）
65～74 （歳）	11	14	−	300 （80）	9	11	−	250 （65）
75 以上 （歳）	11	13	−	300 （75）	8	10	−	250 （60）
妊婦(付加量)					+0	+0	−	−
授乳婦(付加量)					+3	+3	−	−

[1] ナイアシン当量（NE）＝ナイアシン＋1/60 トリプトファンで示した。
[2] 身体活動レベル「ふつう」の推定エネルギー必要量を用いて算定した。
[3] ニコチンアミドの重量(mg/日)、( )内はニコチン酸の重量(mg/日)。
[4] 単位は mg/日。

ビタミンB6の食事摂取基準（mg/日）[1]

性別	男性				女性			
年齢等	推定平均必要量	推奨量	目安量	耐容上限量[2]	推定平均必要量	推奨量	目安量	耐容上限量[2]
0～5 （月）	−	−	0.2	−	−	−	0.2	−
6～11 （月）	−	−	0.3	−	−	−	0.3	−
1～2 （歳）	0.4	0.5	−	10	0.4	0.5	−	10
3～5 （歳）	0.5	0.6	−	15	0.5	0.6	−	15
6～7 （歳）	0.6	0.7	−	20	0.6	0.7	−	20
8～9 （歳）	0.8	0.9	−	25	0.8	0.9	−	25
10～11 （歳）	0.9	1.0	−	30	1.0	1.2	−	30
12～14 （歳）	1.2	1.4	−	40	1.1	1.3	−	40
15～17 （歳）	1.2	1.5	−	50	1.1	1.3	−	45
18～29 （歳）	1.2	1.5	−	55	1.0	1.2	−	45
30～49 （歳）	1.2	1.5	−	60	1.0	1.2	−	45
50～64 （歳）	1.2	1.5	−	60	1.0	1.2	−	45
65～74 （歳）	1.2	1.4	−	55	1.0	1.2	−	45
75 以上 （歳）	1.2	1.4	−	50	1.0	1.2	−	40
妊婦(付加量)					+0.2	+0.2	−	−
授乳婦(付加量)					+0.3	+0.3	−	−

[1] たんぱく質の推奨量を用いて算定した(妊婦・授乳婦の付加量は除く)。
[2] ピリドキシン(分子量＝169.2)相当量として示した。

ビタミンB12の食事摂取基準（μg/日）[1]

性別	男性	女性
年齢等	目安量	目安量
0～5 （月）	0.4	0.4
6～11 （月）	0.9	0.9
1～2 （歳）	1.5	1.5
3～5 （歳）	1.5	1.5
6～7 （歳）	2.0	2.0
8～9 （歳）	2.5	2.5
10～11 （歳）	3.0	3.0
12～14 （歳）	4.0	4.0
15～17 （歳）	4.0	4.0
18～29 （歳）	4.0	4.0
30～49 （歳）	4.0	4.0
50～64 （歳）	4.0	4.0
65～74 （歳）	4.0	4.0
75 以上 （歳）	4.0	4.0
妊婦		4.0
授乳婦		4.0

[1] シアノコバラミン（分子量＝1,355.4）相当量として示した。

葉酸の食事摂取基準（μg/日）[1]

性別	男性				女性			
年齢等	推定平均必要量	推奨量	目安量	耐容上限量[2]	推定平均必要量	推奨量	目安量	耐容上限量[2]
0～5 （月）	－	－	40	－	－	－	40	－
6～11 （月）	－	－	70	－	－	－	70	－
1～2 （歳）	70	90	－	200	70	90	－	200
3～5 （歳）	80	100	－	300	80	100	－	300
6～7 （歳）	110	130	－	400	110	130	－	400
8～9 （歳）	130	150	－	500	130	150	－	500
10～11 （歳）	150	180	－	700	150	180	－	700
12～14 （歳）	190	230	－	900	190	230	－	900
15～17 （歳）	200	240	－	900	200	240	－	900
18～29 （歳）	200	240	－	900	200	240	－	900
30～49 （歳）	200	240	－	1,000	200	240	－	1,000
50～64 （歳）	200	240	－	1,000	200	240	－	1,000
65～74 （歳）	200	240	－	900	200	240	－	900
75 以上 （歳）	200	240	－	900	200	240	－	900
妊婦(付加量)[3]　初期					+0	+0	－	－
中期・後期					+200	+240	－	－
授乳婦(付加量)					+80	+100	－	－

[1] 葉酸（プテロイルモノグルタミン酸、分子量＝441.4）相当量として示した。

[2] 通常の食品以外の食品に含まれる葉酸に適用する。

[3] 妊娠を計画している女性、妊娠の可能性がある女性及び妊娠初期の妊婦は、胎児の神経管閉鎖障害のリスク低減のために、通常の食品以外の食品に含まれる葉酸を 400 μg/日摂取することが望まれる。

パントテン酸の食事摂取基準（mg/日）

性別	男性	女性
年齢等	目安量	目安量
0～5　（月）	4	4
6～11　（月）	3	3
1～2　（歳）	3	3
3～5　（歳）	4	4
6～7　（歳）	5	5
8～9　（歳）	6	6
10～11（歳）	6	6
12～14（歳）	7	6
15～17（歳）	7	6
18～29（歳）	6	5
30～49（歳）	6	5
50～64（歳）	6	5
65～74（歳）	6	5
75 以上（歳）	6	5
妊婦		5
授乳婦		6

ビオチンの食事摂取基準（μg/日）

性別	男性	女性
年齢等	目安量	目安量
0～5　（月）	4	4
6～11　（月）	10	10
1～2　（歳）	20	20
3～5　（歳）	20	20
6～7　（歳）	30	30
8～9　（歳）	30	30
10～11（歳）	40	40
12～14（歳）	50	50
15～17（歳）	50	50
18～29（歳）	50	50
30～49（歳）	50	50
50～64（歳）	50	50
65～74（歳）	50	50
75 以上（歳）	50	50
妊婦		50
授乳婦		50

ビタミンCの食事摂取基準（mg/日）[1]

性別	男性			女性		
年齢等	推定平均必要量	推奨量	目安量	推定平均必要量	推奨量	目安量
0〜5 （月）	−	−	40	−	−	40
6〜11 （月）	−	−	40	−	−	40
1〜2 （歳）	30	35	−	30	35	−
3〜5 （歳）	35	40	−	35	40	−
6〜7 （歳）	40	50	−	40	50	−
8〜9 （歳）	50	60	−	50	60	−
10〜11 （歳）	60	70	−	60	70	−
12〜14 （歳）	75	90	−	75	90	−
15〜17 （歳）	80	100	−	80	100	−
18〜29 （歳）	80	100	−	80	100	−
30〜49 （歳）	80	100	−	80	100	−
50〜64 （歳）	80	100	−	80	100	−
65〜74 （歳）	80	100	−	80	100	−
75 以上 （歳）	80	100	−	80	100	−
妊婦（付加量）				+10	+10	−
授乳婦（付加量）				+40	+45	−

[1] L-アスコルビン酸（分子量＝176.1）相当量として示した。
特記事項：推定平均必要量は、ビタミンCの欠乏症である壊血病を予防するに足る最小量からではなく、良好なビタミンCの栄養状態の確実な維持の観点から算定。

付表6　多量ミネラル

ナトリウムの食事摂取基準（mg/日、（　）は食塩相当量［g/日］）[1]

性別	男性			女性		
年齢等	推定平均必要量	目安量	目標量	推定平均必要量	目安量	目標量
0〜5 （月）	−	100 (0.3)	−	−	100 (0.3)	−
6〜11 （月）	−	600 (1.5)	−	−	600 (1.5)	−
1〜2 （歳）	−	−	(3.0 未満)	−	−	(2.5 未満)
3〜5 （歳）	−	−	(3.5 未満)	−	−	(3.5 未満)
6〜7 （歳）	−	−	(4.5 未満)	−	−	(4.5 未満)
8〜9 （歳）	−	−	(5.0 未満)	−	−	(5.0 未満)
10〜11 （歳）	−	−	(6.0 未満)	−	−	(6.0 未満)
12〜14 （歳）	−	−	(7.0 未満)	−	−	(6.5 未満)
15〜17 （歳）	−	−	(7.5 未満)	−	−	(6.5 未満)
18〜29 （歳）	600 (1.5)	−	(7.5 未満)	600 (1.5)	−	(6.5 未満)
30〜49 （歳）	600 (1.5)	−	(7.5 未満)	600 (1.5)	−	(6.5 未満)
50〜64 （歳）	600 (1.5)	−	(7.5 未満)	600 (1.5)	−	(6.5 未満)
65〜74 （歳）	600 (1.5)	−	(7.5 未満)	600 (1.5)	−	(6.5 未満)
75 以上 （歳）	600 (1.5)	−	(7.5 未満)	600 (1.5)	−	(6.5 未満)
妊婦				600 (1.5)	−	(6.5 未満)
授乳婦				600 (1.5)	−	(6.5 未満)

[1] 高血圧及び慢性腎臓病（CKD）の重症化予防のための食塩相当量の量は、男女とも 6.0 g/日未満とした。

カリウムの食事摂取基準（mg/日）

性別	男性		女性	
年齢等	目安量	目標量	目安量	目標量
0～5 （月）	400	－	400	－
6～11 （月）	700	－	700	－
1～2 （歳）	－	－	－	－
3～5 （歳）	1,100	1,600 以上	1,000	1,400 以上
6～7 （歳）	1,300	1,800 以上	1,200	1,600 以上
8～9 （歳）	1,600	2,000 以上	1,400	1,800 以上
10～11 （歳）	1,900	2,200 以上	1,800	2,000 以上
12～14 （歳）	2,400	2,600 以上	2,200	2,400 以上
15～17 （歳）	2,800	3,000 以上	2,000	2,600 以上
18～29 （歳）	2,500	3,000 以上	2,000	2,600 以上
30～49 （歳）	2,500	3,000 以上	2,000	2,600 以上
50～64 （歳）	2,500	3,000 以上	2,000	2,600 以上
65～74 （歳）	2,500	3,000 以上	2,000	2,600 以上
75 以上 （歳）	2,500	3,000 以上	2,000	2,600 以上
妊婦			2,000	2,600 以上
授乳婦			2,000	2,600 以上

カルシウムの食事摂取基準（mg/日）

性別	男性				女性			
年齢等	推定平均必要量	推奨量	目安量	耐容上限量	推定平均必要量	推奨量	目安量	耐容上限量
0～5 （月）	－	－	200	－	－	－	200	－
6～11 （月）	－	－	250	－	－	－	250	－
1～2 （歳）	350	450	－	－	350	400	－	－
3～5 （歳）	500	600	－	－	450	550	－	－
6～7 （歳）	500	600	－	－	450	550	－	－
8～9 （歳）	550	650	－	－	600	750	－	－
10～11 （歳）	600	700	－	－	600	750	－	－
12～14 （歳）	850	1,000	－	－	700	800	－	－
15～17 （歳）	650	800	－	－	550	650	－	－
18～29 （歳）	650	800	－	2,500	550	650	－	2,500
30～49 （歳）	650	750	－	2,500	550	650	－	2,500
50～64 （歳）	600	750	－	2,500	550	650	－	2,500
65～74 （歳）	600	750	－	2,500	550	650	－	2,500
75 以上 （歳）	600	750	－	2,500	500	600	－	2,500
妊婦(付加量)					+0	+0	－	－
授乳婦(付加量)					+0	+0	－	－

マグネシウムの食事摂取基準（mg/日）

性別	男性				女性			
年齢等	推定平均必要量	推奨量	目安量	耐容上限量[1]	推定平均必要量	推奨量	目安量	耐容上限量[1]
0～5 （月）	－	－	20	－	－	－	20	－
6～11 （月）	－	－	60	－	－	－	60	－
1～2 （歳）	60	70	－	－	60	70	－	－
3～5 （歳）	80	100	－	－	80	100	－	－
6～7 （歳）	110	130	－	－	110	130	－	－
8～9 （歳）	140	170	－	－	140	160	－	－
10～11 （歳）	180	210	－	－	180	220	－	－
12～14 （歳）	250	290	－	－	240	290	－	－
15～17 （歳）	300	360	－	－	260	310	－	－
18～29 （歳）	280	340	－	－	230	280	－	－
30～49 （歳）	320	380	－	－	240	290	－	－
50～64 （歳）	310	370	－	－	240	290	－	－
65～74 （歳）	290	350	－	－	240	280	－	－
75 以上 （歳）	270	330	－	－	220	270	－	－
妊婦（付加量）					+30	+40	－	－
授乳婦（付加量）					+0	+0	－	－

[1] 通常の食品以外からの摂取量の耐容上限量は、成人の場合 350mg/日、小児では 5 mg/kg 体重/日とした。それ以外の通常の食品からの摂取の場合、耐容上限量は設定しない。

リンの食事摂取基準（mg/日）

性別	男性		女性	
年齢等	目安量	耐容上限量	目安量	耐容上限量
0～5 （月）	120	－	120	－
6～11 （月）	260	－	260	－
1～2 （歳）	600	－	500	－
3～5 （歳）	700	－	700	－
6～7 （歳）	900	－	800	－
8～9 （歳）	1,000	－	900	－
10～11 （歳）	1,100	－	1,000	－
12～14 （歳）	1,200	－	1,100	－
15～17 （歳）	1,200	－	1,000	－
18～29 （歳）	1,000	3,000	800	3,000
30～49 （歳）	1,000	3,000	800	3,000
50～64 （歳）	1,000	3,000	800	3,000
65～74 （歳）	1,000	3,000	800	3,000
75 以上 （歳）	1,000	3,000	800	3,000
妊婦			800	－
授乳婦			800	－

付表7　微量ミネラル

鉄の食事摂取基準（mg/日）

性別	男性				女性					
					月経なし		月経あり			
年齢等	推定平均必要量	推奨量	目安量	耐容上限量	推定平均必要量	推奨量	推定平均必要量	推奨量	目安量	耐容上限量
0〜5　（月）	−	−	0.5	−	−	−	−	−	0.5	−
6〜11（月）	3.5	4.5	−	−	3.0	4.5	−	−	−	−
1〜2　（歳）	3.0	4.0	−	−	3.0	4.0	−	−	−	−
3〜5　（歳）	3.5	5.0	−	−	3.5	5.0	−	−	−	−
6〜7　（歳）	4.5	6.0	−	−	4.5	6.0	−	−	−	−
8〜9　（歳）	5.5	7.5	−	−	6.0	8.0	−	−	−	−
10〜11（歳）	6.5	9.5	−	−	6.5	9.0	8.5	12.5	−	−
12〜14（歳）	7.5	9.0	−	−	6.5	8.0	9.0	12.5	−	−
15〜17（歳）	7.5	9.0	−	−	5.5	6.5	7.5	11.0	−	−
18〜29（歳）	5.5	7.0	−	−	5.0	6.0	7.0	10.0	−	−
30〜49（歳）	6.0	7.5	−	−	5.0	6.0	7.5	10.5	−	−
50〜64（歳）	6.0	7.0	−	−	5.0	6.0	7.5	10.5	−	−
65〜74（歳）	5.5	7.0	−	−	5.0	6.0	−	−	−	−
75 以上（歳）	5.5	6.5	−	−	4.5	5.5	−	−	−	−
妊婦(付加量)　初期					+2.0	+2.5	−	−	−	−
中期・後期					+7.0	+8.5	−	−	−	−
授乳婦(付加量)					+1.5	+2.0	−	−	−	−

亜鉛の食事摂取基準（mg/日）

性別	男性				女性			
年齢等	推定平均必要量	推奨量	目安量	耐容上限量	推定平均必要量	推奨量	目安量	耐容上限量
0〜5　（月）	−	−	1.5	−	−	−	1.5	−
6〜11　（月）	−	−	2.0	−	−	−	2.0	−
1〜2　（歳）	2.5	3.5	−	−	2.0	3.0	−	−
3〜5　（歳）	3.0	4.0	−	−	2.5	3.5	−	−
6〜7　（歳）	3.5	5.0	−	−	3.0	4.5	−	−
8〜9　（歳）	4.0	5.5	−	−	4.0	5.5	−	−
10〜11　（歳）	5.5	8.0	−	−	5.5	7.5	−	−
12〜14　（歳）	7.0	8.5	−	−	6.5	8.5	−	−
15〜17　（歳）	8.5	10.0	−	−	6.0	8.0	−	−
18〜29　（歳）	7.5	9.0	−	40	6.0	7.5	−	35
30〜49　（歳）	8.0	9.5	−	45	6.5	8.0	−	35
50〜64　（歳）	8.0	9.5	−	45	6.5	8.0	−	35
65〜74　（歳）	7.5	9.0	−	45	6.5	7.5	−	35
75 以上　（歳）	7.5	9.0	−	40	6.0	7.0	−	35
妊婦(付加量)　初期					+0.0	+0.0	−	−
中期・後期					+2.0	+2.0	−	−
授乳婦(付加量)					+2.5	+3.0	−	−

銅の食事摂取基準 (mg/日)

性別	男性				女性			
年齢等	推定平均必要量	推奨量	目安量	耐容上限量	推定平均必要量	推奨量	目安量	耐容上限量
0～5 （月）	－	－	0.3	－	－	－	0.3	－
6～11 （月）	－	－	0.4	－	－	－	0.4	－
1～2 （歳）	0.3	0.3	－	－	0.2	0.3	－	－
3～5 （歳）	0.3	0.4	－	－	0.3	0.3	－	－
6～7 （歳）	0.4	0.4	－	－	0.4	0.4	－	－
8～9 （歳）	0.4	0.5	－	－	0.4	0.5	－	－
10～11 （歳）	0.5	0.6	－	－	0.5	0.6	－	－
12～14 （歳）	0.7	0.8	－	－	0.6	0.8	－	－
15～17 （歳）	0.8	0.9	－	－	0.6	0.7	－	－
18～29 （歳）	0.7	0.8	－	7	0.6	0.7	－	7
30～49 （歳）	0.8	0.9	－	7	0.6	0.7	－	7
50～64 （歳）	0.7	0.9	－	7	0.6	0.7	－	7
65～74 （歳）	0.7	0.8	－	7	0.6	0.7	－	7
75 以上 （歳）	0.7	0.8	－	7	0.6	0.7	－	7
妊婦（付加量）					+0.1	+0.1	－	－
授乳婦（付加量）					+0.5	+0.6	－	－

マンガンの食事摂取基準 (mg/日)

性別	男性		女性	
年齢等	目安量	耐容上限量	目安量	耐容上限量
0～5 （月）	0.01	－	0.01	－
6～11 （月）	0.5	－	0.5	－
1～2 （歳）	1.5	－	1.5	－
3～5 （歳）	2.0	－	2.0	－
6～7 （歳）	2.0	－	2.0	－
8～9 （歳）	2.5	－	2.5	－
10～11 （歳）	3.0	－	3.0	－
12～14 （歳）	3.5	－	3.0	－
15～17 （歳）	3.5	－	3.0	－
18～29 （歳）	3.5	11	3.0	11
30～49 （歳）	3.5	11	3.0	11
50～64 （歳）	3.5	11	3.0	11
65～74 （歳）	3.5	11	3.0	11
75 以上 （歳）	3.5	11	3.0	11
妊婦			3.0	－
授乳婦			3.0	－

ヨウ素の食事摂取基準（μg/日）

性別	男性				女性			
年齢等	推定平均必要量	推奨量	目安量	耐容上限量	推定平均必要量	推奨量	目安量	耐容上限量
0〜5 （月）	−	−	100	250	−	−	100	250
6〜11 （月）	−	−	130	350	−	−	130	350
1〜2 （歳）	35	50	−	600	35	50	−	600
3〜5 （歳）	40	60	−	900	40	60	−	900
6〜7 （歳）	55	75	−	1,200	55	75	−	1,200
8〜9 （歳）	65	90	−	1,500	65	90	−	1,500
10〜11 （歳）	75	110	−	2,000	75	110	−	2,000
12〜14 （歳）	100	140	−	2,500	100	140	−	2,500
15〜17 （歳）	100	140	−	3,000	100	140	−	3,000
18〜29 （歳）	100	140	−	3,000	100	140	−	3,000
30〜49 （歳）	100	140	−	3,000	100	140	−	3,000
50〜64 （歳）	100	140	−	3,000	100	140	−	3,000
65〜74 （歳）	100	140	−	3,000	100	140	−	3,000
75 以上 （歳）	100	140	−	3,000	100	140	−	3,000
妊婦（付加量）					+75	+110	−	−[1]
授乳婦（付加量）					+100	+140	−	−[1]

[1] 妊婦及び授乳婦の耐容上限量は、2,000 μg/日とした。

セレンの食事摂取基準（μg/日）

性別	男性				女性			
年齢等	推定平均必要量	推奨量	目安量	耐容上限量	推定平均必要量	推奨量	目安量	耐容上限量
0〜5 （月）	−	−	15	−	−	−	15	−
6〜11 （月）	−	−	15	−	−	−	15	−
1〜2 （歳）	10	10	−	100	10	10	−	100
3〜5 （歳）	10	15	−	100	10	10	−	100
6〜7 （歳）	15	15	−	150	15	15	−	150
8〜9 （歳）	15	20	−	200	15	20	−	200
10〜11 （歳）	20	25	−	250	20	25	−	250
12〜14 （歳）	25	30	−	350	25	30	−	300
15〜17 （歳）	30	35	−	400	20	25	−	350
18〜29 （歳）	25	30	−	400	20	25	−	350
30〜49 （歳）	25	35	−	450	20	25	−	350
50〜64 （歳）	25	30	−	450	20	25	−	350
65〜74 （歳）	25	30	−	450	20	25	−	350
75 以上 （歳）	25	30	−	400	20	25	−	350
妊婦（付加量）					+5	+5	−	−
授乳婦（付加量）					+15	+20	−	−

クロムの食事摂取基準（μg/日）

性別	男性		女性	
年齢等	目安量	耐容上限量	目安量	耐容上限量
0～5 （月）	0.8	－	0.8	－
6～11 （月）	1.0	－	1.0	－
1～2 （歳）	－	－	－	－
3～5 （歳）	－	－	－	－
6～7 （歳）	－	－	－	－
8～9 （歳）	－	－	－	－
10～11 （歳）	－	－	－	－
12～14 （歳）	－	－	－	－
15～17 （歳）	－	－	－	－
18～29 （歳）	10	500	10	500
30～49 （歳）	10	500	10	500
50～64 （歳）	10	500	10	500
65～74 （歳）	10	500	10	500
75 以上 （歳）	10	500	10	500
妊婦			10	－
授乳婦			10	－

モリブデンの食事摂取基準（μg/日）

性別	男性				女性			
年齢等	推定平均必要量	推奨量	目安量	耐容上限量	推定平均必要量	推奨量	目安量	耐容上限量
0～5 （月）	－	－	2.5	－	－	－	2.5	－
6～11 （月）	－	－	3.0	－	－	－	3.0	－
1～2 （歳）	10	10	－	－	10	10	－	－
3～5 （歳）	10	10	－	－	10	10	－	－
6～7 （歳）	10	15	－	－	10	15	－	－
8～9 （歳）	15	20	－	－	15	15	－	－
10～11 （歳）	15	20	－	－	15	20	－	－
12～14 （歳）	20	25	－	－	20	25	－	－
15～17 （歳）	25	30	－	－	20	25	－	－
18～29 （歳）	20	30	－	600	20	25	－	500
30～49 （歳）	25	30	－	600	20	25	－	500
50～64 （歳）	25	30	－	600	20	25	－	500
65～74 （歳）	20	30	－	600	20	25	－	500
75 以上 （歳）	20	25	－	600	20	25	－	500
妊婦(付加量)					+0	+0	－	－
授乳婦(付加量)					+2.5	+3.5	－	－

索　引

執筆者紹介

*吉川 豊	神戸女子大学健康福祉学部健康スポーツ栄養学科教授	(1.1, 2.1, 2.6, 2.7, 5.2)
河野 勇人	くらしき作陽大学食文化学部食マネジメント学科教授	(1.2)
木村 吉伸	くらしき作陽大学食文化学部学部長教授	(2.2)
仙田あゆ美	くらしき作陽大学食文化学部栄養学科助教	(2.2)
井ノ内直良	福山大学生命工学部健康栄養科学科教授	(2.3)
楠田 瑞穂	大阪公立大学農学部客員研究員	(2.4)
大串 美沙	神戸女子短期大学食物栄養学科専任講師	(2.5)
外城 寿哉	元くらしき作陽大学教授	(3.1-3.3)
望月 美佳	愛知学院大学健康科学部健康栄養学科助教	(3.4, 3.5, 5.5-5.9)
藤田 裕之	京都先端科学大学バイオ環境学部食農学科教授	(4)
*木村万里子	神戸女子大学家政学部管理栄養士養成課程教授	(5.1, 5.3, 5.4)
石井 剛志	神戸学院大学栄養学部栄養学科准教授	(6)
宮田 富弘	川崎医療福祉大学医療技術学部臨床栄養学科教授	(7.1-7.5)
檜垣 俊介	北海道文教大学人間科学部健康栄養学科講師	(7.6)
中村智英子	神戸女子短期大学食物栄養学科講師	(7.7)

（執筆順，＊編者）

サクセスフル食物と栄養学基礎シリーズ4　食品学 I

2025年1月10日　第一版第一刷発行　　　　　　　　　　　◎検印省略

編著者　吉川　　豊
　　　　木村万里子

発行所　株式会社　学 文 社
発行者　田 中 千 津 子

郵便番号　　　　153-0064
東 京 都 目 黒 区 下 目 黒 3-6-1
電　話　03(3715)1501(代)
https://www.gakubunsha.com

Printed in Japan
印刷所　新灯印刷株式会社

ISBN 978-4-7620-3341-4

サクセスフル Successful
食物と栄養学基礎 シリーズ

B5判 全13巻

最新の管理栄養士国家試験出題基準（ガイドライン）に準拠して刷新した新シリーズが順次刊行！

① 公衆衛生学

栗原伸公 編著

240頁 ●2024年9月刊行
定価3300円（本体3000円＋税10%）
(ISBN) 978-4-7620-3338-4

④ 食品学Ⅰ

吉川豊・木村万里子 編著

232頁 ●2025年1月刊行
定価3300円（本体3000円＋税10%）
(ISBN) 978-4-7620-3341-4

⑤ 食品学Ⅱ

木村万里子 編著

248頁 ●2025年1月刊行
定価3300円（本体3000円＋税10%）
(ISBN) 978-4-7620-3342-1

⑨ 応用栄養学

塩入輝恵・七尾由美子 編著

240頁 ●2024年3月刊行
定価3190円（本体2900円＋税10%）
(ISBN) 978-4-7620-3346-9

⑩ 栄養教育論

土江節子 編著

180頁 ●2024年3月刊行
定価3080円（本体2800円＋税10%）
(ISBN) 978-4-7620-3347-6

⑪ 臨床栄養学

栗原伸公・今本美幸・辻秀美 編著

288頁 ●2024年3月刊行
定価3520円（本体3200円＋税10%）
(ISBN) 978-4-7620-3348-3

⑬ 給食経営管理論

名倉秀子 編著

208頁 ●2024年3月刊行
定価3190円（本体2900円＋税10%）
(ISBN) 978-4-7620-3350-6

〈近刊〉 ● 順次刊行予定!

2 生化学
3 人体の構造・機能・疾病
6 食品衛生学
7 調理学
8 基礎栄養学
12 公衆栄養学

大好評の「食物と栄養学基礎」シリーズを元に気鋭の執筆陣を加え内容を新たに、更に充実したテキストに！